高等职业教育"十二五"规划教材

# 普通话与口才训练教程

杨青云 汪小玲 主编

国防工业出版社
·北京·

## 内容简介

本书分3个模块,共12个学习单元,以普通话语音基础、普通话表达基本技能、普通话表达综合技能训练等为基点,从普通话及其特点、普通话语音基础训练、吐字归音及其训练、科学发声及其训练、思维与语境训练、语音调节与态势语训练、朗读与朗诵训练、解说训练、讲故事训练、演讲训练、论辩训练、普通话水平测试训练等方面进行了大胆的理论和实践创新。在理实一体化原则的基础上,扩展了语言技能训练空间,对语言表达能力的提升具有较强的理论指导和训练作用。本书以理论为先导,以实际训练为主旨,能较好地帮助学生掌握基础语言表达的理论知识,以及提高基础语言表达的基本技能。

**图书在版编目(CIP)数据**

普通话与口才训练教程/杨青云,汪小玲主编. —北京:国防工业出版社,2022.9 重印
 高等职业教育"十二五"规划教材
 ISBN 978-7-118-09743-6

Ⅰ.①普… Ⅱ.①杨… ②汪… Ⅲ.①普通话—高等职业教育—教材②口才学—高等职业教育—教材 Ⅳ.①H102②H019

中国版本图书馆 CIP 数据核字(2014)第 236774 号

※

*国防工业出版社*出版发行
(北京市海淀区紫竹院南路23号 邮政编码100048)
北京虎彩文化传播有限公司印刷
新华书店经售

\*

开本 787×1092 1/16 印张 16½ 字数 326 千字
2022 年 9 月第 1 版第 3 次印刷 印数 8001—9200 册 定价 33.00 元

**(本书如有印装错误,我社负责调换)**

| 国防书店:(010)88540777 | 发行邮购:(010)88540776 |
| 发行传真:(010)88540755 | 发行业务:(010)88540717 |

# 《普通话与口才训练教程》
# 编委会

主　编　杨青云　汪小玲
副主编　杨楠楠　郭　婕　冯　芳
参　编　汤　黎　苏　蔷

# 前　言

　　普通话是现代汉民族共同语,是规范的现代汉语,是我国各民族传递信息、交流思想感情的最重要交际工具。进入 21 世纪以来,由于改革开放的进一步深化,以及经济、文化、科技的迅速发展和国际交往的进一步扩大,更需要努力克服方言差异,更需要提高语言、信息交流的准确性,更需要提高语言的质量和水平。

　　本教材是在理论和训练一体化原则的基础上编写的一部以基础语言训练为主的教材,具有系统性、创新性、前瞻性、专业性、学术性和实用性等特点。教材分 3 个模块:模块一为普通话语音基础训练;模块二为普通话表达基本技能训练;模块三为普通话表达综合技能训练。教材内容以系统性为原则,以创新性、前瞻性、专业性、学术性为目标,将语言训练的最新成果及时引入教材,构建起独立、完善的理论体系和训练体系。重视学科层次的提升,重视学生视野的扩展,强调语言的实用性。注重学生学习兴趣的培养和认知能力的提高,以突出文字、内容为重点,表述清晰、图文并茂;注重学生语言能力的培养,以学生为主体,设计灵活多样的任务和情景;注重理实结合,内容设计强调知识性、指导性、启发性、互动性和可操作性,并为教师在教学中调整教学任务和创新留有空间;同时,注重本门课程和其他专业课程的衔接,以保证在概念、提法、知识点等方面的准确性和完整性,以及认识上的统一性。

　　本教材由国家级普通话水平测试员杨青云任第一主编,由省级普通话水平测试员汪小玲任第二主编,由杨楠楠、郭婕、冯芳任副主编,汤黎、苏蕾参编。杨青云负责全书的统稿。

　　本教材在编写过程中得到了长沙航空职业技术学院、武汉职业技术学院、河南交通职业技术学院、长春汽车工业高等专科学校的支持,以及有关领导、专家的关心,在此深表谢意!教材在编写和审稿过程中参阅了有关刊物、书籍、电子文献、网络文献、普通话水平测试的有关法律法规,虽然在书后已标明了出处,但仍可能有遗漏,请谅解。由于水平所限,教材中难免存在疏忽或不当,甚至错误之处,敬请专家、读者批评指正。

编　者

# 目 录

## 模块一　普通话语音基础训练

### 学习单元一　普通话及其特点 ……………………………………… 1

#### 第一节　语言及其属性 ……………………………………………… 1
一、语言的概念 ………………………………………………… 1
二、语言的产生 ………………………………………………… 1
三、声音的原理 ………………………………………………… 2
四、语言的属性 ………………………………………………… 3

#### 第二节　普通话及其特点 …………………………………………… 3
一、汉民族共同语的发展历程 ………………………………… 3
二、现代汉语与普通话 ………………………………………… 3
三、普通话的特点 ……………………………………………… 5

### 学习单元二　普通话语音基础训练 …………………………………… 8

#### 第一节　音节分析 …………………………………………………… 8
一、音节及其结构 ……………………………………………… 8
二、音素分析 …………………………………………………… 8
三、音节的声、韵、调分析 …………………………………… 9
四、普通话基本音节 …………………………………………… 9

#### 第二节　声母及其辨正 ……………………………………………… 11
一、声母的构成 ………………………………………………… 11
二、声母的分类 ………………………………………………… 11
三、声母发音训练 ……………………………………………… 16
四、声母辨正 …………………………………………………… 20

#### 第三节　韵母及其辨证 ……………………………………………… 24
一、韵母的构成 ………………………………………………… 24
二、韵母的分类 ………………………………………………… 24
三、韵母发音训练 ……………………………………………… 25
四、韵母辨正 …………………………………………………… 33

第四节　声调及其辨正 ································································· 35
　　　　一、声调的构成 ································································· 35
　　　　二、声调的描述 ································································· 35
　　　　三、五度标记法 ································································· 36
　　　　四、普通话调号标记规则 ··················································· 36
　　　　五、普通话声调训练 ·························································· 37
　　　　六、声调辨正及训练 ·························································· 38
　　第五节　音变及其训练 ······························································ 39
　　　　一、上声变调及其训练 ······················································ 39
　　　　二、"一""不"变调及其训练 ················································ 42
　　　　三、轻声及其训练 ···························································· 43
　　　　四、儿化及其训练 ···························································· 47
　　　　五、"啊"的音变及其训练 ··················································· 50
　　　　六、重叠形容词的变调 ······················································ 52
　　第六节　方言词汇辨正 ······························································ 54
　　　　一、方言词汇的含义 ·························································· 54
　　　　二、方言词汇分析与辨正 ··················································· 54
　　第七节　方言语法辨正 ······························································ 60
　　　　一、构词法分析与辨正 ······················································ 60
　　　　二、造句法分析与辨正 ······················································ 60

## 模块二　普通话表达基本技能训练

### 学习单元三　吐字归音及其训练 ····················································· 64

　　第一节　吐字归音 ···································································· 64
　　　　一、什么是吐字归音 ·························································· 64
　　　　二、吐字归音要领 ···························································· 64
　　　　三、咬字器官配合运用 ······················································ 66
　　　　四、十三韵问题 ································································ 67
　　第二节　吐字归音训练 ······························································ 69
　　　　一、吐字归音口诀 ···························································· 69
　　　　二、发音器官能力训练 ······················································ 69
　　　　三、吐字归音综合训练 ······················································ 71

## 学习单元四 科学发声及其训练 ································· 75

### 第一节 呼吸器官及其原理 ····································· 75
一、呼吸器官 ·················································· 75
二、呼吸原理 ·················································· 76
三、常见的呼吸方式 ············································ 76

### 第二节 呼吸控制及其训练 ····································· 77
一、呼吸控制要领 ·············································· 77
二、呼吸控制训练 ·············································· 79

### 第三节 共鸣控制及其训练 ····································· 83
一、共鸣的基本原理 ············································ 83
二、音域三区 ·················································· 84
三、共鸣控制训练 ·············································· 85

### 第四节 科学用声和嗓音保护 ··································· 88
一、科学用声原则 ·············································· 88
二、常见的用声问题 ············································ 89
三、嗓音保护的常用方法 ········································ 91
四、发音器官疾病的治疗 ········································ 92

## 学习单元五 思维与语境训练 ···································· 94

### 第一节 思维训练 ············································· 94
一、思维的内涵 ················································ 94
二、思维轨迹训练 ·············································· 95
三、思维品质训练 ·············································· 99

### 第二节 语境把握训练 ········································· 101
一、语境的含义 ················································ 101
二、语境的作用 ················································ 102
三、语境的把握 ················································ 102

## 学习单元六 语音调节与态势语训练 ······························ 105

### 第一节 语音调节训练 ········································· 105
一、音节调节 ·················································· 105
二、停顿调节 ·················································· 106
三、重音调节 ·················································· 109
四、语调调节 ·················································· 112
五、语气和节奏调节 ············································ 113

六、语速调节 ………………………………………………………… 116
第二节　态势语运用训练 ………………………………………………… 116
　　一、态势语的含义、特点和作用 ……………………………………… 116
　　二、态势语的分类 …………………………………………………… 117
　　三、态势语运用原则 ………………………………………………… 118
　　四、态势语训练 ……………………………………………………… 119

# 模块三　普通话表达综合技能训练

## 学习单元七　朗读与朗诵训练 ………………………………………… 126

第一节　朗读、朗诵的异同 ……………………………………………… 126
　　一、朗读与朗诵的概念 ……………………………………………… 126
　　二、朗读与朗诵的异同 ……………………………………………… 126
第二节　朗读、朗诵的基本要领 ………………………………………… 127
　　一、掌握内容 ………………………………………………………… 127
　　二、明确目的和对象 ………………………………………………… 128
　　三、字正腔圆，气足声亮 …………………………………………… 129
第三节　朗读、朗诵技巧把握 …………………………………………… 129
　　一、内部心理感受 …………………………………………………… 129
　　二、语调自然，张弛有度 …………………………………………… 131
　　三、态势得体，自然大方 …………………………………………… 131
　　四、不同类型文章的朗读和朗诵要求 ……………………………… 132
　　五、朗读和朗诵技巧综合训练 ……………………………………… 134

## 学习单元八　解说训练 ………………………………………………… 140

第一节　解说的基本要求 ………………………………………………… 140
　　一、解说的定义 ……………………………………………………… 140
　　二、解说的基本要求 ………………………………………………… 140
　　三、解说的表达技巧 ………………………………………………… 141
第二节　解说的分类及其训练 …………………………………………… 142
　　一、解说的分类 ……………………………………………………… 142
　　二、解说训练 ………………………………………………………… 143

## 学习单元九　讲故事训练 ……………………………………………… 148

第一节　讲故事的基本要求 ……………………………………………… 148

一、讲故事及其特点 ……………………………………………… 148
　　二、讲故事的基本要求 …………………………………………… 149
　　三、讲故事的基本技巧 …………………………………………… 150
第二节　讲故事训练 …………………………………………………… 151
　　一、童话故事 ……………………………………………………… 151
　　二、寓言故事 ……………………………………………………… 152
　　三、成语故事 ……………………………………………………… 152
　　四、民间故事 ……………………………………………………… 153
　　五、哲理故事 ……………………………………………………… 153
　　六、人物故事 ……………………………………………………… 154
　　七、历史故事 ……………………………………………………… 155
　　八、鬼怪故事 ……………………………………………………… 156

## 学习单元十　演讲训练 …………………………………………… 158

第一节　演讲的基本要求 ……………………………………………… 158
　　一、演讲及其意义 ………………………………………………… 158
　　二、演讲的特征 …………………………………………………… 159
　　三、演讲的基本要求 ……………………………………………… 159
第二节　演讲的分类及训练 …………………………………………… 161
　　一、演讲的分类 …………………………………………………… 161
　　二、命题演讲训练 ………………………………………………… 163
　　三、即兴演讲训练 ………………………………………………… 173

## 学习单元十一　论辩训练 ………………………………………… 178

第一节　论辩概述 ……………………………………………………… 178
　　一、论辩的含义及其特征 ………………………………………… 178
　　二、论辩的意义 …………………………………………………… 179
　　三、论辩的类型 …………………………………………………… 180
　　四、论辩的基本要求 ……………………………………………… 181
第二节　论辩技巧及其训练 …………………………………………… 181
　　一、战术技巧 ……………………………………………………… 181
　　二、战略技巧 ……………………………………………………… 183
　　三、语言技巧 ……………………………………………………… 186
第三节　赛场论辩及其训练 …………………………………………… 194
　　一、赛场论辩的组织 ……………………………………………… 194
　　二、赛场论辩的准备 ……………………………………………… 198

三、赛场论辩的技巧 ……………………………………………………… 199
　　四、赛场论辩的流程 ……………………………………………………… 202

## 学习单元十二　普通话水平测试训练 ………………………………………… 204

　第一节　普通话水平测试的主要规章 ……………………………………… 204
　　一、普通话水平测试管理规定 …………………………………………… 204
　　二、普通话水平测试规程 ………………………………………………… 206
　　三、国家普通话水平测试大纲 …………………………………………… 207
　　四、普通话水平测试模拟试题 …………………………………………… 211
　第二节　普通话水平测试用朗读作品训练 ………………………………… 213
　　一、朗读作品训练说明 …………………………………………………… 213
　　二、60篇朗读作品训练 …………………………………………………… 214
　第三节　普通话水平测试用命题说话训练 ………………………………… 250
　　一、命题说话训练说明 …………………………………………………… 250
　　二、命题说话训练 ………………………………………………………… 251

**参考文献** ……………………………………………………………………………… 252

# 模块一　普通话语音基础训练

## 学习单元一　普通话及其特点

📖 学习重点

了解语言的性质、声音的原理和常见的语音基本概念,掌握普通话的内涵及其特点,通过学习找到自己所在的方言区域,基本弄清方言和普通话的区别,提高对普通话学习的认识。

### 第一节　语言及其属性

#### 一、语言的概念

（一）语言的定义

语言是人类思维的工具,也是人类最重要的交际工具。从语言自身的组织方式看,语言是一种约定俗成的符号系统。语音是其外在表现,词汇是其建筑材料,语法是其结构规律,语音、词汇、语法构成了语言的体系。

（二）语言的形态

语言有两种基本形态,即口语和书面语。口语,就是有声语言,或称口头语言,是语言的发生形态。书面语,就是用文字记录的语言,是语言的进步形态。口语和书面语相辅相成,是语言存在的两种基本形态。

（三）语音、音素

语音是语言的物质外壳,是由人的发音器官发出来的能够表达一定意义的声音。语言的交际作用通过语音来实现。音素,是构成语音的最小单位。

#### 二、语言的产生

宇宙间的万事万物,复杂神秘,但就其本质讲,不外乎两大现象,即自然现象和社会现象。人类的语言,是人类社会发展到一定阶段的产物,伴随着人类社会的产生而产生,它是社会集体的产物,也将随着社会的发展而发展。

### 三、声音的原理

所有的声音都是物体振动的结果。当物体振动引起它周围的空气或者是另外的媒介物振动时,就形成了声波。这种声波传到人们的耳鼓里后,耳鼓的鼓膜跟着振动并刺激神经中的听觉部分,就有了声音。声音有四要素,即音高、音强、音长、音色。

#### (一) 音高

音高是指声音的高低,它取决于发音体的振动快慢,也就是声波振动的频率。声波的频率指发音体在一定的时间内振动的次数。频率高,音就高,反之音就低。普通话的声调主要由音高决定。如"他"是第一声,属于高平调。音高一直保持在55度的水准上;"踏"是第四声,属于全降调,音高就由最高音5度,降至最低音1度。

#### (二) 音强

音强是指声音的强弱,它取决于发声体振动幅度的大小。也就是说它是由声波的振幅决定的。这和发音时用力的大小有关,用力大,振幅大,声音就强,反之就弱。普通话中的轻声主要由音强决定。如"地道"一词中的"道"读第四声和读轻声,就形成了不同的语义。

#### (三) 音长

音长指声音的长短,它取决于发声体振动时间的长短,也就是说它是由声波持续的时间来决定的。声波振动时间长,声音就长,反之就短。普通话里的音长,原则上不具有区别意义的作用。

#### (四) 音色

音色是指声音的特色,也可以称为声音的本质,故音色也称音质。它取决于发声体振动的形式,也就是说它由声波振动的形式来决定。造成音色不同的条件有三种:一是发声体的不同,如提琴和钢琴;二是发音方法的不同,同一把提琴用弓拉和用手弹,其音色是不同的;三是发音时共鸣器的形状不同,如提琴和二胡,都是弦乐器,由于其共鸣器的形状不同,它们的音色也就不同。语音的音色主要取决于发音器官的状态和发音方法,如"大"与"地"之所以意义不同,就在于前者的韵母是ɑ,后者的韵母是i。

以上四种要素,对于普通话来讲音色最重要,其次是音高,再次是音强,最不重要的是音长。

需要说明的是,由于发声体的不同而产生的音色、音高的不同,是绝对音色和绝对音高,并不区别意义。如张三和王五音色不同,妇女和儿童比成年男子音高要高。

作为语音学,所关心的只是具有区别意义作用的"相对音色"与"相对音高"。

### 四、语言的属性

#### (一)语言的物理属性

语言的物质外壳是语音,语音是由人的发音器官发出来的,它同自然界的其他声音一样是由物体振动而成,所以它具有物理属性。

#### (二)语言的生理属性

人的语音不同于其他声音,如风声、雷声、雨声等。它是由人的发音器官发出来的,故又具有生理属性。人类发音器官发出来的声音并不都是语音,如咳嗽、哭声等,并不直接表达意义。

#### (三)语言的社会属性

语言的交际作用是通过一定意义的语音来实现的。什么样的语音表达什么样的意义,必须是全社会约定俗成的,所以语言又具有社会属性。语言的社会属性是语言的本质属性。

## 第二节 普通话及其特点

### 一、汉民族共同语的发展历程

殷商时代,以殷(河南安阳小屯附近)为中心的地区产生了早期汉民族共同语的萌芽,甲骨文是它的书面形式。

周代发展了殷商时代的民族共同语,称雅言,即夏言。两汉时,民族共同语称通语。魏晋南北朝时称正音。隋唐宋时民族共同语,是以洛阳话为代表的正音和正语。元代汉民族共同语是以中原之音为正音。

元末明清,北京语音逐步上升到标准音的地位,清朝中叶以后北京语音取代了中原雅音。清政府要求各级官员、举人、生员、贡监、童生等都学习以北京语音为标准音的官话。

20世纪初到现在,汉民族共同语的发展进入了现代阶段,称为现代汉民族共同语,即普通话。

### 二、现代汉语与普通话

#### (一)现代汉语与方言区

现代汉语是现代汉民族使用的语言,它包括两部分,即现代汉民族方言和现代汉民族共同语(普通话)。

方言,可分成社会方言和地域方言。社会方言是由社会群体的不同性质而形成的语言变体;地域方言是因地域差别而形成的一种民族语言的地方分支或变体,是局部地区的人们所使用的语言,是语言发展不平衡性在地域上的反映。社会方言和地域方言的差别主要表现在语言风格、表达方式、特殊词汇使用等方面。人们常说的方言指的就是地域方言。

汉语方言区域划分有不同的观点,目前较有影响的观点是把汉语方言划分为七大方言区,即北方方言、吴方言、湘方言、赣方言、客家方言、闽方言、粤方言。

**1. 北方方言**

又叫官话方言或北方话,代表话为北京话。根据其内部的差异,北方方言又可分为:华北、东北方言,分布在京、津两市,河北、河南、山东、辽宁、吉林、黑龙江,以及内蒙古的一部分地区;西北方言,分布在山西、陕西、甘肃等省和青海、宁夏、内蒙古的一部分地区以及新疆汉民族居住地区;西南方言,分布在四川、云南、贵州等省及湖北大部分地区、广西西北部、湖南西北部等;江淮方言,分布在安徽省、江苏长江以北地区(徐州、蚌埠一带属华北、东北方言)、镇江以西九江以东的长江南岸沿江一带。北方方言是分布区域最广,使用人口最多的汉语方言区。

**2. 吴方言**

又叫吴语,代表话为上海话和苏州话。分布在上海市,江苏省南部,浙江全部,江西、福建与浙江毗邻的部分市县,以及安徽省皖南一部分地区。

**3. 湘方言**

又叫湘语,代表话为长沙话。分布在湖南省大部分地区,以及广西的全州、兴安、灌县和资源4县。

**4. 赣方言**

又叫赣语,代表话为南昌话。分布在江西省大部分地区,湖南、湖北、安徽、福建等部分县市。

**5. 客家方言**

又叫客家话,代表话为广东梅县话。客家方言分布较为零散,主要分布在广东、海南、广西、福建、台湾、江西、湖南、四川等省。又以广东东部和北部、福建西部、江西南部和广西东南部为主。

**6. 闽方言**

又叫闽语,主要分布在福建、海南、台湾3省,以及广东省的潮汕地区、雷州半岛。浙江南部温州地区的一部分、广西的少数地区、江苏南部、安徽南部、江西东北部也有闽语分布,东南亚华人社区分布也较为广泛。其中,闽东方言以福州话为代表,主要分布在福建东部闽江下游;闽南方言以厦门话为代表,分布在闽南二十四县、台湾及广东的潮汕地区、雷州半岛、海南省及浙江南部。

**7. 粤方言**

又叫粤语,代表话为广州话,当地人叫"白话"。主要分布在广东中部、西南部和广西东部、南部以及香港、澳门特别行政区,美洲、澳洲华人社区也有广泛分布。

### (二)普通话

普通话是现代汉民族共同语,是规范的现代汉语。它以北京语音为标准音,以北方方言为基础方言,以典范的现代白话文著作为语法规范。

## 三、普通话的特点

### (一)语音特点

普通话除了具有很强的表义功能外,还具有简单易学、声音优美、音乐性强等特点。

说它简单易学,是因为普通话只有21个声母,39个韵母。声韵相拼共有407个基本音节。声调有四个,普通话中没有特别难发的音。与古代汉语以及很多方言比较,普通话要简单得多,容易掌握得多。

说它具有声音美和音乐性强,一是因为它的音节是以前声后韵为基本结构方式构成的。声母可以使音节清晰、音节界限分明。在多数音节中,元音成分占有明显的优势。其中,以发音响亮的 a 作主要元音的音节,高达百分之四十之多。加上很多音节的韵母是由两个或三个元音复合而成的,或是由一两个元音与鼻音复合而成的,所以说起来字音响亮,圆润悦耳。二是四个声调的调类齐全,各类调型差别大,声音的抑扬、曲直、升降明显。语流中,由于不同声调的词汇交相配合,构成普通话特有的音乐美。三是普通话强弱规律明显,强弱是增强和减弱发声着力度的产物,着力度现象是普通话普遍使用的表情达意的手段。比如"谁看报纸?"问话的着力点放在"谁看"上,应答人的回话着力点必然是在"我看(报纸)"的"我看"上,根据语境可省略"报纸"两字,这就更加突出强音。四是普通话中有为数不少的重叠词、摹声词、儿化词,这些词在说话中正确运用,可以使话语说得轻松活泼,声音和谐优美。五是只要正确使用普通话的韵辙,能构成同一个音在同一个位置上的重复和声音上的回环往复,既能使声音增强,和谐动听,又便于诵读和记忆。苏联有位诗人这样赞美汉语,他说:只有用音乐才能传达汉语的声音,只有用音乐传达,才不会把它损伤。

### (二)词汇特点

词汇丰富,双音节词优势地位明显。普通话以词汇丰富著称。常用汉字仅有三千多,词语则达到数十万,其中双音节词语占绝大多数。词汇的双音化,减少了同音词,也使词义和词性更加明确,同时还有利于语音的和谐和匀称。

造词方式多样,词语产量高。一是以词根(是词的核心部分,表示的都是具体的词汇意义,不单独表示语法意义)复合方式构词,如"词根 + 词根"(甘美、甘泉、甘甜、甘蔗、甘味、甘油)";二是以词根附缀方式构词,如"词根 + 后缀"(桌子、椅子、鞋子、靴子、袜子、石头、来头、念头）；三是以变动语素顺序构词，如"期末→末期、变质→质变、音乐→乐音、火柴→柴火"；四是以变化语音构词，如"弹（dàn）→弹（tán）、重（zhòng）→重（chóng）、大方（dàfāng）→大方（dàfang）、地道（dìdào）→地道（dìdao）"一字多音后产生的新词。五是以分化词义造词，如"管：管→管子、管→管理""生：生（生长）→生（不熟）→生（不认识）"；六是以摹声法造词，如"蛙、蛐蛐、呼噜、哗哗、啦啦、咚咚"等。

词义精细，形象具体。如汉语中表示动作形象的动词，表示笑貌动态的词等，如"眼睛动作形象"词有看、观、望、瞧、眺、瞰、瞻、窥等；"笑貌动态的词"有哈哈笑、笑哈哈、笑咪咪、笑嘻嘻、乐滋滋、捧腹大笑等。

（三）语法特点

结构简洁明晰，共同性强。各个语言单位的结构方式之间有较为统一的共同点，这是汉语语法的重要特点。词、词组、句子是语言中三种大小不同的语法单位。它们表达的语义不同，但结构形式相对统一。词的结构方法叫构词法，词组和句子的结构方法叫句法。词法基本包括联合、偏正、补充、述宾、主谓等组合方式。如"日月""红花""充实""起草""雪崩"；句法也有联合、偏正、述补、述宾、主谓等组合方式，如"山清水秀""伟大祖国""洗干净""热爱劳动""国家富强"。词组的结构规则和结构成分与句子的结构规则和结构成分基本上也是一致的。如"禁止吐痰"作为词组，它是述宾关系的词组，"禁止"是谓语动词，"吐痰"是宾语；作为句子看，它是述宾关系的无主句，"禁止"是谓语动词，"吐痰"是"禁止"所涉及的宾语。此外，单句和复合句的结构关系也有相同的：单句的结构有联合关系、偏正关系，如"爱打爱闹"，"因为我而不快"。复句的结构成分也分联合、偏正关系，如"她爱哭，也爱笑"，"因为你经常不来聊天室，所以聊天室的气氛不好"。从有些单句可以扩展成复句，有些复句可以紧缩成单句句法现象，可以明显看出它们之间也有着比较整齐的一致性。以上所述，体现了汉语语法结构方式简洁明晰、共同性强的特点，有利于人们较快速地掌握语法规律。

词序固定有致，句式精密严谨。汉语是极为重视词序的语言。汉语中词与词之间的语法关系，主要是靠词序表示的。因此，词在句子中的排列次序比较固定。通过汉语句子成分的组合关系（表1-1），可以更加明确地看到这一点。

表1-1 句子成分组合关系表

| 主语 | | 谓语 | | | | | |
|---|---|---|---|---|---|---|---|
| | | 述语 | | | | 宾语 | |
| 定语 | 中心语 | 状语 | 中心语 | | | 定语 | 中心语 |
| | | | 中心语 | 补语 | | | |
| 我们 | 学校 | 已经 | 完成了 | | | 今年的 | 教学任务 |

虚词纷呈多样,传神奥妙。介词、连词、助词、语气词是汉语虚词的四种类型。虚词既能改变语句的结构关系,有的还具有传神奥妙的特殊作用,是汉语语法的又一特点。例如:

在梦里,我和他都去了北京。

跑了,跑了吗?他真的跑了?哈哈,他是吓跑的吧!

在以上短语或句子的结构中,由于虚词不同,表达的语气、情感不同,表示的关系也不同。

量词丰富精彩,形象生动。汉语的量词特别丰富、精彩,不仅有物量词,还有动量词。既有表示人和事物单位的,也有表示度量衡单位的,如"个、口、只、把、尺、丈、斤、斗、升";既有表示个体单位的,也有表示整体单位的,如"位、件、根、片、辆、架、幅、首","双、套、排、群、伙";有表示动作次数的,又有借用名词充当动量词的,如"下、次、回、遍、趟、阵","脚(踹一脚)、枪(打两枪)、刀(砍一刀)",等等。口语表达中常出现量词运用混乱或被忽略的现象,在一定程度上影响了普通话水平的质量,也影响了普通话表达的规范和标准程度。

普通话是语言表达的基础和基本技能。学习普通话,必须从普通话的三要素即语音、词汇、语法三个方面下功夫,其中语音是学习的重点也是难点。只有学好了普通话,才能进行较高品位的语言沟通与交流。在时代不断发展的今天,运用标准的普通话和熟练的表达技能进行语言活动,是一个人语言品位和具备现代意识和素养的标志。

# 学习单元二　普通话语音基础训练

## 学习重点

本单元讲述了音节分析、声母及其辨正、韵母及其辨证、声调及其辨正、音变及其训练、方言词汇辨正、方言语法辨正等七个方面的内容。通过学习把握普通话音节的结构特点,指出方言区的人们学习普通话在声母、韵母、声调、词汇、语法等方面容易出现的错误或缺陷,并掌握纠正的方法;通过学习把握普通话的音变特点并能正确运用。

语言是口耳之学,是感悟之学,是感、听、练、辨、查、谙之学。在普通话的语音、词汇、语法的学习中,重中之重是对普通语音的学习和掌握。

## 第一节　音节分析

### 一、音节及其结构

音节是语音的基本结构单位,是能够自然感觉到的最小的语音片段。一般地讲,一个汉字就是一个音节。据统计,普通话中共有407个基本音节,其中有的音节使用率很低,甚至只有一个汉字。除去不常用的音节,普通话只有400个基本音节;如果加上声调的因素,约有1200多个音节。

音节的结构按照汉语传统的分析方法,习惯上把一个音节分成声母、韵母、声调三部分。声母部分,也称为字头;韵母部分,包括韵头(也叫字颈或介音)、韵腹(也叫字腹、主要元音)、韵尾(也叫字尾);声调部分,也称为字神。

### 二、音素分析

#### (一)音素

音素是最小的语音片断,是从音色的角度划分的。如"你"是由n、i两个音素构成的一个音节。普通话的一个音节可以由一个音素构成,如"啊(ā)";也可以由两个或两个以上的音素构成,如"妈(mā)"是由两个音素构成的,"有"(yǒu)是由三个音素构成的。

分析音节中的音素,就是从发音时的发音体、发音方法和共鸣器等方面来辨析音节的发音特点的。

（二）音素的分类

**1. 分类**

音素可分为元音音素和辅音音素两大类。气流在口腔或喉头受阻碍而形成的音，叫辅音，也叫子音。气流振动声带，在口腔、喉头不受阻碍（但受节制，如圆唇不圆唇，口腔的开合与否）而形成的音，叫元音，又叫母音。

**2. 辅音和元音的区别**

辅音和元音的区别有四个方面，一是辅音发音时，气流在通过咽头、口腔时，一般要受到某部位的阻碍；元音发音时，气流在咽头、口腔不受阻碍。这是元音和辅音最主要的区别。二是辅音发音时，发音器官或阻碍部位特别紧张；元音发音时，发音器官各部位保持均衡状态。三是辅音发音时，气流较强；元音发音时气流相对较弱。四是辅音发音时，声带多是不颤动的（m、n、l、r除外），声音一般不响亮；元音发音时，声带颤动，声音比辅音响亮。

### 三、音节的声、韵、调分析

（一）声母

声母是音节开头的辅音。有的音节开头没有辅音，只有元音，汉语拼音方案中把这种音节称为零声母音节，如"啊（ā）、衣（yī）、乌（wū）、鱼（yú）、安（ān）"等。

（二）韵母

韵母是指音节中声母后面的部分。有的韵母只有一个元音，如"啊（ā）""阴（yīn）"，这里的a、i就是韵母的主要成分，叫韵腹。有的韵母由两个或三个元音构成，其中开口度较大、声音较响亮的那个元音是韵腹。韵腹前面的韵母部分叫韵头，后面的叫韵尾。

（三）声调

声调又叫字调，是汉语音节中所固有的能够区别意义的声音的高低升降。如"妈（mā）、麻（má）、马（mǎ）、骂（mà）"这四个音节，尽管声母和韵母完全相同，但由于声调不同，其意义就不一样。

由上可知，一个音节最多可由五个部分组成，即声母、韵头、韵腹、韵尾、声调。

### 四、普通话基本音节

普通话基本音节如表2-1所列。

表2-1 普通话基本音节表

| 韵母\声母 | 唇音 | | | | 舌尖中音 | | | | 舌根音 | | | 舌面前音 | | | 舌尖后音 | | | | 舌尖前音 | | | 零 |
|---|---|---|---|---|---|---|---|---|---|---|---|---|---|---|---|---|---|---|---|---|---|---|
| | b | p | m | f | d | t | n | l | g | k | h | j | q | x | zh | ch | sh | r | z | c | s | |
| -i(前、后) | | | | | | | | | | | | | | | 知 | 吃 | 诗 | 日 | 兹 | 雌 | 司 | |
| **开口呼** a | 八 | 趴 | 妈 | 发 | 搭 | 她 | 拿 | 拉 | 嘎 | 咖 | 哈 | | | | 渣 | 插 | 沙 | | 匝 | 擦 | 洒 | 阿 |
| o | 波 | 坡 | 摸 | 佛 | | | | | | | | | | | | | | | | | | 喔 |
| e | | | 么 | | 得 | 特 | 纳 | 乐 | 哥 | 棵 | 喝 | | | | 遮 | 车 | 奢 | 热 | 则 | 测 | 瑟 | 鹅 |
| ê | | | | | | | | | | | | | | | | | | | | | | 欸 |
| er | | | | | | | | | | | | | | | | | | | | | | 儿 |
| ai | 白 | 拍 | 埋 | | 呆 | 胎 | 乃 | 来 | 该 | 开 | 孩 | | | | 斋 | 拆 | 筛 | | 栽 | 猜 | 鳃 | 哀 |
| ei | 悲 | 赔 | 煤 | 飞 | | | 内 | 雷 | 给 | 尅 | 黑 | | | | | | 谁 | | | 贼 | | 诶 |
| ao | 包 | 抛 | 猫 | | 刀 | 掏 | 恼 | 捞 | 高 | 烤 | 毫 | | | | 招 | 抄 | 烧 | 绕 | 糟 | 糙 | 臊 | 熬 |
| ou | | 剖 | 谋 | 否 | 兜 | 偷 | 耨 | 娄 | 勾 | 口 | 候 | | | | 周 | 抽 | 收 | 蹂 | 邹 | 凑 | 搜 | 欧 |
| an | 般 | 攀 | 瞒 | 帆 | 担 | 滩 | 南 | 栏 | 甘 | 堪 | 寒 | | | | 站 | 缠 | 山 | 燃 | 簪 | 蚕 | 三 | 安 |
| en | 奔 | 喷 | 门 | 芬 | 扽 | | 嫩 | | 跟 | 垦 | 狠 | | | | 真 | 辰 | 伸 | 人 | 怎 | 岑 | 森 | 恩 |
| ang | 帮 | 旁 | 茫 | 方 | 当 | 汤 | 囊 | 狼 | 钢 | 康 | 杭 | | | | 章 | 昌 | 商 | 嚷 | 脏 | 苍 | 桑 | 盎 |
| eng | 甭 | 烹 | 蒙 | 封 | 灯 | 疼 | 能 | 棱 | 庚 | 铿 | 恒 | | | | 征 | 程 | 声 | 扔 | 憎 | 层 | 僧 | 鞥 |
| ong | | | | | 冬 | 通 | 浓 | 聋 | 公 | 空 | 轰 | | | | 忠 | 冲 | | 容 | 宗 | 匆 | 松 | |
| **齐齿呼** i | 鼻 | 披 | 眯 | | 低 | 踢 | 尼 | 离 | | | | 机 | 妻 | 西 | | | | | | | | 依 |
| ia | | | | | | | | 俩 | | | | 加 | 掐 | 瞎 | | | | | | | | 鸭 |
| ie | 憋 | 瞥 | 灭 | | 跌 | 贴 | 捏 | 裂 | | | | 接 | 切 | 歇 | | | | | | | | 椰 |
| iao | 彪 | 飘 | 苗 | | 刁 | 挑 | 袅 | 辽 | | | | 胶 | 悄 | 销 | | | | | | | | 腰 |
| iou | | | 谬 | | 丢 | | 妞 | 溜 | | | | 揪 | 丘 | 羞 | | | | | | | | 忧 |
| ian | 编 | 篇 | 棉 | | 颠 | 添 | 蔫 | 连 | | | | 肩 | 牵 | 仙 | | | | | | | | 烟 |
| in | 宾 | 拼 | 民 | | | | 您 | 临 | | | | 今 | 亲 | 心 | | | | | | | | 阴 |
| iang | | | | | | | 娘 | 粮 | | | | 浆 | 枪 | 香 | | | | | | | | 央 |
| ing | 冰 | 瓶 | 明 | | 叮 | 厅 | 柠 | 灵 | | | | 惊 | 清 | 星 | | | | | | | | 鹰 |
| iong | | | | | | | | | | | | 炯 | 琼 | 胸 | | | | | | | | 拥 |
| **合口呼** u | 步 | 仆 | 母 | 扶 | 毒 | 涂 | 奴 | 炉 | 孤 | 枯 | 忽 | | | | 猪 | 初 | 输 | 如 | 租 | 粗 | 苏 | 污 |
| ua | | | | | | | | | 刮 | 夸 | 花 | | | | 抓 | 欻 | 刷 | | | | | 蛙 |
| uo | | | | | 多 | 拖 | 挪 | 裸 | 郭 | 扩 | 活 | | | | 捉 | 戳 | 说 | 弱 | 昨 | 搓 | 梭 | 沃 |
| uai | | | | | | | | | 乖 | 快 | 怀 | | | | 拽 | 揣 | 摔 | | | | | 歪 |
| uei | | | | | 堆 | 推 | | | 归 | 亏 | 挥 | | | | 椎 | 炊 | 水 | 锐 | 最 | 摧 | 虽 | 微 |
| uan | | | | | 端 | 湍 | 暖 | 峦 | 关 | 宽 | 欢 | | | | 专 | 川 | 栓 | 软 | 钻 | 窜 | 酸 | 弯 |
| uen | | | | | 敦 | 吞 | | 抡 | 棍 | 昆 | 荤 | | | | 准 | 春 | 顺 | 润 | 遵 | 村 | 孙 | 瘟 |
| uang | | | | | | | | | 光 | 框 | 慌 | | | | 装 | 疮 | 霜 | | | | | 汪 |
| ueng | | | | | | | | | | | | | | | | | | | | | | 翁 |

(续)

| 韵母 | 声母 | 唇音 | | | | 舌尖中音 | | | | 舌根音 | | | 舌面前音 | | | 舌尖后音 | | | | 舌尖前音 | | | 零 |
|---|---|---|---|---|---|---|---|---|---|---|---|---|---|---|---|---|---|---|---|---|---|---|---|
| | | b | p | m | f | d | t | n | l | g | k | h | j | q | x | zh | ch | sh | r | z | c | s | |
| 撮口呼 | ü | | | | | | | 女 | 铝 | | | | 居 | 趋 | 须 | | | | | | | | 鱼 |
| | üe | | | | | | | 虐 | 略 | | | | 绝 | 缺 | 靴 | | | | | | | | 约 |
| | üan | | | | | | | | | | | | 绢 | 全 | 宣 | | | | | | | | 渊 |
| | ün | | | | | | | | | | | | 军 | 裙 | 熏 | | | | | | | | 云 |

## 第二节　声母及其辨正

### 一、声母的构成

普通话的声母全部由辅音充当,但并不等于所有的辅音都能充当声母,因为普通话的辅音中"ng",不能充当声母,只能作韵尾。

普通话的声母共有 21 个,即 b、p、m、f、d、t、n、l、g、k、h、j、q、x、zh、ch、sh、r、z、c、s。

### 二、声母的分类

声母根据发音部位和发音方法的不同分为两类。发音部位和发音方法是密切联系的,要发准声母,既要把握好发音部位,又要掌握好发音方法。

#### (一)根据发音部位分类

**1. 根据声母发音部位分类**

声母发音时,气流受到阻碍的位置叫做发音部位,或者说发声母时发音器官构成阻碍的地方。根据普通话声母发音部位的不同,声母分为七类:

(1) 双唇音:双唇的内缘接触成阻而形成的音,有 b、p、m 三个。

(2) 唇齿音:上齿接近下唇内缘成阻形成的音,只有一个 f。

(3) 舌尖前音:舌尖抵住或接近上齿背成阻而形成的音,有 z、c、s 三个。

(4) 舌尖中音:舌尖抵住上齿龈成阻形成的音,有 d、t、n、l 四个音。

(5) 舌尖后音:舌尖上翘抵住或接近硬腭前部成阻而形成的音,有 zh、ch、sh、r 四个。

(6) 舌面音:舌面前部抵住或接近硬腭前部成阻而形成的音,有 j、q、x 三个。

(7) 舌根音:舌根抵住或是接近软腭成阻而形成的音,有 g、k、h 三个。

**2. 声母发音过程**

声母发音的过程分为三个阶段。

(1) 成阻:成阻是发辅音过程的开始阶段,是发辅音时阻碍部位的形成阶段。此阶段,发音器官从静止状态转到发音状态,必须构成阻碍状态的过程。如发唇音 p

时,双唇内缘自然闭合,形成阻碍。

(2) 持阻:持阻是发辅音过程的中间阶段,是发辅音时阻碍部位的持续。此阶段,发音器官用力保持状态,气流逐渐加大,成阻部位的力量也随着增加。如发唇音 p 时,双唇内缘紧闭,用力阻挡着逐渐加大的气流使阻碍持续。

(3) 除阻:除阻是发辅音过程的最后阶段,是发辅音时阻碍部位的消除阶段,也是发音器官从某种阻碍状态转到原来静止或其他状态的一个过程。如发唇音 p 时,嘴唇由闭而开,气流爆发迸出。

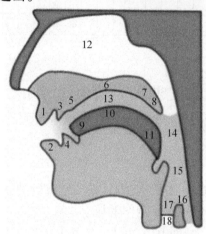

图 2-1 发音器官示意图

1—上唇;2—下唇;3—上齿;4—下齿;5—齿龈;6—硬腭;7—软腭;8—小舌;9—舌尖;10—舌面;11—舌根;12—鼻腔;13—口腔;14—咽头;15—会厌;16—食道;17—气管;18—声带。

## (二) 根据发音方法分类

声母发音时,构成阻碍气流的方法或克服、解除阻碍的方法,就叫发音方法。各种发音方法,都有成阻、持阻、除阻三个过程,这三个过程是在发音的一瞬间连续完成的。根据普通话声母发音方法的不同,声母可分为五类:

(1) 塞音:也叫"爆发音"或"破裂音"。成阻时,发音部位紧闭、完全阻塞着气流;持阻时保持着这种阻碍,同时呼出气流,让气流暂时积蓄在阻碍部位;除阻时,突然将阻碍解除,气流冲出,爆发成声。塞音声母有 b、p、d、t、g、k 六个。

(2) 擦音:成阻时,发音部位的两点接近,不完全闭合,中间留一条窄缝;持阻时,气流由发音部位的两点间挤出,并发生磨擦;除阻时,磨擦的声音就消失了。擦音声母有 f、h、x、sh、r、s 六个。

(3) 塞擦音:兼有塞音和擦音的共同点。成阻时,发音部位的两点完全闭合;持阻时气流从阻碍的部位冲开一条窄缝,接着从窄缝中挤出,磨擦成声;除阻时,阻碍部位完全解除。塞擦音有 j、q、zh、ch、z、c 六个。

(4) 鼻音:成阻时,发音部位的两点闭紧;除阻时,软腭下降、打开鼻腔通路,气流振动声带,从鼻腔通过,形成鼻音;除阻时,发音完毕。鼻音声母有 m、n 两个。

(5) 边音:成阻时,舌尖抵住上齿龈;除阻时气流振动声带,气流从舌头前部两边透出;除阻时,发音完毕。边音声母有一个l。

从发音方法上看,声母还有清音、浊音、送气、不送气的区别。

清音,发音时声带不颤动,透出的气流不带声,共有b、p、f、d、t、g、k、h、j、q、x、zh、ch、sh、z、c、s十七个。

浊音,发音时声带颤动,透出的气流带声,共有m、n、l、r四个。

送气与不送气,是相对的,气流较强的就是送气,气流较弱的就是不送气。普通话声母中的塞音、塞擦音又可分为送气音六个,即p、t、k、q、ch、c;不送气音六个,即b、d、g、j、zh、z。

表2-2所列为普通话声母分类表。

表2-2  普通话声母分类表

| 发音方法 | | 发音部位 | 双唇音 | 唇齿音 | 舌尖中音 | 舌根音 | 舌面音 | 舌尖前音 | 舌尖后音 |
|---|---|---|---|---|---|---|---|---|---|
| 塞音 | 清音 | 不送气 | b | | d | g | | | |
| | | 送气 | p | | t | k | | | |
| 塞擦音 | 清音 | 不送气 | | | | | j | z | zh |
| | | 送气 | | | | | q | c | ch |
| 擦音 | 清音 | | | f | | h | x | s | sh |
| | 浊音 | | | | | | | | r |
| 鼻音 | 浊音 | | m | | n | | | | |
| 边音 | 浊音 | | | | l | | | | |

### (三) 声母发音示意图

#### 1. 双唇音(b,p,m)

双唇音发音如图2-2所示。

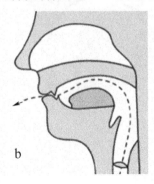
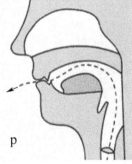
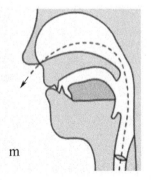

图2-2  双唇音发音

#### 2. 唇齿音(f)

唇齿音发音如图2-3所示。

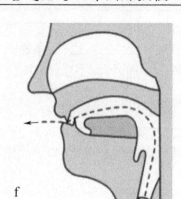

图2-3 唇齿音发音

### 3. 舌尖中音(d,t,n,l)

舌尖中音发音如图2-4所示。

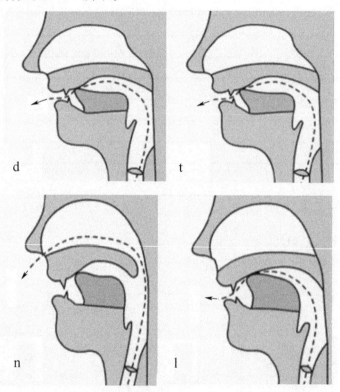

图2-4 舌尖中音发音

### 4. 舌根音(g,k,h)

舌根发音如图2-5所示。

### 5. 舌面音(j,q,x)

舌面音发音如图2-6所示。

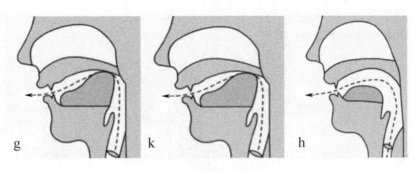

图 2-5　舌根音发音

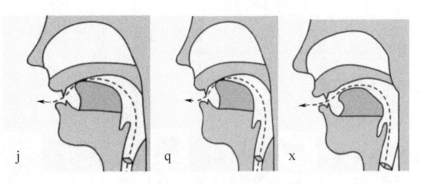

图 2-6　舌面音发音

## 6. 舌尖后音(zh,ch,sh,r)

舌尖后音发音如图 2-7 所示。

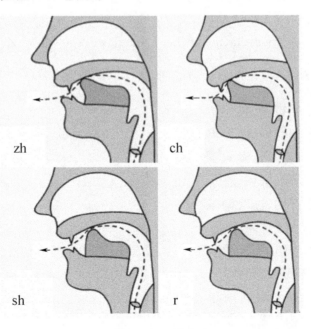

图 2-7　舌尖后音发音

## 7. 舌尖前音(z,c,s)

舌尖前音发音如图2-8所示。

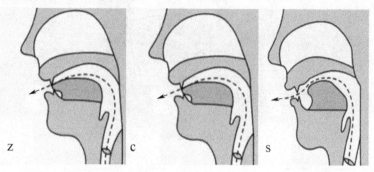

图2-8　舌尖后音发音

## 三、声母发音训练

### (一)本音与呼读音

声母的发音有"本音"与"呼读音"两种方式,"本音"是声母的单纯发音,是用来拼音的;由于声母的本音不响亮,为了便于教学,每个声母的本音后面,分别配上了不同的元音,这样发出来的音叫"呼读音"。比如声母m,发音时双唇一直紧闭,气流全部由鼻腔流出,声音如叹词"呣(mú)";发呼读音时,后面配上了元音o,双唇先紧闭后张开,实际成了"mo"。平时声母发音训练时发出的声音都是"呼读音"。21个声母的呼读音如下:

bo、po、mo、fo、de、te、ne、le、ge、ke、he、ji、qi、xi、zhi、chi、shi、ri、zi、ci、si。

### (二)声母发音部位为序的词语训练

b:背包　奔波　冰雹　标本　版本

p:批评　乒乓　偏旁　匹配　澎湃

m:美满　面貌　描摹　弥漫　迷蒙

f:反复　仿佛　方法　夫妇　福分

d:断定　道德　打倒　电灯　防范

t:谈天　探讨　厅堂　体坛　忐忑

n:恼怒　农奴　牛奶　南宁　男女

l:劳力　嘹亮　玲珑　浏览　邻里

g:骨干　故宫　国歌　改革　干果

k:刻苦　坎坷　空旷　苛刻　扩展

h:航海　黄河　荷花　黄昏　后悔

j:佳节　结晶　借鉴　矫健　倔强

q:亲切 崎岖 全权 强求 欠缺
x:虚心 现象 相信 遐想 想象
zh:真正 庄重 追逐 制止 转折
ch:车床 长城 穿插 出差 铲除
sh:赏识 闪烁 山水 史诗 设施
r:仍然 荣辱 柔软 茬苒 如若
z:自尊 走卒 总则 自在 祖宗
c:从此 参差 猜测 粗糙 仓促
s:思索 松散 诉讼 色素 琐碎

(三)声母绕口令训练

b:

八百标兵奔北坡,北坡炮兵并排跑,
炮兵怕把标兵碰,标兵怕碰炮兵炮。

p:

吃葡萄不吐葡萄皮儿,
不吃葡萄倒吐葡萄皮儿。

m:

庙外有一只白猫,庙内有一顶白帽。
跑了庙外的白猫,丢了庙内的白帽。

f:

粉红墙上画凤凰,凤凰画在粉红墙。
红凤凰,黄凤凰,粉红凤凰花凤凰。

d:

大刀对单刀,单刀对大刀。
大刀斗单刀,单刀斗大刀。

t:

大兔子,大肚子,
大肚子的大兔子,
要咬大兔子的大肚子。

n:

有个面铺门朝南,门上挂着蓝布棉门帘。
摘了蓝布棉门帘,面铺门朝南;
挂上蓝布棉门帘,面铺还是门朝南。

妞妞和牛牛,是对好朋友。

妞妞有个扣扣,牛牛有个石榴。
妞妞帮牛牛钉上了扣扣,牛牛把石榴送给了妞妞。
l：
老罗扛起一车梨,老李扛起一车栗。
老罗人称大力罗,老李人称李大力。

六十六岁刘老六,修了六十六座走马楼,
楼上摆了六十六瓶苏合油,门前栽了六十六棵垂杨柳,
柳上拴了六十六个大马猴。
忽然一阵狂风起,吹倒了六十六座走马楼,
打翻了六十六瓶苏合油,压倒了六十六棵垂杨柳,
吓跑了六十六个大马猴,气死了六十六岁刘老六。
g：
小郭有朵红花,小葛有朵黄花。
小郭拿红花换了小葛的黄花,小葛用黄花换了小郭的红花。
k：
黄贺爱木刻,王克爱诗歌。
黄贺帮助王克写诗歌,王克帮助黄贺搞木刻。
黄贺学会了木刻,王克学会了诗歌。
h：
小黄有朵黄花,小红有朵红花。
小黄送给小红一朵黄花,小红送给小黄一朵红花。

黑化肥发灰,灰化肥发黑。
黑化肥发灰会挥发,灰化肥挥发会发黑。
j：
京剧是京剧,警句是警句。
京剧不是警句,警句不是京剧。
q：
七巷一个漆匠,西巷一个锡匠。
七巷漆匠买了西巷锡匠的锡,西巷锡匠买了七巷漆匠的漆。
x：
王喜上街去买席,骑着毛驴跑得急。刚刚跑到小桥西,毛驴一下失了蹄。丢了席,跑了驴,急得王喜眼泪滴。
zh：
知之为知之,不知为不知。

学习单元二　普通话语音基础训练

不以不知为知之,不以知之为不知。

朱家一株竹,竹笋初长出。
朱叔用锄锄,锄出笋来煮。
锄完不再出,竹株也干枯。
ch:
小超要吃饭,小成要穿衣。
吃饱穿暖上学去,踌躇满志称心意。
sh:
四是四,十是十。十四是十四,四十是四十。
不能把四说成十,也不能把十说成四。
要想说对四,舌头碰牙齿。
要想说对十,舌头别伸直。
要想说对四和十,多多练习资疵思和知吃诗。
r:
夏日无日日亦热,冬日有日日亦寒。
春日日出天渐暖,晒衣晒被晒褥单。
秋日天高复云淡,遥看红日迫西山。

天上有个日头,地下有块石头。
嘴里有个舌头,手上有五根指头。
热日头,硬石头,软舌头,手指头,统统都为练舌头。

任命是任命,人名是人名。
任命不能说成人名,人名也不能说成任命。
z:
嘴不服腿,腿不服嘴。
嘴嫌腿爱跑腿,腿嫌嘴爱卖嘴。
光动嘴不动腿,光动腿不动嘴,不如不长腿和嘴。
c:
村庄是村庄,春装是春装。
村庄不是春装,春装不是村庄。
村庄画在地图上,春装穿在人身上。
s:
石狮寺前有四十四个石狮子,狮子上面有四十四个涩柿子。
四十四个石狮子看不见四十四个涩柿子,

四十四个涩柿子看得见四十四个石狮子。

三山撑四水,四水绕三山,三山四水春常在,四水三山四时春。(《三山撑四水》)。

## 四、声母辨正

### (一) z、c、s 与 zh、ch、sh

说普通话时,舌尖前音 z、c、s 与舌尖后音 zh、ch、sh 相混是很普遍的一种现象。主要表现在以下三个方面:一是把舌尖后音都读成舌尖前音;二是把舌尖前音都读成舌尖后音;三是把部分舌尖前音读成舌尖后音或把部分舌尖后音读成舌尖前音。舌尖前音和舌尖后音辨正的关键是找准二者的正确发音部位和发音方法,然后根据以下途径提高舌尖前音和舌尖后音的认读能力。

**1. 记少不记多**

《现代汉语常用字表》中舌尖前音的字少,舌尖后音的字多,两者的比例约为1:4。舌尖前音常用字约有 281 个,舌尖后音常用字约有 545 个。记住 281 个舌尖前音的字,利用排除法,对提高舌尖前音和舌尖后音的识别能起到事半功倍的作用。舌尖前音常用字如下:

z:匝咂砸杂哉栽灾宰再在载咱攒赞暂赃脏葬藏遭糟凿早枣蚤澡藻躁噪燥灶造皂则责啧择泽增憎赠孜资咨姿淄兹嗞滋孳子仔籽紫梓滓渍自字宗棕踪综鬃总粽纵邹走奏揍租足卒族诅阻组祖钻纂嘴最醉罪尊遵昨左佐作柞坐座做(96 个)

c:擦嚓猜才材财裁采彩睬踩菜蔡参餐残蚕惭惨灿仓苍沧舱藏操糙曹嘈槽草册厕侧恻测策层曾疵雌词祠慈磁辞茨瓷此次刺赐匆葱囱聪枞从丛凑粗促猝醋蹿窜篡崔催摧脆萃淬瘁粹翠村存忖寸磋搓撮挫锉措错(87 个)

s:撒洒飒萨腮鳃塞赛三叁伞散丧桑嗓搔骚缫扫嫂臊色涩啬瑟森僧私司丝思斯撕嘶死巳四寺似伺饲肆松淞嵩怂耸诵讼颂宋送搜馊艘叟嗽擞苏酥俗诉素速宿肃夙粟傈塑溯酸算蒜虽绥随髓遂隧岁祟碎穗孙笋损榫唆梭蓑索缩所唢琐锁(98 个)

**2. 利用形声字偏旁类推**

有些同声偏旁的形声字,读音相同或相近,记住其中的声旁或是一个代表字,就可以类推出一批字。如"祖、租、诅、阻、组"这几个字,都有相同的偏旁"且",记住"祖"(zǔ)这个代表字,并知道它是舌尖前音的字,就能类推出同一偏旁的很多字。又如"主、拄、住、注、柱、驻、蛀"等,都有相同的偏旁"主"(zhǔ),记住"主"这个代表字,并知道它是舌尖后音的字,就能类推出同一偏旁的很多字。但是,这个方法有局限性,只适用于有相同声旁的字而不适用于声旁或偏旁不同的字,所以有些声母相同的字就不能类推,如"苏、酥、俗、诉、素、速"等,声韵都一样,但不能类推,还须一个一个去记。

### 3. 利用普通话声韵配合规律

这个规律尽管适用范围有限,但可以帮助学习者很快记准一些字的声母。

如 sh 不能和 ong 相拼,而 s 可以和 ong 相拼,因此,"送、宋、颂、松、诵、耸"等字肯定是舌尖前音的。

再如,z、c、s 不能和 ua、uai、uang 相拼,而 zh、ch、sh 可以和这三个韵母相拼,因此,"抓、拽、庄、刷、率、双、揣、床、创、窗"等字的声母一定是舌尖后音。

### 4. 词语正音训练

1)词语比较训练

孜-知 仔-纸 增-蒸 澡-找 才-豺 参-搀 窜-串 嗓-晌 思-湿 资助-支柱 木材-木柴 瓷瓶-持平

zh-z 知足 职责 制造 治罪 渣滓 沼泽 正宗 增长 著作 指责 正在 准则 装作
z-zh 最终 资质 在职 载重 栽种 宗旨 自制 尊重 作者 总之 增长 阻止 组织
ch-c 穿刺 差错 唱词 储存 船舱 炒菜 纯粹 成才 筹措 尺寸 揣测 吃菜 柴草
c-ch 促成 存折 参照 草场 裁撤 操持 财产 刺穿 裁成 草创 操场 擦车 残春
sh-s 申诉 誓死 疏松 神速 声色 哨所 石笋 上司 世俗 上诉 沙僧 受损 神似
s-sh 唆使 损失 所属 私塾 撒手 缩水 松鼠 算式 松树 丧失 死伤 虽说 桑葚

2)绕口令练习

操场前三十三棵桑树,操场后四十四棵枣树。张三把三十三棵桑树认作枣树,赵四把四十四棵枣树认作桑树。

曹家三个小孩子,藏在家里撕字纸,不是字纸胡乱撕,撕成一把碎字纸。

## (二)尖团音

### 1. 什么是尖团音

尖团音是尖音和团音的合称。汉语语音学把声母 z、c、s 与韵母 i、ü 或 i、ü 开头的韵母(齐齿呼和撮口呼)相拼叫尖音;把声母 j、q、x 与韵母 i、ü 或 i、ü 开头的韵母(齐齿呼和撮口呼)相拼,叫团音。目前,很多汉语方言区的人们仍然存在尖团音的区分,而普通话中没有尖团音的区分,也就是说在普通话中 z、c、s 这三个声母是不与韵母 i、ü 或 i、ü 开头的韵母(齐齿呼和撮口呼)相拼的,若相拼就不符合普通话的标准和规范要求。

### 2. 正音训练

1)词语训练

阻力-举例 自信-寄信 墨渍-墨迹 滋补-机补 词藻-起早 刺激-契机 寺院-戏院

交情 坚强 机器 雄心 小桥 现钱 稀奇 先进 夏季 细节 湘江 禁区 清洗 小姐

2)绕口令练习

北京天津风景好,小晶小金跑遍了。用眼睛看风景,小金小晶戴墨镜。买门票花现金,买纸巾擦眼镜,其实什么都看不清。小金小晶这样看,京津津京分不清,镜景眼睛都模糊,晶金津京景两人记不清。

(三) n 与 l

n、l 相混存在于南方大部分区域,北方少部分区域也有这种现象。主要表现在以下几个方面:一是全 n 化,没有 l 声母;二是全 l 化,没有 n 声母;三是 n、l 都有,但分辨不清。n、l 的辨正首先是正确掌握它们的发音要领,然后根据以下方法快速提高识别能力。

**1. 记少不记多**

在《现代汉语常用字表》中 n 声母比 l 声母的字少得多,记住 n 声母的字,l 声母的字很快也就辨清楚了。n 声母的字如下:

拿哪那娜呐纳钠捺乃奶氖奈耐囡男南楠难囊孬挠恼瑙脑闹馁内怩嫩能妮尼呢泥霓拟你昵逆匿腻溺拈蔫年粘捻撵念娘酿鸟袅尿捏聂啮您宁狞咛狩柠凝拧泞妞牛扭纽拗农侬浓脓弄奴努怒女暖疟虐挪诺懦糯(87 个)

**2. 利用偏旁类推**

例如,记住"内、纳、钠、呐"等字中的"内"的声母为 n,就可类推出"纳、钠、呐"等字的声母是 n;记住"宁、狩、柠、拧、泞"等字中的"宁"的声母 n,就可类推出"狩、柠、拧、泞"等字的声母也是 n。

**3. 利用普通话的声韵配合规律**

从普通话声韵配合表中,可以清楚地看出声母 n 不与韵母 ia 相拼,与韵母 ou 相拼也只有一个"耨 nòu"字;声母 l 不与韵母 en 相拼。所以,"陋、楼、娄、漏、俩"等字的声母只能是 l;"嫩"的声母只能是 n。

**4. 正音训练**

1) 词语比较训练

那-蜡 耐-赖 馁-磊 内-类 孬-捞 挠-牢 脑-老 闹-烙 南-蓝 难-兰 聂-裂 暖-恋 女-吕 虐-略 农-龙

脑子-老子 大怒-大路 浓重-隆重 男女-褴褛 老农-老龙 闹灾-涝灾 留念-留恋

2) 词语辨正训练

历年 岭南 暖流 连年 浓烈 龙年 努力 凝练 辽宁 留恋 纳凉 农林 嫩绿 能力

3) 绕口令练习

念一念练一练,n、l 的发音要分辨,l 是边音软腭升,n 是鼻音舌靠前。你来念我来练,不怕累不怕难,一起努力攻难关。

(四) r 与 l

很多方言中没有 r 声母,普通话读 r 声母的字常读成 l 声母或零声母。r 与 l 的辨正,可采用以下两种方法。

**1. sh 同位带发 r**

r 的发音部位和 sh 相同,因此对应着 sh 的发音部位进行 r 音的同位练习,即用发完 sh 带发 r,是很好的方法。

**2. d、t 同位带发 l**

l 的发音部位和 d、t 相同,因此对应着 d、t 的发音部位进行 l 音的同位练习,即发完 d、t 带发 l,是很好的方法。

**3. 记少不记多**

在掌握了 r、l 两个声母的正确发音后,坚持利用排除法,记少不记多,就能很快提高这两个声母的识读能力。《现代汉语常用字表》所收 3500 个常用字中,读 l 声母的字有 239 个,读 r 声母的字除去多音字外,只有 53 个。r 声母的字如下:

然燃染嚷壤让瓤攘饶扰绕惹热人仁忍刃认任纫韧扔仍日绒荣容熔融茸溶蓉榕冗柔揉蹂肉如乳辱入软锐瑞润若弱儒蠕褥蕊闰

**4. 正音训练**

然－兰 让－浪 饶－劳 热－乐 人－路 笼－荣 楼－柔 懒－软 论－润 落－若 人伦 燃料 日历 热恋 蹂躏 扰乱 路人 猎人 利润 落日 来人 例如

## (五) h 与 f

h、f 的辨正,关键是从发音部位上去把握,过好这两个声母的发音关。然后根据以下方法,快速提高识别能力。

**1. 利用偏旁类推**

如记住"方"字的声母是 f,就可以类推出"芳、坊、纺、舫、放、防、妨、房、肪、仿、访"等一批字的声母是 f;记住"皇"字的声母是 h,就可类推出"凰、惶、湟、煌、蝗、徨"等字的声母也是 h。

**2. 利用普通话声韵配合规律**

从普通话声韵配合表中,可以看出 f 不与韵母 ai、ong 相拼,方言中读 fai 的,普通话中读 huai,如"怀、坏"等字;方言中读 fong 的,普通话中读 hong,如"红、虹、鸿"等;f 与 o 相拼的音节中只有一个字"佛"。因此,方言中念 fo 的,在普通话中都应该念 huo,如"火、活、货"等字。

**3. 正音训练**

夫－乎 粉－狠 发－花 饭－汉 扶－胡 户－富 灰－飞 红－逢 昏－分 黄－房 符合 防寒 愤恨 负荷 复活 荒废 伙房 划分 豪放 花粉 回复 合法

## (六) zh、ch、sh 与 j、q、x

在有些方言区人们把普通话声母是 zh、ch、sh 的一部分字读成 j、q、x 声母,如把"猪(zhū)"读作"jū";把"船(chuán)"读作"quán"。错读的规律是,当 zh、ch、sh 后拼

23

u、uan、uen 三个韵母时,容易读成 j、q、x 与 ü、üan、ün 相拼的音节。

**1. 辨正方法**

辨正方法是牢记 zh、ch、sh 与 u、uan、uen 相拼的音节。其字如下:

zhu:猪诸朱珠蛛株诛竹烛逐主煮嘱住注柱驻助著铸祝筑

zhuan:专砖转传赚撰篆

zhun:谆准

chu:初除锄厨雏处楚储础畜矗

chuan:穿川船传椽喘串

chun:春椿纯唇醇蠢

shu:书梳蔬输抒舒枢叔熟数暑署薯树术束述戍竖恕庶墅

shuan:栓拴涮

shun:吮顺瞬舜

**2. 正音训练**

猪–居 专–捐 除–渠 穿–圈 春–逡 书–须 栓–宣 顺–逊

诸如 锯齿 蜘蛛 居住 专业 捐款 撰写 书卷 准备 军备 厨房 区别 船桨 全国 春天 群众 书法 需要 枪栓 宣布 吸吮 损伤

## 第三节  韵母及其辨证

### 一、韵母的构成

普通话的韵母主要是由元音构成,有的韵母只有一个元音,有的韵母有两个或三个元音。所有的元音都可以充当韵母或组成韵母,但韵母不一定都是元音,因为还有一部分韵母是由元音加鼻辅音构成的,即加"n"或"ng"构成鼻韵母。

### 二、韵母的分类

普通话的韵母共有 39 个,根据韵母的结构特点或韵母开头元音的发音口形,有两种分类方法。

(一) 根据韵母的结构特点分类

根据韵母的结构特点,普通话的韵母可以分为三类:

(1) 单韵母:由一个元音音素充当的韵母。单韵母共有 10 个,即 a、o、e、i、u、ü、ê;舌尖元音 –i(前)、–i(后);卷舌元音 er。

(2) 复韵母:由两个或三个元音复合而成的韵母。复韵母共有 13 个,即 ai、ei、ao、ou、ia、ie、iao、iou、ua、uo、uai、uei、üe。

(3) 鼻韵母:由元音和鼻辅音 n、ng 做韵尾构成的韵母。共有 16 个,即 an、en、

ang、eng、ong、ian、in、iang、ing、iong、uan、uen、uang、ueng、üan、ün。

### （二）根据韵母开头元音的发音口形

根据韵母开头元音的发言口形,普通话的韵母分为四类,传统语言学称之为"四呼":

(1) 开口呼:不是或不以 i、u、ü 开头的韵母。
(2) 齐齿呼:i 或以 i 开头的韵母。
(3) 合口呼:u 或以 u 开头的韵母。
(4) 撮口呼:ü 或以 ü 开头的韵母。

表 2-3 所列为普通话韵母表。

表 2-3 普通话韵母表

| 按结构分类 \ 按口形分类 | 开口呼 | 齐齿呼 | 合口呼 | 撮口呼 |
|---|---|---|---|---|
| 单韵母 | -i | i | u | ü |
| | a | ia | ua | |
| | o | | uo | |
| | e | | | |
| | ê | ie | | üe |
| | er | | | |
| 复韵母 | ai | | uai | |
| | ei | | uei | |
| | ao | iao | | |
| | ou | iou | | |
| 鼻韵母 | an | ian | uan | üan |
| | en | in | uen | ün |
| | ang | iang | uang | |
| | eng | ing | ueng | |
| | ong | iong | | |

## 三、韵母发音训练

### （一）单韵母发音分析及其训练

**1. 单韵母发音特点**

单韵母的发音特点是发音时舌位、唇形以及开口度,按发音要求维持发音状态,始终不变,没有动程。单韵母的音色是由舌位的前后、高低,唇形的圆展以及口腔开口度的大小不同决定的。舌位的前后,指的是舌头前伸或后缩,舌头前伸隆起部分对着硬腭的时候叫舌位前;舌头后缩隆起的部分对着软腭的时候,叫舌位后;舌头不前不后处于中间,隆起部分对着上腭中部,这时的舌位叫央。舌位高低,指的是舌头和上腭的距离。舌头距离上腭近叫舌位高,反之叫舌位低。舌头的的位置从高到低是渐变的,其间有许多过渡的位置。为了便于说明,把舌位分为"高""半高""半低""低"(或分作升、半升、半降、降)四度。唇形的圆展,指的是嘴唇形状的变化。唇形有各样变化,这里只把它分为"圆唇"和"不圆唇"两类。

**2. 单韵母分类**

单韵母共有10个,分为三类:

(1) 舌面元音:a、o、e、i、u、ü、ê。

(2) 舌尖元音:-i(前)、-i(后)。

(3) 卷舌头元音:er。

**3. 单韵母发音分析及其训练**

1) 舌面单韵母发音及其训练

a(舌面、央、低、不圆唇):发音时,口腔打开,舌头居中,舌面下降到最低度,唇形不圆,软腭上升,关闭鼻腔通道,声带颤动。如,发达、大厦、刹那、打靶、到达。

o(舌面、后、半高、圆唇):口腔微开,舌面后缩,舌尖下垂,后舌面隆起,升至半高度,嘴唇略圆。软腭和声带活动同a。如,薄膜、婆婆、磨破、伯伯。

e(舌面、后、半高、不圆唇元音):发音时舌位与o相同,区别在于圆唇不圆唇,要自然展开。如,客车、合格、折射、苛刻。

ê(舌面、前、半低、不圆唇元音):发音时舌头前伸,舌面前部距离硬腭稍远,舌头抵着上齿背,口腔开度比较大,软腭上升,嘴角稍向两边展开,声带颤动。它用于单独注音只一个叹词"欸"。它的主要用途是与i、ü组成复韵母。如,结业、确切、姐姐、乜斜。

i(舌面、前、高、不圆唇元音):口腔开度很小,舌头前伸,前舌面上升接近硬腭,气流的通路狭窄但不发生摩擦,嘴唇不圆。如,集体、习题、低级、奇袭、体积。

u(舌面、后、高、圆唇):口腔开口度很小,舌头后缩,后舌面上升接近软腭,气流的通路狭窄但不发生摩擦,嘴唇收成一圆孔。如,数目、瀑布、毒素、图书、出土。

ü(舌面、后、高、圆唇):口腔开口度很小,舌头前伸,前舌面上升接近硬腭,气流的通路狭窄但不发生摩擦,嘴唇前撮成一小圆孔。如,须臾、序曲、区域、寓于。

2) 舌尖韵母发音及其训练

-i(前)(舌尖、前、高、不圆唇):舌尖前伸,靠近上齿背,气流通道狭窄但不发生摩擦,嘴唇不圆,向两边展开。舌尖韵母-i(前)的发音,是单韵母发音中较难掌握的一个韵母,和声母s的发音进行对比就较为容易把握。s和-i(前)的相同点是舌尖前伸的位置接近。不同的是发s时气流通道发生摩擦,发-i(前)时不发生摩擦;发s时声带不颤动,发-i(前)时声带颤动。如,此次、自私、字词、私自。

-i(后)(舌尖、后、不圆唇):舌尖向后翘起靠近硬腭前部,气流通路狭窄但不发生摩擦,嘴唇不圆。舌尖韵母-i(后)的发音,也是单韵母发音中较难掌握的一个韵母,和声母r的发音进行对比就较为容易把握。r和-i(后)的相同点是舌尖向后翘起的位置接近,发音声带都颤动;不同点是发r时气流通道摩擦,发-i(后)时气流通道不摩擦。如,支持、史诗、日食、制止、指使。

3) 卷舌韵母发音及其训练

er(卷舌、中、不圆唇):

舌面和舌尖同时起作用,舌面处于自然状态,不前不后,不高不低,舌面中部稍微隆起,舌尖卷起和硬腭前部相对。如,儿女、而且、耳朵、二十。

图2-2所示为舌面元音发音舌位图。

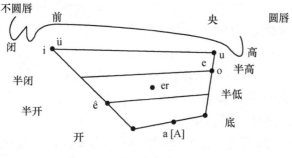

图2-2 舌面元音发音舌位图

### (二) 复韵母发音分析及其训练

**1. 复韵母发音特点**

复韵母是由两个或三个元音构成的韵母。复韵母的发音特点是从一个元音滑到另一个元音的过程中,舌位的高低前后,口腔的开闭、唇形的圆展等,都是逐渐变动的,而不是跳动的,中间有一些过渡音。同时,气流不中断,中间没有明显的界限,形成一个整体。绝对不是几个单韵母的机械、简单相加。复韵母各个成分的响度、强弱、长短是不同的,韵腹是复韵母的重心。

**2. 复韵母分类**

复韵母根据主要元音,也就是韵腹所处的位置,分为三类:

(1) 前响复韵母:ai、ei、ao、ou。

(2) 中响复韵母:iao、iou、uai、uei。

(3) 后响复韵母:ia、ie、ua、uo、üe。

**3. 复韵母发音分析及其训练**

1) 前响复韵母发音及其训练

前响复韵母由韵腹和韵尾构成。发音时,前面的韵腹清晰响亮,后面的韵尾较模糊,只表示舌位滑动的方向。如,开采、配备、高潮、欧洲。

2) 中响腹韵母发音及其训练

中响复韵母由韵头、韵腹、韵尾构成。发音时,韵头和韵尾发音轻短、模糊,只要求舌位和唇形到位,中间的元音清晰响亮。如,小鸟、优秀、怀揣、水位。

3)后响腹韵母发音及其训练

后响复韵母由韵头和韵腹构成。发音时,前面的元音较短,也就是韵头较短,只表示舌位从那里开始移动,后面的元音,也就是韵腹清晰响亮。如,加价、结业、挂画、约略、雀跃。

(三)鼻韵母发音分析及其训练

**1. 鼻韵母发音特点**

鼻韵母发音时,由元音向鼻辅音滑动,最后以鼻音收尾。

**2. 鼻韵母分类**

鼻韵母根据鼻辅音韵尾的不同,分为两类:

(1)前鼻韵母:an、en、ian、in、uan、uen、üan、ün。

(2)后鼻韵母:ang、eng、ong、iang、ing、iong、uang、ueng。

**3. 鼻韵母发音分析及其训练**

1)前鼻韵母发音分析及其训练

前鼻韵母发音时,前面的元音发音时间稍长、清晰响亮,收尾音时只要求舌头到位,气流进入鼻腔通道后,即刻关闭气流。如,橄榄、根本、牵连、濒临、转弯、温顺、源泉、均匀。

2)后鼻韵母发音分析及其训练

后鼻韵母发音时,前面的元音发音时间稍长、清晰响亮,收尾音时只要求舌头到位,气流进入鼻腔通道后,即刻关闭气流。如,苍茫、丰盛、从容、想象、宁静、汹涌、状况、蓊郁。

(四)韵母绕口令训练

a:

门前有八匹大伊犁马,你爱拉哪匹马拉哪匹马。(《伊犁马》)

o:

太阳从西往东落,听我唱个颠倒歌。天上打雷没有响,地下石头滚上坡;江里骆驼会下蛋,山上鲤鱼搭成窝;腊月酷热直淌汗,六月寒冷打哆嗦;姐在房中头梳手,门外口袋把驴驮;咸鱼下饭淡如水,油煎豆腐骨头多;黄河中心割韭菜,龙门山上捉田螺;捉到田螺比缸大,抱了田螺看外婆;外婆在摇篮里哇哇哭,放下田螺抱外婆。(《听我唱个颠倒歌(童谣)》)

e:

天上一群大白鸽,河里一群大白鹅。白鸽尖尖红嘴壳,白鹅曲项向天歌。白鸽剪开云朵朵,白鹅拨开浪波波。鸽乐呵呵,鹅活泼泼,白鹅白鸽碧波蓝天真快乐。(《鹅和鸽》)

## 学习单元二 普通话语音基础训练

i：

一个阿姨把筐提，七个阿姨来摘梨。总共来了几阿姨，总共摘了几个梨？一二三四五六七，七六五四三二一，总共八个阿姨摘了满满一筐大鸭梨。一二三，三二一，一二三四五六七。七个阿姨来摘果，七个花篮儿手中提。七棵树上结七样儿，苹果、桃儿、石榴、柿子、李子、栗子、梨。（《七棵树上结七样儿》）

u：

山上五棵树，架上五壶醋，林中五只鹿，箱里五条裤。伐了山上的树，搬下架上的醋，射死林中的鹿，取出箱中的裤。（《山上五棵树》）

ü：

这天天下雨，体育局穿绿雨衣的女小吕，去找穿绿运动衣的女老李。穿绿雨衣的女小吕，没找到穿绿运动衣的女老李，穿绿运动衣的女老李，也没见着穿绿雨衣的女小吕。（《女小吕和女老李》）

-i（前）：

四十四个字和词，组成了一首绕口词。桃子李子梨子栗子橘子柿子槟子榛子，栽满院子村子和寨子。刀子斧子锯子凿子锤子刨子尺子，做出桌子椅子和箱子。（《四和十》）

-i（后）：

一些事没有人做，一些人没有事做，一些没有事做的议论做事的做的事；议论做事的总是没事，一些做事的总有做不完的事，一些没有事做的不做事不碍事，一些有事做的做了事却有麻烦事；一些不做事的挖空心思惹事，让做事的做不成事，大家都不做事是不想做事的做事；做事的做不成事伤心，不做事的不做事开心。（《做事的与不做事的》）

er：

要说"尔"专说"尔"，马尔代夫，喀布尔，阿尔巴尼亚，扎伊尔，卡塔尔，尼泊尔，贝尔格莱德，安道尔，萨尔瓦多，伯尔尼，利伯维尔，班珠尔，厄瓜多尔，塞舌尔，哈密尔顿，尼日尔，圣彼埃尔，巴斯特尔，塞内加尔的达喀尔，阿及利亚的阿尔及尔。（《要说"尔"专说"尔"》）

ai：

卖白菜，买海带。有人来卖长海带，没人来买大白菜，卖不了白菜，买不了海带。（《白菜和海带》）

ei：

贝贝飞纸飞机，菲菲要贝贝的纸飞机，贝贝不给菲菲自己的纸飞机，贝贝教菲菲自己做能飞的纸飞机。（《贝贝和菲菲》）

ao：

隔着墙头扔草帽，吓得邻居嗷嗷叫。抬头一看是草帽，惹得大家哈哈笑。（《扔草帽》）

29

ou：

忽听门外人咬狗,拿起门来开开手;拾起狗来打砖头,又被砖头咬了手;从来不说颠倒话,口袋驮着骡子走。(《忽听门外人咬狗》)

iao：

水上漂着一只表,表上落着一只鸟。鸟看表,表瞪鸟,鸟不认识表,表也不认识鸟。(《鸟看表》)

iou：

一葫芦酒,九两六。一葫芦油,六两九。六两九的油,要换九两六的酒,九两六的酒,不换六两九的油(《酒换油》)

uai：

槐树槐,槐树槐,槐树底下搭戏台,人家的姑娘都来了,我家的姑娘还不来。说着说着就来了,骑着驴,打着伞,歪着脑袋上戏台。(《槐树槐》)

uei：

威威、伟伟和卫卫,拿着水杯去接水。威威让伟伟,伟伟让卫卫,卫卫让威威,没人先接水。一二三,排好队,一个一个来接水。(《接水》)

ia：

天上飘着一片霞,水上飘着一群鸭。霞是五彩霞,鸭是麻花鸭。麻花鸭游进五彩霞,五彩霞挽住麻花鸭。乐坏了鸭,拍碎了霞,分不清是鸭还是霞。(《鸭和霞》)

ie：

姐姐借刀切茄子,去把儿去叶儿斜切丝,切好茄子烧茄子,炒茄子、蒸茄子,还有一碗焖茄子。(《茄子》)

ua：

一个胖娃娃,画了三个大花活蛤蟆;三个胖娃娃,画不出一个大花活蛤蟆。画不出一个大花活蛤蟆的三个胖娃娃,真不如画了三个大花活蛤蟆的一个胖娃娃。(《画蛤蟆》)。

uo：

狼打柴,狗烧火,猫儿上炕捏窝窝,雀儿飞来蒸饽饽。(《狼打柴狗烧火》)

üe：

真绝,真绝,真叫绝,皓月当空下大雪,麻雀游泳不飞跃,鹊巢鸠占鹊喜悦。(《真绝》)

an：

大帆船,小帆船,竖起桅杆撑起船。风吹帆,帆引船,帆船顺风转海湾。(《帆船》)

天连水,水连天,水天一色望无边,蓝蓝的天似绿水,绿绿的水如蓝天。到底是天连水,还是水连天?(《水连天》)

en：

小陈去卖针,小沈去卖盆。俩人挑着担,一起出了门。小陈喊卖针,小沈喊卖盆。也不知是谁卖针,也不知是谁卖盆。(《小陈和小沈》)

ian：

半边莲,莲半边,半边莲长在山涧边。半边天路过山涧边,发现这片半边莲。半边天拿来一把镰,割了半筐半边莲。半筐半边莲,送给边防连。(《半边莲》)

in：

你也勤来我也勤,生产同心土变金。工人农民亲兄弟,心心相印团结紧。(《土变金》)

uan：

那边划来一艘船,这边漂去一张床,船床河中互相撞,不知船撞床,还是床撞船。(《船和床》)

uen：

孙伦打靶真叫准,半蹲射击特别神。本是半路出家人,摸爬滚打练成神。(《孙伦打靶》)

üan：

圆圈圆,圈圆圈,圆圆娟娟画圆圈。娟娟画的圈连圈,圆圆画的圈套圈。娟娟圆圆比圆圈,看看谁的圆圈圆。(《画圆圈》)

ün：

军车运来一堆裙,一色军用绿色裙。军训女生一大群,换下花裙换绿裙。(《换裙子》

ang：

海水长,长长长,长长长消。(《海水长》)

eng：

墙上一根钉,钉上挂条绳,绳下吊个瓶,瓶下放盏灯。掉下墙上钉,脱掉钉上绳,滑落绳下瓶,打碎瓶下灯。瓶打灯,灯打瓶,瓶骂灯,钉骂绳,绳怪瓶,瓶怪灯。

郑政捧着盏台灯,彭澎扛着架屏风,彭澎让郑政扛屏风,郑政让彭澎捧台灯。(《台灯和屏风》

ong：

冲冲栽了十畦葱,松松栽了十棵松。冲冲说栽松不如栽葱,松松说栽葱不如栽松。是栽松不如栽葱,还是栽葱不如栽松？(《栽葱和栽松》)

iang：

杨家养了一只羊,蒋家修了一道墙。杨家的羊撞倒了蒋家的墙,蒋家的墙压死了杨家的羊。杨家要蒋家赔杨家的羊,蒋家要杨家赔蒋家的墙。(《杨家养了一只羊》)

ing：

天上七颗星,树上七只鹰,梁上七个钉,台上七盏灯。拿扇扇了灯,用手拔了钉,举枪打了鹰,乌云盖了星。(《天上七颗星》)

河里漂着一块冰,冰里冻着一根钉,钉钉冰,冰冻钉,水流冰动钉也动,水停冰静钉也停。要取钉,敲碎冰,丁丁当当当当丁,乒乒乓乓乓乓乒。

iong:

小涌勇敢学游泳,勇敢游泳是英雄。(《学游泳》)。

uang:

王庄卖筐,匡庄卖网,王庄卖筐不卖网,匡庄卖网不卖筐。你要买筐别去匡庄去王庄,你要买网别去王庄去匡庄。(《王庄和匡庄》)

ueng:

老翁卖酒老翁买,老翁买酒老翁卖。(《老翁和老翁》)

(五)声母、韵母综合训练

### 《报菜名》

蒸羊羔,蒸熊掌,蒸鹿尾儿,烧花鸭,烧雏鸡儿,烧子鹅,卤煮咸鸭,酱鸡,腊肉,松花,小肚儿,晾肉,香肠,什锦苏盘,熏鸡,白肚儿,清蒸八宝猪,江米酿鸭子,罐儿野鸡,罐儿鹌鹑,卤什锦,卤子鹅,卤虾,烩虾,炝虾仁儿,山鸡,兔脯,菜蟒,银鱼,清蒸哈什蚂,烩鸭腰儿,烩鸭条儿,清拌鸭丝儿,黄心管儿,焖白鳝,焖黄鳝,豆豉鲇鱼,锅烧鲇鱼,烀皮甲鱼,锅烧鲤鱼,抓炒鲤鱼,软炸里脊,软炸鸡,什锦套肠,麻酥油卷儿,熘鲜蘑,熘鱼脯儿,熘鱼片儿,熘鱼肚儿,醋熘肉片儿,熘白蘑,烩三鲜,炒银鱼,烩鳗鱼,清蒸火腿,炒白虾,炝青蛤,炒面鱼,炝芦笋,芙蓉燕菜,炒肝尖儿,南炒肝关儿,油爆肚仁儿,汤爆肚领儿,炒金丝,烩银丝,糖熘饹炸儿,糖熘荸荠,蜜丝山药,拔丝鲜桃,熘南贝,炒南贝,烩鸭丝,烩散丹,清蒸鸡,黄焖鸡,大炒鸡,熘碎鸡,香酥鸡,炒鸡丁儿,熘鸡块儿,三鲜丁儿,八宝丁儿,清蒸玉兰片,炒虾仁儿,炒腰花儿,炒蹄筋儿,锅烧海参,锅烧白菜,炸海耳,浇田鸡,桂花翅子,清蒸翅子,炸飞禽,炸葱,炸排骨,烩鸡肠肚儿,烩南荠,盐水肘花儿,拌瓢子,炖吊子,锅烧猪蹄儿,烧鸳鸯,烧百合,烧苹果,酿果藕,酿江米,炒螃蟹,氽大甲,什锦葛仙米,石鱼,带鱼,黄花鱼,油泼肉,酱泼肉,红肉锅子,白肉锅子,菊花锅子,野鸡锅子,元宵锅子,杂面锅子,荸荠一品锅子,软炸飞禽,龙虎鸡蛋,猩唇,驼峰,鹿茸,熊掌,奶猪,奶鸭子,杠猪,挂炉羊,清蒸江瑶柱,糖熘鸡头米,拌鸡丝儿,拌肚丝儿,什锦豆腐,什锦丁儿,精虾,精蟹,精鱼,精熘鱼片儿,熘蟹肉,炒蟹肉,清拌蟹肉,蒸南瓜,酿倭瓜,炒丝瓜,焖冬瓜,焖鸡掌,焖鸭掌,焖笋,熘茭白,茄干儿晒卤肉,鸭羹,蟹肉羹,三鲜木樨汤,红丸子,白丸子,熘丸子,炸丸子,三鲜丸子,四喜丸子,氽丸子,葵花丸子,饹炸丸子,豆腐丸子,红炖肉,白炖肉,松肉,扣肉,烤肉,酱肉,荷叶卤,一品肉,樱桃肉,马牙肉,酱豆腐肉,坛子肉,罐儿肉,元宝肉,福禄肉,红肘子,白肘子,水晶肘子,蜜蜡肘子,烧烀肘子,扒肘条儿,蒸羊肉,烧羊肉,五香羊肉,酱羊肉,氽三样儿,爆三样儿,烧紫盖儿,炖鸭杂儿,熘白杂碎,三鲜鱼翅,栗子鸡,尖氽活鲤鱼,板鸭,筒子鸡。

## 四、韵母辨正

韵母的辨正很复杂,现仅对较为广泛的问题进行分析、辨正。

### (一) e 与 ai、ê

有不少方言,在 e 与声母 zh、ch、sh、r、z、c、s、d、t 相拼时,把 e 发成 ai、ê。如下列音节:

zhe→zhai/zhê:遮折谪辙哲者浙蔗
che→hai/chê:车扯撤掣彻
she→hai/shê:奢赊佘蛇舌舍涉设社射摄
re→rai/rê:惹热
ze→zai/zê:责喷则泽择仄
ce→cai/cê:策测侧册厕
se→sai/sê:涩瑟色啬
de→dai/dê:得德
te→tai/tê:特

### (二) e 与 uo、o

部分方言,在 e 与声母 g、k、h、l 相拼时,把 e 发成 uo、o。如下列音节:

ge→guo/go:哥个鸽
ke→kuo/ko:科棵课扩括阔廓
he→huo/ho:禾和喝河贺
le→luo/lo:乐(快乐)
e—uo/o:鹅饿

### (三) ei 与 uei

有些方言,在 ei 与声母 l 相拼时,把 ei 发成 uei。如下列音节:
lei→lui:雷儡垒类累泪

### (四) uei 与 ei

有些方言,在 uei 与声母 d、t、sh 相拼时,把 uei 发成 ei。如下列音节:
lui→lei:堆对推腿退水税睡锐蕊

### (五) üe 与 üo

有些方言,在 üe 与声母相拼时,把 üe 发成 üo。如下列音节:
üe→üo:约月钥乐(音乐)岳

jüe→jüo：觉决绝

qüe→qüo：缺却确雀鹊

xüe→xüo：学雪

（六）u 与 ü、ou

有些方言，在 u 与声母 zh、ch、sh 相拼时，把声母 zh、ch、sh 读成 j、q、x，把 u 发成 ü；在 u 与声母 d、t、n、l、zh、ch、sh、r、z、c、s 相拼时，把 u 发成 ou。如下列音节：

zhu→jü：朱猪竹主住驻

chu→qü：出除楚处

shu→xü：书舒树

du→dou：独都杜堵肚度渡读督犊笃赌妒镀

tu→tou：突图徒途涂屠土吐

nu→nou：奴努怒

lu→lou：炉卤鲁陆录鹿路露卢芦炉颅房掳禄麓

zhu→zhou：朱珠株诸猪竹逐主煮属助住贮注驻祝著筑

chu→chou：出初除厨处储楚畜触

shu→shou：梳舒疏输蔬鼠数术束述树竖

ru→rou：乳入如儒汝辱

zu→zou：租足族组阻祖诅

cu→cou：粗促簇醋

su→sou：苏俗诉素速宿塑酥肃粟溯

（七）en、in 与 eng、ing

方言中 en、in 与 eng、ing 相混的现象，在南方方言区很普遍，在北方少数方言区也存在。其情况大致有三种：一是有前鼻音，没有后鼻音；二是有后鼻音，没有前鼻音；三是前后鼻音都有，但在普通话中，哪些音节的韵母是前鼻音，哪些音节的韵母是后鼻音，就分不清楚了。en、in 与 eng、ing 的辨正，除准确把握它们的发音要领外，要学会运用以下方法：

**1. 利用形声字偏旁类推**

如记住了"申（shēn）"字的韵母是前鼻音 en，就可类推出"伸、呻、绅、砷、神、审、婶"等一批字的韵母都是前鼻音 en；记住了"争（zhēng）"字的韵母是后鼻音，就可类推出"挣、峥、睁、狰、铮、筝、净"等一批字的韵母都是后鼻音 eng。同样的道理，如记住了"宾（bīn）"字的韵母是前鼻音 in，就可类推出"傧、槟、滨、缤、镔、摈、殡、鬓、膑、髌"等一批字的韵母都是前鼻音 in；记住了"丁（dīng）"字的韵母是后鼻音 ing，就可类推出"仃、疔、町、盯、酊、顶、订、厅、汀"等一批字的韵母都是后鼻音 ing。

**2. 利用普通话的声韵配合规律**

从普通话声母和韵母的配合规律中，可以发现以下特点：

(1) 普通话中,d、t、n、l 一般不和 en 相拼("嫩、忒"除外),所以"等、腾、能、冷"等一系列声母是 d、t、n、l 的字,韵母肯定不是 en。

(2) d、t、n 一般不和 in 相拼("您"字除外),所以"丁、听、凝"等一系列声母是 d、t、n 的字,韵母肯定不是 in。

**3. 正音训练**

(1) 单字对比。

en – eng 针 – 铮 趁 – 程 肾 – 胜 纷 – 风
eng – en 蜂 – 芬 僧 – 森 乘 – 陈 恒 – 很
in – ing 心 – 兴 林 – 铃 银 – 迎 金 – 晶
ing – in 镜 – 进 铭 – 民 英 – 因 晴 – 勤

(2) 音节综合。

分封 人证 神圣 承认 诚恳 横亘 粉刺 讽刺 分流 风流 因而 婴儿 轻信 亲信 邻近

## 第四节 声调及其辨正

### 一、声调的构成

声调的高低升降主要是由音高(跟音长也有关系)决定的,不同的音高由发音时气流的大小、声带的松紧变化决定。发音时,气流越大,声带越紧,在一定时间内振动的频率越高,声音就变高;反之,气流减弱,声带放松,在一定时间内振动的频率减少,声音就变低。在发音过程中,声带可以随时调整,有时可以一直绷紧,有时可以先松后紧,或先紧后松。这样产生的不同音高变化,就构成了各种声调。

### 二、声调的描述

声调通常是用调值和调类两个术语进行描述。

(一) 调值

调值就是声调的实际读法,即音节高低升降的具体变化形式。普通话的调值有高平调、中升调、降升调、全降调四种基本类型,也就是说普通话的声调有这四种调值。

(二) 调类

调类就是声调的类别,它是根据声调的实际读法(调值)归纳出来的。声调的实际读法有四种,声调的类别就有四类,分别称为阴平(调值为 55 调)、阳平(调值为 35 调)、上声(调值为 214 调)、去声(调值为 51 调),简称为第一声、第二声、第三声、第四声。

## （三）声调综合分析

声调的综合分析，参照表2-4。

表2-4　声调内容综合表

| 调类 | 调值 | 调型 | 调号 | 发音特点 | 例字 |
|---|---|---|---|---|---|
| 阴平 | 55 | 高平 | — | 起音高高一路平 | 妈 |
| 阳平 | 35 | 中升 | / | 由中到高往上升 | 麻 |
| 上声 | 214 | 降升 | ∨ | 先降后升曲折起 | 马 |
| 去声 | 51 | 全降 | \ | 高起猛降到底层 | 骂 |

### 三、五度标记法

为准确、细致、具体、形象地说明声调的调值，通常采用"五度标记法"，或称"五度制标调法"：把一条竖线分为四格五度，用"1、2、3、4、5"分别表示"低、半低、中、半高、高"五度；用横线、斜线、折线表示声音的高低、升降、曲直变化。根据这种标记法，普通话声调的四种调值可以用下图2-3表示。

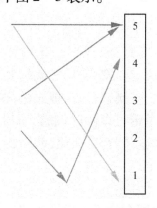

图2-3　五度标记法图

（1）阴平：高平，55调，例如：妈。
（2）阳平：中升，35调，例如：麻。
（3）上声：降升，214调，例如：马。
（4）去声：全降，51调，例如：骂。

### 四、普通话调号标记规则

#### （一）调号及标记规则

普通话的调号就是标记声调的符号。在拼写音节时，调号不能乱标，必须标在一个音节中开口度较大、发音比较响的元音上。普通话元音中，开口度较大、发音最为响亮的是元音 a；其次是 o、e；再次是 i、u、ü。遇到 i 和 u 并列时，调号标在后面的那个元音上，在一个音节中只有一个元音，调号就标在这个元音上。调号标在 i 上时，上面的点省去。

### （二）标调顺口溜

有 a 不放过，无 a 找 o、e；i、u 并列调标后，i 上标调把点抹。

## 五、普通话声调训练

### （一）四声同调

均分 青春 金星 波涛 珍惜 鲜花 车间
黄河 文学 前途 情节 繁荣 纯洁 团结
洗手 处理 舞蹈 理想 展览 法宝 古典
扩大 缔造 胜利 幸运 锻炼 魅力 大概
江山多娇 息息相关 声东击西 东风飘香
严格执行 闻名全国 儿童文学 豪情昂扬
美好理想 岂有此理 稳妥处理 永远友好
变幻莫测 热烈祝贺 意气用事 教育事业

### （二）四声顺序

诸如此类 身强体壮 英雄好汉 风调雨顺
兵强马壮 深谋远虑 优柔寡断 山河锦绣

### （三）逆声逆序

破釜沉舟 异口同声 字里行间 墨守成规
弄巧成拙 刻骨铭心 大显神通 逆水行舟

### （四）声调综合

讴歌 功勋 红旗 翱翔 古典 辅导 热爱 缔造 奔流 蹉跎 倾听
篝火 激烈 充沛 崇高 情操 成果 持久 牢固 肥沃 启发 惋惜
版图 皎洁 宝贵 哺育 诞生 气氛 腊梅 沸腾 创举 洞晓
豁然开朗 娇生惯养 明目张胆 普天同庆 万紫千红 翻云覆雨
附庸风雅 卧薪尝胆

### （五）声调绕口令训练

耕地要用犁，口渴要吃李。

李子掉下地,沾了一身泥。

不要怕李脏,只需洗掉泥。

《施氏食狮史》:石室诗士施氏,嗜狮,誓食十狮。施氏时时适市视狮。十时,适十狮适市。是时,适施氏适市。施氏视十狮,恃矢势,使是十狮逝世。氏拾是十狮尸,适石室。石室湿,氏使侍拭石室。石室拭,氏始试食是十狮。食时,始识是十狮,实十石狮尸。试释是事。

翻译:有一位姓施的诗人,名号石室诗士。他特别嗜好狮子,发誓要吃掉十头狮子。姓施的常常到集市里寻找狮子。十点钟,刚好有十头狮子送来到集市。这时,姓施的(也)到了集市。姓(施)的看到这十头狮子,仗着箭的力量,将这十头狮子射死。姓(施)的在石头做的屋子收拾这十头狮子。石屋很潮湿,姓(施)的令侍者擦拭石屋。石屋子收拾(好了),姓(施)的开始尝试吃这十头狮子。吃的时候,才发现这十头狮子,实际上是十座石头做的石狮子。

### 六、声调辨正及训练

#### (一)方言声调和普通话声调的差异

方言声调和普通话声调相比有很大差异。一是声调的种类差异,普通话只有四种声调,而方言声调较为复杂。方言中声调中少的只有三类(如河北滦县话),多的有十类(如广西的玉林话),而上海话、南昌话、厦门话、绍兴话、广州话的声调,分别有五类、六类、七类、八类、九类。二是声调的调值差异,西安话与普通话声调同为四类,但调值有差异,普通话的阴平是高平调(调值为55调),西安话的阴平为中降调(调值31调);河南话与普通话的声调类别也是同样的,但河南话的阴平则为升调(调值为24)。声调的差异,是方言区的人学习普通话声调时应该特别注意的问题。

#### (二)声调辨正

**1. 调值规范练习法**

这种方法是反复练习普通话四个声调调值的规范读音,使之在大脑中形成定势。这是声调辨正最基本的方法。

**2. 数调法**

这种方法是先读出一个音节的第一声,然后按四声的顺序数读到要读的那个音节的声调为止。如读"匹"字,先从第一声读,接着读第二声,读到第三声停止,也可以采用连续把一、二、三声读完,接着回读第三声,这就是要读的"匹"字声调的正确读法。

**3. 韵母定调法**

这种方法是先读准一个音节中韵母的声调,然后声、韵相拼直接读出整个音节的声调。如读"山",先读准韵母 an 的第一声,然后把声母 sh 和韵母 an 的第一声相拼,直接读出"山"。

**4. 总结直转法**

方言声调尽管复杂,但在掌握了普通话声调调值规范读音的基础上,总结出方言声调调值和普通话声调调值的差别到底在哪里,归纳成类,就可以用声调调值直接转换的方法来进行辨正了。

## 第五节 音变及其训练

音变是指语音的变化。音变可分为历史音变和语流音变。历史音变,是指语音从一个历史时代到另一个历史时代所发生的变化,如古代诗律与现在诗律的差异,古代声调与普通话声调的差异,就是语音演变的结果;语流音变,是指在语流中,相邻的音素与音素、音节与音节、声调与声调之间因相互影响而产生的变化。普通话的语流音变主要有变调、轻声、儿化、语气词"啊"的音变、重叠形容词的变调等。

### 一、上声变调及其训练

上声字在单独念或在词语、语句末尾时,保持完整的原调,调值为 214 调。在其他情况下,要变调。

(一)上声在非上声前的变调

上声在非上声(阴平、阳平、去声、轻声)前,调值变成半上,调值由 214 变为 21。如:

**1. 上声 + 阴平**

北京 导师 始终 紧张 摆脱 首都 小说 展开 产生 野心 解剖 普通 许多 保温 海鸥

**2. 上声 + 阳平**

主题 导游 海洋 祖国 朗读 草原 语言 古文 考察 果园 改革 旅行 警察 感觉

**3. 上声 + 去声**

准确 法定 岗哨 礼貌 感谢 想念 本质 朗诵 解放 保护 晚饭 土地 挑战 理念 典范

**4. 上声 + 轻声**

本事 脑袋 打量 体面 扁担 耳朵 口袋 伙计 椅子 喇叭 老实 尾巴

39

首饰 养活 使得

（二）上声在上声前的变调

**1. 上声 + 上声**

两个上声音节相连，前边的上声变得近乎阳平，调值由 214 变为 24。如：

美好 水果 选举 首长 古典 处理 理想 岛屿 恼火 反省 演讲 懒散 果敢 广场 采取

**2. 上声 + 上声 + 上声**

三个上声音节相连，按语音停顿情况来变调。

（1）语音停顿在第二个上声音节后，词语的结构是"双单格"时，前两个上声变得近乎阳平，调值为 24，第三个上声音节不变。如：

虎骨/酒 保守/党 土改/法 领导/组 展览/馆 洗脸/水 演讲/稿 选举/法 水彩/笔

（2）停顿在第一个上声音节后，词语的结构是"单双格"时，第一个音节变半上，调值变为 21；第二个上声音节变得近乎阳平，调值变为 24；第三个上声音节不变。如：

纸/老虎 小/两口 好/领导 李/厂长 冷/处理 厂/党委 好/管理 老/古董 小/拇指

**3. 三个以上的上声音节相连的音变**

三个以上的上声音节相连时，根据语意按词或词组分节，每节末尾的上声音节不变，前面的上声音节按照语音停顿的音变规律进行变化。如：

我很/想你

请你/给我/两把/纸雨伞。

养马场/有/两匹/好种马。

（三）词语训练

**1. 上声 + 阴平**

指标 体操 港湾 祖先 打击 许多 垦荒 纺织 主张 委托 补充 海鸥 广播 水乡 反思 感激 表彰 体贴 雨衣 饼干 摆脱 酒精 贬低 火车 海军 主编 粉刷 老师 短期 整风

**2. 上声 + 阳平**

火柴 美德 总结 铁锤 乞求 可能 旅游 法则 主持 典籍 考察 产权 厂房 保存 彩虹 演员 品尝 语文 可怜 企图 缅怀 讲台 朴实 简洁 海洋 解决 典型 狠毒 阻挠 处决

**3. 上声 + 去声**

努力 坦率 铁路 稿件 百货 柳树 暖室 想念 采纳 许诺 海燕 满载 苦难 准备

体育 理发 处置 韭菜 美术 引路 改造 巩固 审讯 狡辩 请假 晚会 长辈 俯瞰 保证 渴望

**4. 上声 + 轻声**

晚上 点心 老实 早晨 我们 姐姐 眼睛 本事 尾巴 耳朵 口袋 打扮 养活 暖和 打算 枕头 指甲 爽快 妥当 稳当 奶奶 哑巴 骨头 把握 火候 脑袋 毯子 喜欢 打发 尾巴

注：上声在原调是上声的轻声前（表示亲属称谓和"子"作后缀的名词等除外），要读作直上+轻声，即24+轻声。如：哪里、打手、老鼠、本领。

**5. 上声 + 上声**

彼此 诋毁 采访 改写 饱满 爽朗 粉笔 统领 勉强 取舍 表演 影响 稳妥 举止 友好 主宰 粉笔 影响 掌管 脑海 总管 鼓舞 保姆 永远 武打 转眼 矮小 版本 奖品 手表

**6. 上声 + 上声 + 上声**

纸老虎 勇敢者 手写体 洗脸水 好总理 古典舞 海产品 老保守 很古老 有理想 有想法 老水手 党小组 草稿纸 管理法 选举法 搞展览 展览馆 蒙古语 水彩笔

**7. 三个以上的上声相连的变调训练**

请你/把/演讲稿/整理好。

养马场/有/五匹/好种马。

姐姐/买水果，奶奶/买奶粉，姥姥/买/保养/礼品。

（四）上声绕口令训练

穿粉雨衣的女小吕，
来看打紫雨伞的女老李。
穿粉雨衣的女小吕，
没找着打紫雨伞的女老李，
打紫雨伞的女老李，
也没等来穿粉雨衣的女小吕。

五组的小组长姓鲁，
九组的小组长姓李，
鲁组长比李组长小，
李组长比鲁组长老。

## 二、"一""不"变调及其训练

### (一)"一""不"不变调

普通话里"一"的单字原调是阴平,调值为 55 调;"不"的单字原调是去声,调值为 51 调。"一""不"单念或用在语句末尾;"一"表日期或序数时,"不"在非去声前,读原调。如:

一、二、三　第一　四十一　统一　星期一　今天是一号　二零零一

### (二)"一""不"变调

(1) 在去声前,变阳平,如:

一致　一律　一路　一刻　不错　不必　不但　不愧

(2) 在非去声(阴平、阳平、上声)前,"一"变成去声。如:

一杯　一年　一举

(3) 在重叠式动词中间念轻声。如:

说一说　读一读　挤一挤　问一问　听不听　甜不甜　冷不冷　干不干

### (三) 词语训练

**1. "一""不"组成的双音节**

一般　一旁　一首　一切　一向　一体　一群　一杯　不知　不行　不想　不法
不同　不甘
一日　一队　一道　一瞬　一切　一半　一样　不去　不干　不会　不信　不怕
不在　不屑

**2. 在重叠动词中间**

修一修　停一停　数一数　蹦一蹦　看一看　写一写　谈一谈　听一听　说不定　行不通
挡不住　差不多　使不得　亮不亮　看不见　说不清　买不买　累不累　对不对　玩不玩

**3. 混合训练**

一五一十　天下第一　祖国统一　一前一后　一无所获　一朝一夕　一毛不拔　一箭双雕
不声不响　不伦不类　敢于说不　不闻不问　不速之客　不干不净　兵不血刃　不以为然
不长一智　不可一世　一成不变　不经一事　不屑一顾　一言不发　不值一钱

### (四)"一""不"绕口令训练

不怕不会,就怕不学。
一回学不会再学一回,
一直学到会,不信学不会。

一个老僧一本经,一句一行念得清,
不是老僧爱念经,不会念经当不了僧。

## 三、轻声及其训练

### (一) 轻声和轻声词

在一连串汉语音节组成的词或句子中,有的音节失去原调,读得又轻又短,这就是轻声。轻声词,是指在一定的语法结构中总是读轻声的词或第二个音节总是读轻声的双音节词。

### (二) 轻声的读法

轻声没有固定的调值,读得轻短模糊,但又有依稀仿佛的高低度。这种轻短模糊的感觉和依稀仿佛的高低度,是由其前面音节的声调决定的。一般情况下,在去声后面的轻声音节读1度,在阴平后面读2度,在阳平后面读3度,在三声后面读4度。如,棍子(1度) 桌子(2度) 房子(3度) 椅子(4度)。

### (三) 轻声的作用

轻声不单纯是一种语音现象,它和词义、词性、感情色彩等有很大的关系。

**1. 区别词义**

轻声具有区别词语意义的作用。如"大意"一词,不读轻声是"主要"的意思,读轻声是"粗心"的意思。"是非"一词,不读轻声是"事理的正确与错误"的意思,读轻声是"纠纷或口舌"的意思。"兄弟"一词,不读轻声是"哥哥和弟弟"的意思,指的是兄弟俩人;读轻声就是"弟弟"的意思,指的仅是弟弟。

**2. 分辨词性**

轻声具有分辨词性的作用。如"地道"不读轻声是名词,指在地下挖的通道;读轻声是形容词,是真正、纯粹的意思。"利害"不读轻声是名词,指利益和损害;读轻声是形容词,表示剧烈、凶猛。

**3. 表示感情色彩**

轻声词具有表示感情色彩的作用,尤其是在称谓词语中的作用更加明显。如"妈妈""爸爸"等,不读轻声和读轻声其亲切感明显是不一样的。

### (四) 语法轻声的规律

普通话中轻声词有的有规律,有的没有规律。有规律的是指那些在一定的语法结构中通常要读轻声的,可称为语法轻声;没有规律的是一种习惯上常读的轻声,可称为习惯轻声。语法轻声的规律,可从以下几个方面把握:

(1) 助词"的、地、得、着、了、过"和语气词"吧、嘛、啊、呢、吗"等。如:

我的画册保存得很好。他慢慢地走过来了 她想着伤心的事情睡不着了呀！这样做可不行啊！这篇文章写得非常感人吧！这样做事情因为什么呢？

（2）名词、代词的后缀"子、头、们、巴、么"（没有实在词汇意义的情况下）。如：

桌子 馒头 先生们 泥巴 怎么

有实在意义的情况下，不念轻声。如：

原子 莲子 鸡头 牛头

（3）名词、代词后面表示方位的词素或词"上、下、里、边、面、头"。如：

路上 树下 河里 外边 里面 势头

（4）动词、形容词后面表示趋向的"来、去、出、回、开、起来、下去"。如：

进来 过去 拿出 下回 打开 躲起来 跑下去

（5）叠音词和单音节动词重叠的第二个音节。如：

爷爷 奶奶 爸爸 妈妈 太太 看看 写写 跳跳 走走 动动

（6）连绵字的第二个音节。如：

伶俐 玻璃 哆嗦 萝卜

（7）量词"个、些、封"等。如：

一个 一些 写封信

（8）嵌在词语中间的"一、不"。如：

拼一拼 聊一聊 走一走 动一动 说不说 拿不拿 跑不跑 去不去

## （五）习惯读法的轻声词

普通话中没有规律的轻声词，是一种习惯上常读轻声的词语。常用的必读轻声的词约有329条（根据《语文建设》和《普通话水平测试用必读轻声词语表》整理）。具体如下：

爱人 巴结 巴掌 白净 帮手 棒槌 包袱 包涵 本事 比方 荸荠 编辑 扁担 别扭 摆弄 玻璃 部分 补丁 薄荷 簸箕 不是 裁缝 苍蝇 柴火 称呼 出息 畜生 炊帚 刺激 聪明 凑合 耷拉 答应 打扮 大方 大爷 大意 大夫 耽搁 耽误 道士 灯笼 提防 嘀咕 点心 地道 地方 地下 东西 动静 动弹 豆腐 嘟囔 对付 对头 队伍 多少 哆嗦 耳朵 废物 翻腾 分析 风筝 福气 甘蔗 高粱 膏药 告诉 胳膊 疙瘩 工夫 功夫 姑娘 骨头 故事 寡妇 怪物 棺材 官司 关系 规矩 闺女 过去 蛤蟆 哈欠 含糊 行当 和尚 核桃 合同 红火 厚道 狐狸 胡琴 葫芦 胡同 迷糊 护士 皇上 滑稽 滑溜 馄饨 活泼 火候 伙计 机灵 脊梁 记号 记性 家伙 架势 嫁妆 见识 将就 糨糊 交情 叫唤 街坊 结实 戒指 精神 开通 咳嗽 客气 口袋 窟窿 快活 困难 阔气 喇叭 喇嘛 烂糊 老婆 老实 老爷 累赘 冷战 篱笆 里脊 厉害 利害 痢疾 利落 力气 利索 连累 凉快 粮食 趔趄 铃铛 溜达 罗嗦 萝卜 骆驼 麻烦 麻利 马虎 码头 买卖 馒头 忙活 冒失 眉毛 媒人 玫瑰 门道 眯缝 迷糊 棉花 苗条 明白 名堂 名字 蘑菇 模糊 木匠 难为 脑袋 能耐 念叨 娘家 奴才 暖和 女婿 疟疾 牌楼 佩服 朋友 脾气 琵琶 枇杷 屁股 便宜 漂亮 婆家 葡萄 铺盖 千金 欺负 亲戚 勤快 亲家 清楚 情形 热闹 人家 认识

44

软和 丧气 扫帚 商量 烧饼 少爷 舌头 牲口 生意 师父 师傅 拾掇 时候 石匠 石榴 实在
使唤 世故 事情 收成 收拾 首饰 舒服 疏忽 舒坦 爽快 思量 算计 算盘 岁数 特务 挑剔
跳蚤 铁匠 踏实 抬举 太阳 体面 笤帚 头发 妥当 唾沫 挖苦 外甥 晚上 委屈 位置 稳当
温和 窝囊 稀罕 媳妇 喜欢 下巴 吓唬 下水 先生 乡下 相声 消息 小气 笑话 心思 新鲜
行李 兄弟 休息 秀才 学生 学问 丫头 牙碜 哑巴 衙门 烟筒 胭脂 眼睛 砚台 秧歌 养活
吆喝 妖精 钥匙 衣服 衣裳 意识 意思 应酬 冤枉 鸳鸯 月亮 月饼 云彩 运气 在乎 早上
扎实 栅栏 造化 张罗 丈夫 帐篷 丈人 招呼 招牌 折腾 芝麻 知识 指甲 主意 嘱咐 转悠
庄稼 壮实 状元 妯娌 字号 自在 祖宗 作坊 琢磨 不由得 不在乎 老太太

（提示：有些词语有轻声和非轻声两种读法，读成轻声和不读轻声其词性、词意是不相同的。上面加点"．"即为这种词语，可认真体会一下。）

（六）轻声训练

**1. 阴平 + 轻声（55.2）**

巴结 消息 风筝 窗户 掺和 知识 张罗 干净 叔叔 哆嗦 东西 衣服 指着 思量 吩咐 功夫 姑娘 玻璃 窟窿 秧歌 东西 身子 刷子 桌子 哥哥 妈妈 收下 穿过 喝着 芝麻

**2. 阳平 + 轻声（35.3）**

石榴 棉花 眉毛 朋友 葡萄 活泼 匀称 行李 便宜 头发 凉快 娃娃 篱笆 绳子 学过 笤帚 墙上 妯娌 玫瑰 云彩 什么 盘算 得了 年月 房子 明白 狐狸 合同 红的 容易

**3. 上声 + 轻声（214.4）**

牡丹 爽快 本事 打扮 胆子 口袋 使唤 委屈 老实 显得 女婿 眼睛 养活 脑袋 奶奶 嘴巴 枕头 喜欢 哑巴 指头 打发 祖宗 点心 好了 想的 伙计 纸上 讲究 晚上 里面

**4. 去声 + 轻声（51.1）**

阔气 句子 地方 世上 队伍 力气 算盘 运气 利落 刺猬 客气 困难 在乎 太阳 相声 厉害 利索 钥匙 亲家 吓唬 事情 自在 岁数 志气 记性 笑话 大方 念叨 特务 坐下

**5. 短语练习**

她的衣服很美，她喜欢打扮。
星星和月亮，夜晚闪着光，躺在枕头上，爽快入梦乡。
我的家，是幸福的家，家里有爷爷、奶奶、爸爸、妈妈、哥哥、姐姐。
春天的花，开得那么漂亮，在蓝天下放风筝，香气盈满鼻腔。
新疆那个地方的葡萄，真的很甜，朋友去那里，一定带点回来。
窗户上的玻璃把太阳光反射到墙上，整个屋子显得格外明亮。
我揉揉眼睛说："今天天气真暖和，咱们去公园逛逛，好吗？"哥哥在外面听见了，跑进来说："妹妹说得对，我们一起去。"

45

## 6. 轻声绕口令练习

屋子里有箱子，
箱子里有匣子，
匣子里有盒子，
盒子里有镯子。
镯子外面有盒子，
盒子外面有匣子，
匣子外面有箱子，
箱子外面有屋子。

山上住着三老子，山下住着三小子，山腰住着三哥三嫂子。
山下三小子，找山腰三哥三嫂子，借三斗三升酸枣子。
山腰三哥三嫂子，借给山下三小子三斗三升酸枣子。
山下三小子，又找山上三老子，借了三斗三升酸枣子，
山上三老子，还没有三斗三升酸枣子，
只好到山腰找三哥三嫂子，给山下三小子借了三斗三升酸枣子。
过年山下三小子打下酸枣子，
还了山腰三哥三嫂子两个三斗三升酸枣子。

打南边来了个喇嘛，手里提拉着五斤鳎（tǎ）目。
打北边来了个哑巴，腰里别着个喇叭。
南边提拉着鳎目的喇嘛要拿鳎目换北边别喇叭哑巴的喇叭。
哑巴不愿意拿喇叭换喇嘛的鳎目，
喇嘛非要换别喇叭哑巴的喇叭。
喇嘛抡起鳎目抽了别喇叭哑巴一鳎目，
哑巴摘下喇叭打了提拉着鳎目的喇嘛一喇叭。
也不知是提拉着鳎目的喇嘛抽了别喇叭哑巴一鳎目，
还是别喇叭哑巴打了提拉着鳎目的喇嘛一喇叭。
喇嘛炖鳎目，哑巴嘀嘀哒哒吹喇叭。

有个人叫王小三儿，门口摆了个杂货摊儿。
卖的是煤油火柴和烟卷儿，草纸豆儿纸还有大包的烟儿，
红糖白糖花椒大料瓣儿，鸡子儿挂面酱醋油盐儿，
糖葫芦一串儿又一串儿，花生瓜子儿还有酸杏干儿。
王小三儿不识字儿，写账记账闹希罕儿。
街坊买了六个鸡子儿，账本上画了六个圈儿。

两天后人家还了账,画了一道儿就勾了圈儿。

年底又去跟人家要账,说人家短了一串儿糖葫芦儿没有给钱儿。

### 四、儿化及其训练

#### (一)儿化和儿化韵

普通话中,单韵母"er"不能与声母相拼。它除了自成音节外,还可以与其他韵母结合成一个音节,并使这个韵母转变为卷舌韵母。这种现象叫做"儿化"。被"儿化"的韵母,叫做"儿化韵"。带儿化的韵母一般用两个汉字来表示,根据汉语拼音拼写规则的要求,被儿化的音节,只需要在其后面加上"r"(表示卷舌作用)就行了。如,球儿(qiúr) 门儿(ménr)。

#### (二)儿化的读音规律

韵母儿化,可分两种情况:一种是韵母被儿化了,但原韵母不变,只是在读该韵母的同时加上卷舌动作。如"小猫儿"中的"猫",虽然"猫"的韵母被儿化了,但韵母"ɑo"不变,只是使该韵母增添了卷舌音的色彩。另一种情况是韵母被儿化了,原韵母也发生了变化。如"书本儿"中的"本"儿化后,它的韵尾"n"丢失,实际上是使"e"带上了卷舌色彩,直接读成"shūběr"。

儿化能导致韵母发生变化,使有些原来并不同音的音节,在儿化后变成同音音节了。如"针"和"枝"原本是两个不同音的音节,儿化后,变成"针儿"和"枝儿",读音都变成"zher"(拼写时还按原形式)。儿化音节的读音变化规律,如表2-5所列。

表2-5 儿化读音规律表

| 原韵或韵尾巴 | 儿化 | 实际读音规律 |
| --- | --- | --- |
| 韵母或尾音是 ɑ、o、e、ê、u | 不变,加 r | 起码儿(qǐmǎr)画儿(huàr) |
| | | 泡沫儿(pàomòr)餐桌儿(cānzhuōr) |
| | | 小猫儿(xiǎomāor)秧苗儿(yāngmiáor) |
| | | 出格儿 chūgér 唱歌儿(chànggēr) |
| | | 半截儿(bànjiér)主角儿(zhǔjuér) |
| | | 水珠儿(shuǐzhūr)小猴儿(xiǎohóur)排球儿(páiqiúr) |
| 尾音是 i、n | 丢掉 i 或 n,加 r | 瓶盖儿(pínggàr)外快儿(wàikuàr) |
| | | 摸黑儿(mōhēr)香味儿(xiāngwèr) |
| | | 边沿儿(biānyár)转弯儿(zhuǎnwār) |
| | | 大碗儿(dàwǎr)纳闷儿(nàmèr) |
| 尾音是 ng | 丢掉 ng,ng 前面的元音鼻化,加 r | 药方儿(yàofār)鼻梁儿(bíliár) |
| | | 麻绳儿(máshér)图钉儿(túdīr) |
| | | 胡同儿(hútór)小熊儿(xiǎoxiór) |
| 韵母是 i、ü | 不变,加 er | 抽屉儿(chōutier)金鱼儿(jīnyúer) |

(续)

| 原韵或韵尾巴 | 儿化 | 实际读音规律 |
|---|---|---|
| 韵母是 -i | 丢掉 -i,加 er | 没词儿(méicér) 记事儿(jìshèr) |
| 韵母是 ui、in、un、ün | 丢掉 i 或 n,加 er | 麦穗儿(màisuèr) 有劲儿(yǒujièr) |
| | | 车轮儿(chēluér) 白云儿(báiyuér) |

（三）儿化的作用

（1）区别词义。如：

眼(眼睛)→眼儿(小窟窿) 白面(小麦磨成的面粉)→白面儿(毒品海洛因)

信(信件)→信儿(消息) 头(脑袋)→头儿(领导人) 光棍(地痞、流氓)→光棍（没有妻子的成年男性）

（2）分辨词性。如：

尖(形容词)→尖儿(名词) 活(动词)→活儿(名词) 画(动词)→画儿(名词)

（3）表示细、小、轻微的意思。如：

"小孩儿"指年幼者，"一会儿"指时间短，"小米儿"指去了壳的粟的子实；"一点儿"指数量小或少。

（4）表示喜爱、亲切的感情色彩。如：

歌儿 鲜花儿 脸蛋儿 小鸡儿

另外，儿化韵还有区分同音词的作用。如"拉练(指行军、野营训练)→拉链（儿）(指拉锁)"。

（四）儿化训练

**1. 词语训练**

号码儿 掉价儿 麻花儿 打嗝儿 半截儿 旦角儿 粉末儿 大伙儿 口罩儿 面条儿 有数儿 老头儿 皮球儿 鞋带儿 一块儿 刀背儿 跑腿儿 脸蛋儿 差点儿 饭馆儿 人缘儿 嗓门儿 冰棍儿 帮忙儿 透亮儿 蛋黄儿 门缝儿 果冻儿 小熊儿 脚印儿 花裙儿 电影儿 瓜子儿 树枝儿 没准儿 没词儿 笔杆儿 铁丝儿 馅儿 村儿 劲儿

**2. 绕口令**

大猫儿毛儿短，

小猫儿毛儿长。

大猫比小猫儿毛儿短，

小猫儿比大猫毛儿长。（摘自《大猫小猫儿》）

有个小孩儿叫小兰儿，

口袋里装着几个钱儿，

又打醋,又买盐儿,
还买了一个小饭碗儿。
小饭碗儿,真好玩儿,
红花儿绿叶儿镶金边儿,
中间儿还有个小红点儿。(摘自《有个小孩儿叫小兰儿》)

进了门儿,倒杯水儿,
喝了两口儿运运气儿,
顺手拿起小唱本儿,
唱了一曲儿又一曲儿,
练完嗓子练嘴皮儿。
绕口令儿,练字音儿,
还有单弦儿牌子曲儿,
小快板儿,大鼓词儿,
越说越唱越带劲儿。(摘自《越唱越带劲儿》)

大热天儿,挂竹帘儿,
歪脖儿树下五个小妞儿编花篮儿。
大妞儿编了个绿花篮儿,
二妞儿编了个红花篮儿,
三妞儿编了个黄花篮儿,
四妞儿编了个带蓝点儿的白花篮儿,
五妞儿编了个不大不小、红底儿、黄边儿的彩花篮儿。(摘自《编花篮儿》)

艳阳天,春光好,
风和日暖真逍遥。
红的花儿,青的草儿,
杨柳树下有小桥儿,
小桥底下小船儿摇。
这一边,风筝儿放得高;
那一边,河边儿把鱼钓。
我牧童,穿布鞋儿,戴草帽儿,
又把横笛儿插在腰,
把那牛儿放到山上去吃草儿,去吃草儿。(摘自《艳阳天,春光好》)

## 五、"啊"的音变及其训练

### (一)"啊"的词性及其音变

**1. "啊"的词性**

"啊"的词性有两种:一是作叹词,二是作语气助词。

1)叹词"啊"

"啊"作叹词时,独立于句子以外,基本读音有四种即"ā""á""ǎ""à",表示惊异、赞叹、追问、惊疑、应诺、明白等意思。如:

啊(ā):啊,你看这下雨天出太阳了!(表示惊异)

啊(á):啊?他们在说什么?(表示追问)

啊(ǎ):啊?这是怎么了?(表示疑问)

啊(à):啊,就这样办(表示应诺)。啊,原来是他来了,真的没有想到哇(表示明白过来)!啊,这就是英雄的人民(表示赞叹)!

2)语气助词"啊"及其音变

"啊"作语气助词时,用在句子的末尾,由于受它前面音节末尾音素的影响,读音会发生种种变化,这就是"啊"的音变。

### (二)"啊"的音变规律

"啊"作语气助词时,音变情况很复杂。总结归纳起来,其音变规律有六种(表2-6)。

表2-6 "啊"的音变规律表

| 序号 | "啊"前面音节的韵母 | "啊"前面音节末尾的音素 | "啊"的音变 | 汉字写法 | 例子 |
| --- | --- | --- | --- | --- | --- |
| 1 | a ia ua o uo<br>e ie üe<br>i ai uai ei uei ü | a o e ê i ü | ya | 啊→呀 | 快拿呀 山坡呀<br>好热呀 小雪呀<br>心意呀 下雨呀 |
| 2 | u ou iou ao iao | u(ao iao) | wa | 啊→哇 | 残酷哇 别走哇<br>荒谬呀 真好哇<br>说笑哇 海鸥哇 |
| 3 | an ian uan üan<br>en uen in ün | n | na | 啊→哪 | 困难哪 心眼哪<br>转弯哪 喜欢哪<br>感恩哪 车轮哪<br>小心哪 真菌哪 |

(续)

| 序号 | "啊"前面音节的韵母 | "啊"前面音节末尾的音素 | "啊"的音变 | 汉字写法 | 例子 |
|---|---|---|---|---|---|
| 4 | ang iang uang eng ueng ing ong iong | ng | nga | 啊 | 歌唱啊 狂想啊 冤枉啊 小声啊 老翁啊 聪明啊 感动啊 心胸啊 |
| 5 | -i(后) er | -i(后) er | ra | 啊 | 什么事啊 随便吃啊 |
| 6 | -i(前) | -i(前) | [za] | 啊 | 写字啊 几次啊 真自私啊 |

### (三)"啊"音变训练

**1. 词语训练**

回家啊 别哭啊 真想啊 唱歌啊 里头啊 完成啊 弹琴啊 没门啊 字纸啊 花儿啊 蚕丝啊 老师啊 好冷啊 小曲啊 半截啊 东西啊 小雨啊 围裙啊 吃饱啊 真好啊 小心啊 完成啊 劳动啊 祝贺啊 青松啊

**2. 综合训练**

现代超市的物品真的好多啊!有鸡啊、鱼啊、肉啊、西红柿啊、蒜苗啊、粉丝啊,还有礼帽啊、皮鞋啊、裙子啊、电视啊、手机啊。

老张说啊,他有个儿子啊,真的是很聪明啊。写诗啊、唱歌啊、跳舞啊、画画啊、书法啊、打球啊,为人豪爽啊、善良啊、孝敬啊,自私啊,跟他不沾边啊,真的是样样都行啊!

**3. 绕口令训练**

啪,啪,啪!
谁啊?张果老啊!
怎么不进来啊?怕狗咬啊!
衣兜里兜着什么啊?大酸枣啊!
怎么不吃啊?怕牙倒啊!
胳肢窝里夹着什么啊?破棉袄啊!
怎么不穿上啊?怕虱子咬啊!
怎么不叫你老伴儿拿拿啊?老伴儿死了啊。
你怎么不哭啊?
盒儿啊,罐儿啊,我的老伴儿啊!(《张果老》)

鸡啊,鸭啊,猫啊,狗啊,
一块儿水里游啊!
牛啊,羊啊,马啊,骡啊,
一块儿进鸡窝啊!
狼啊,虫啊,虎啊,豹啊,
一块儿街上跑啊!
兔啊,鹿啊,鼠啊,孩儿啊,
一块儿上窗台啊!(《鸡鸭猫狗》)

### 六、重叠形容词的变调

重叠形容词的形式共有五种,即 AA 式、ABB 式、AABB 式、A 里 AB 式、ABAB 式。重叠形容词的变调很复杂,且是一个颇具争议的问题。根据目前最新研究的结果表明,重叠形容变调的情况只是少数,并有不变调的趋势。本书对重叠形容词的变调与不变调情况作以归纳,以供读者参考。

#### (一) AA 式

(1) 单音节形容词重叠,且重叠部分"儿化",重叠的第二个音节可读成阴平。如:

短短儿 duǎnduǎnr→duǎnduānr　　快快儿 kuàikuàir→kuàikuāir

慢慢儿 mànmànr→mànmānr　　好好儿 hǎohǎor→hǎohāor

(2) 单音节形容词重叠,重叠音节不"儿化",重叠的第二个音节保持原调不变。如:

暗暗 ànàn　大大 dàdà　平平 píngpíng　整整 zhěngzhěng

#### (二) ABB 式

(1) 少数单音节形容词的叠音后缀变为阴平。如:

粘糊糊 niánhúhú→niánhūhū　　慢腾腾 mànténgténg→màntēngtēng

骨碌碌 gūlùlù→gūlūlū　　乱蓬蓬 luànpéngpéng→luànpēngpēng

(2) 部分单音节形容词的叠音后缀不发生变调。这种形容词的重叠形式书面色彩较浓。如:

明闪闪 míngshǎnshǎn　　热滚滚 règǔngǔn　　恶狠狠 èhěnhěn

甜蜜蜜 tiánmìmì　　昏沉沉 hūnchénchén　　赤裸裸 chìluǒluǒ

(3) 部分单音节形容词的叠音后缀可以变调,也可以不变调。变调时,叠音后缀读阴平,变调后口语色彩较浓;不变时,读原调。如:

沉甸甸 chéndiāndiān 或 chéndiàndiàn  软绵绵 ruǎnmiānmiān 或 ruǎnmiánmián
汗淋淋 hànlīnlīn 或 hànlínlín  黑黝黝 hēiyōuyōu 或 hēiyǒuyǒu

### (三) AABB 式

(1) 口语色彩比较浓的,第二个 A 变轻声,BB 变为阴平。如:
马马虎虎 mǎmǎ－hǔhǔ→mǎma－hūhū
大大咧咧 dàdà－liěliě→dàda－liēliē
老老实实 lǎolǎo－shíshí→lǎolao－shīshī
漂漂亮亮 piāopiāo－liàngliàng→piāopiao－liāngliāng

(2) 书面色彩比较浓的,不能变调,只能读原调。如:
实实在在 shíshí－zàizài　　工工正正 gōnggōng－zhèngzhèng
迟迟疑疑 chíchí－yíyí　　恩恩爱爱 ēnēn－àiài

### (四) A 里 AB 式

A 里 AB 式的重叠形容词都是贬义词,用来描写实况,加强语气,不能儿化,也不能变调。如:
肮里肮脏 ānglǐ－āngzāng　　古里古气 gǔlǐ－gǔqì
糊里糊涂 húlǐ－hútú　　流里流气 liúlǐ－liúqì

### (五) ABAB 式

ABAB 式的重叠形容词后面,常带上"的"字,重音一般落在 A 上,强调的是 A。这种重叠形容词,不存在变调问题。如:
冰凉冰凉 bīngliáng－bīngliáng　　黑亮黑亮 hēiliàng－hēiliàng
笔直笔直 bǐzhí－bǐzhí　　闷热闷热 hēiliàng－hēiliàng

总之,形容词重叠后,那些已在口语中形成习惯,且具有表示愿望、祈使或要求等感情色彩的变调,应该按变调来读。那些可变可不变的,尽量不要变调。

### (六) 绕口令练习

这几天下雨,
穿粉雨衣的女小吕,
来找打紫雨伞的女老李。
穿粉雨衣的女小吕,
没找着打紫雨伞的女老李,
打紫雨伞的女老李,
也没等来穿粉雨衣的女小吕。(《女小吕》)

## 第六节 方言词汇辨正

普通话的语音基础打牢固了,要想说一口标准化的普通话还是不够的。因为普通话是由语音、词汇、语法三要素组成的统一系统。普通话和方言比较,语音差别最大,词汇的差别有一部分,语法的差别最小。但要说一口规范、标准、流利的普通话,词汇、语法的辨正和规范不可小觑。因为不注意词汇、语法的辨正和规范,说普通话时就会带进一些方言词汇,或者方言语法,说出来的普通话就会给人不伦不类的感觉。

### 一、方言词汇的含义

方言词汇有两种含义,即广义的方言词汇和狭义的方言词汇。

#### （一）广义的方言词汇

广义的方言词汇是指方言中所使用的全部词汇,包括与普通话不同的词汇,也包括与普通话相同的词汇。广义的方言词汇,尽管与普通话的读音有很大差别,但词义基本一致。如天、山、河、风、春、冬、鸡、牛、瓜、手、车站、汽车、电灯、电话等,在词形和词义上是完全一样的。

#### （二）狭义的方言词汇

狭义的方言词汇是指方言中与普通话不同的词汇。这样的词汇只通行于部分方言区或个别方言区。如,书面语"父亲"(口语"爸爸")从方言的角度讲,可分七类:一是"爸"类,如"爸、阿爸、老爸";二是"父"类,如"父、父亲";三是"爷"类,如"爷、爷爷、阿爷、老爷子";四是"爹"类,如"爹、阿爹、老爹";五是"大或达"类,如"大、大大、达、达达";六是"伯"类,如"伯、伯伯、老伯、阿伯";七是"其他"类,如"叔"（河南的一些地方）、"老子"（太原、绥德、武汉、扬州、南昌、东莞等）、"老豆"（广州、台山等）、"阿兄、阿官"（海口）、"阿叔、阿哥、阿官"（福清）、"相"（歙县）、"阿、尼阿"（雷州）等。这类词汇只通行于个别方言区或部分方言区,不仅在语音上和普通话有明显差别,在词形上差别更大。这类方言词汇,就是词汇辨正的主要对象。

### 二、方言词汇分析与辨正

方言词汇与普通话存在着或大或小的差异,弄清二者的差异,是方言词汇辨正的科学手段。为了便于学习者理解、掌握方言词汇与普通话的差异,以便更好、更快地进行方言词汇辨正,这里需要明确语素、语素义、义位、语义、语义场等语言学的基本概念。语素,也称词素,是语言中最小的有意义的单位,词根、前缀、词尾都是词素。

语素义,指存在于语素所构成的合成词或固定结构中的语素的意义,如"知"有"使知道"的意义,这个意义存在于"通知""知会""知单"等合成词中。义位,是指语义系统中能独立存在的基本语义单位。语义指语言的意义,是语言形式所表达的内容。语义场或称词汇场,是某种共同或者相近语义的语言单位构成的词汇系统。

（一）构词差异及其辨正

构词差异是方言词汇和普通话差异的重要表现。词语的内部结构形式主要从语音、语素及其各要素之间的组合关系上表现出来。

**1. 语音差异与辨正**

1）音节数量差异与辨正

总体上看,普通话的双音节词汇比方言双音节词汇多。但某些小范围方言的双音节词,则比普通话多。如"苏州方言→普通话:米囤→囤、杏子→杏、猪猡→猪、驴子→驴、老鹰→鹰"等。

2）叠音与非叠音差异与辨正

普通话与方言都有叠音词汇,但方言的叠音词汇大体上多于普通话。

方言中为叠音词汇,普通话为非叠音词。如"贵州方言→普通话:槽槽→槽子、圆圆→桂圆、杯杯→杯子、招招客→拍马屁、块块盐→成块的盐、手颈颈→手腕、左寡寡→左撇子"。

普通话为叠音词汇,方言为非叠音词汇。如"普通话→广州方言:妈妈→阿妈、伯伯→阿伯、爷爷→阿爷、哥哥→阿哥、嫂嫂→阿嫂、妹妹→阿妹"。

3）读法差异与辨正

读法差异表现在音变和词语后缀"儿""子"的读法方面。如"妈妈""功夫"在普通话中必须读轻声"妈妈(māma)""功夫(gōngfu)",而南方很多方言则读作"妈妈(māmā)""功夫(gōngfū)"。"儿""子"作词语后缀时,在普通话中"儿"前面的音节要变成儿化音节,"子"读轻声,但很多方言"儿"前面的音节不儿化,"子"也不读轻声。如"小孩儿""桌子",普通话读作"小孩儿(xiǎohár)""桌子(zhuōzi)",方言则读作"小孩(xiǎohái 或 xiǎohái'ér)""桌子(zhuōzǐ)"。

**2. 语素差异与辨正**

1）语素选择差异与辨正

根据汉语构词的语素意义来划分,语素可分为同义语素与非同义语素两类。方言和普通话在语素的选择上是有差异的。

同义语素选择差异。如"黑和乌""锅和鼎""看和睇""房和屋"这三组不同形式的同义语素。造词时,普通话多选择:黑、锅、看、房等,方言则多选择:乌、鼎、睇、屋等。

非同义语素选择差异。如普通话"红薯"一词,山东、福建等方言选"地瓜",南京方言选"山芋",广东、福建等方言选"番薯",河南部分方言选"红芋"。几种方言就有几种说法,且彼此之间完全不同,语素意义各自有别。但各自组成词汇之后表示的意义却是一样。

2) 语素数量差异与辨正

语素数量上的差异,是指两个同义词音节数量一样,但包含的语素却有多有少。如"蝙蝠""碌碡"在普通话中为单语素词,广州方言称"蝙蝠"为"飞鼠",天津、河南方言称"碌碡"为"石磙","飞鼠""石磙"都是双语素词。

3) 语素价值差异与辨正

语素价值上差异,主要是词汇数量上的差异,同一个语素在方言里组词的能力和使用频率是不同的,有的语素在某一方言里很冷僻,在另一方言里却很活跃。如在现代汉语词典中"番"字作字头的词只有7个:番邦、番菜、番瓜、番号、番椒、番茄、番薯。在厦门方言中则有:番匏(木瓜)、番仔(外国人)、番仔婆(外国妇女)、番仔灰(水泥)、番仔火(火柴)、番仔码子(阿拉伯数字)、番仔油(汽油)、番仔肥(化肥)、番仔楼(高楼)、番仔狗(哈巴狗)、番仔正(元旦)、番汰(不讲道理)、番邦(外国)等13个。

4) 语素顺序差异与辨正

两个词的语素和数量相同,语素排列顺序不同。如普通话中的"母鸡、母猪、司机"等,在厦门方言中则为"鸡母、猪母、机司";普通话中的"拥挤、胶水、台风、唆使、热闹、阴天、素质、客人"等,在广州方言中则为"挤拥、水胶、风台、使唆、闹热、天阴、质素、人客"等。

5) 词缀差异与辨正

词缀分前缀和后缀两种类型,但哪些语素作前缀或后缀,方言与方言之间,方言与普通话之间是不完全相同。普通话用"子"作后缀充当词尾,而南方有相当一部分方言用"仔"作后缀充当词尾。如:

"普通话→方言:钳子→钳仔、锯子→锯仔、刀子→刀仔、凿子→凿仔"。

前缀的形态也有不同,普通话中没有前缀,方言中有前缀。如:

"普通话→厦门方言→长沙方言:父亲→阿大→老大、弟弟→阿弟→老弟、妹妹→阿妹→老妹"。

词缀位置的差异。作为同一个词根,有的方言加前缀,有的方言加后缀。如:

"普通话→厦门方言→济南方言:舅妈→阿妗→妗子、嫂子→阿嫂→嫂子、婶母(婶子)→阿婶→婶子"。

**3. 构词类型差异与辨正**

方言词汇与普通话的构词形式,多数情况下是相同的,不同的仅是少数。尽管如此,也形成一批有差异的方言词。广州方言"三音二叠式"和"语素分解式"这两种构词类型就可说明这一问题。

1) 方言三音二叠式与辨正

广州方言三音二叠式构词法,构成的是三个音节词汇,其中两个为叠音,重叠部分是实语,重叠部分还可以移动位置,如:"乱立立"(混乱),还可说成"立立乱",其义不变;普通话三音节词汇惯用语中的重叠词缀都是虚词素,重叠部分不能移动位置,如"血淋淋"就不能说成"淋淋血"。

2) 方言语素分割式与辨正

词是由语素组成的,普通话词汇中的语素通常总是连在一起的。而方言中却有一个语素被分割成两部分,并且被分别放在两个位置的现象。语素分割式的类型有两种,即两分两用型和两分一用型。

(1) 两分两用型。一个语素的两个音节被分开放在一个词的两处使用,即两分两用型。如广州方言"巴闭"(英文 babble 的音译,义为咋呼)一词是个双音节单纯词。该词可以单独使用,也可作为语素使用,如"嘈喧巴闭"(吵吵闹闹),还可以被拆开分别使用说成"喧巴嘈闭"("闹闹吵吵")。

(2) 两分一用型。一个语素的两个音节被分开后只用其中的一个,叫两分一用型。如广州方言的"巴闭"一词是两个音节,分开后的"巴喳"一词("咋呼")中只用其前面的一个音节"巴";"嘈嘈闭"一词("吵吵闹闹")中只用其后面的一个音节"闭"。

(二) 词义差异与辨正

词义差异是普通话与方言词汇差异的重要方面。与语音、构词、语法相比,词义的差异更加复杂。从义位、语素义两个方面来辨别这种差异是较好的办法。

**1. 义位差异与辨正**

1) 义位的义域差异与辨正

构成最小子场(语义场的最小词汇系统)的客观对象等级高的,为义域宽;反之,为义域窄。如"手"在普通话中是指拿东西的上肢末端部分,"脚"是指人或动物的腿的下部分,或东西的最下部,"手"与"脚"构成最小子场。而"手"在广州方言中指的则是"上肢","脚"指的是"下肢","手"和"脚"构成的最小子场的客观对象是"上肢"与"下肢",明显比普通话的"手"与"脚"等级高。所以,从这个意义上说,广州方言"手"的义域比普通话宽。

内容多、涵盖广的,为义域宽;反之,为义域窄。如"茶"字,在河南部分方言中既可指用茶泡出的液体饮料,又可指白开水。而普通话中的"茶"字,仅指用茶做成的液体饮料。所以,从这个意义上讲,河南部分方言的"茶"字,比普通话义域宽。

2) 义位数量、内容差异与辨正

词语的产生同人们的联想、比附分不开。事物中有联系意义的很多,把哪些意义归纳在一起组成一个词,把哪些意义归纳在一起组成另一个词,由于方言的不同,其差别也各不相同。这种差别,导致了义位数量和内容的差异。如普通话中的"恨"有"仇视""仇恨""悔恨""不称心"四个基本义位,在广州方言有里只有"巴望""羡慕"两个义位。再如普通话里"功夫",有"本领""造诣""时间(指占用的时间)""空闲时间"等四个基本义位,而在南昌方言里只有"时间""本领"两个义位,在广州方言里只有"工作"一个义位。

**2. 语素义差异与辨正**

语素义差异,指同一个语素在不同方言之间或方言与普通话之间,其意义有所不同。语素义是词义构成的基础,语素义的差异能直接或间接影响到词义的差异。这种影响大致显示了语素义与词义之间那种既具有一定的相通性与一致性,又具有一定的融合性与转移性的特点。如"数目",普通话指"通过单位表现出来的事物的多少",厦门方言指"账目"。这种差异产生的原因是由于普通话"数"的语素义中没有"账目"这个意义,而厦门方言"数"的语素义有"账目"这个意义,这样"数"的语素义差异,又使词义产生了差异。

（三）词汇成分差异与辨正

方言词汇和普通话都有基本词汇与一般词汇的差别,不同的是这些基本词汇在形式上存在着一定的差异。

**1. 基本词汇差异与辨正**

方言词汇与普通话完全相同。如"山、水、湖、海";方言词汇与普通话尽管不同,其词汇属普通话的词汇,如普通话中的"枪毙",梅县方言称"枪决""布告";方言词汇有两种或多种,其中有一种词汇与普通话相同,另外的词汇与普通话不同,如普通话中的"山沟",梅县方言既称"山沟",或称"山坑";方言词汇与普通话完全不同,如普通话中的"中午",厦门方言称"喙口",梅县方言称"天井"或"嘴";方言词汇与普通话无对应词汇,如普通话中的"初伏、中伏、末伏"三个词,厦门、广州方言里都没有相对应的词汇。

**2. 一般词汇差异与辨正**

一般词汇,可从词汇的三个主要分类来进行比较。一般词汇可分为分类词汇、方物类词汇和方俗类词汇等。

1）分类词汇差异与辨正

各个类属的方言词汇之间,各个属类的方言词汇与普通话之间都在不同程度上存在着一些差异。如普通话中的"馒头",只指"一种发酵的面粉蒸成的食品",而方言中反映馒头的词汇就多于普通话。再如,由于受经济因素的影响,发达地区用于交通方面的词汇,一般会多于落后地区。

2）方物类词汇差异与辨正

反映一些地方特殊物产、特殊食品等的方言词汇局限于某一地区。

（1）特殊物产类。

北京:京白梨,又称北京白梨,是梨的一种,果实扁圆,味鲜。

兰州:白兰瓜,又称兰州蜜瓜,瓜的一种,皮白且硬,圆球状,香甜如蜜。

广西:壮锦,锦的一种,棉线或丝编织而成,工艺精美,图案生动,色彩斑斓,为中国四大名锦之一。

（2）特殊饮食类。

四川、重庆：酸辣粉，粉类食品的一种，四川、重庆等地的传统名小吃，主要由红薯粉、豌豆粉等按最佳比例调和后，由农家用传统手工漏制而成。

广东：咕噜肉，又称甜酸肉或咕咾肉，以甜酸汁及猪肉煮成，是一道中国粤菜。

西湖醋鱼：选用西湖鲩鱼作原料，是浙江杭州传统风味名菜，鱼肉嫩美，带有蟹味，味道鲜嫩酸甜。

3）方俗类词汇差异与辨正

中国地域辽阔，风俗众多。不同的风俗，也形成了方俗类词汇的差异性。春节是中国最重要的节日，但由于各地过春节的风俗有差异，其风俗词汇也具有差异性。

庆田蚕：浙江省乌程县过新年，把草捆绑在长竿上，然后敲锣打鼓，点火燃烧，称为"庆田蚕"。

捧元宝：浙江绍兴过新年，一定用茶叶蛋待客，称为"捧元宝"。

填仓：山东省宁阳县，过新年要吃馄饨，当地称为"填仓"。

札根：胶东一带，新媳妇第一年春节要到丈夫的外祖父家拜年，称为"札根"。

### 3. 外来词的差异与辨正

随着改革开放的深入，国内各民族之间的交往，中国人民和世界各国人民之间的交往不断增加，各民族语言的接触，各国语言的相互渗透是不可避免的，词汇的借用也越来越明显。

如福建方言，因历史上与闽越人交往密切，加上与南洋马来人交往密切，"闽语"中就有较多的古闽越语与现代马来语的借词。闽南方言的马来语借词，多数是食品类及器具类。如：

闽南方言→普通话→马来语：干冬薯→马铃薯→"kentang"；招瓢→洋式礼帽→"capio"；洞葛→西式手杖→"tongkat"；巴刹→市场→"tongkat"。

广州方言是汉语方言中英语借词最多的一个方言。其原因：一是广州和香港交往多，香港原来又是英国的殖民地，受英语影响大；二是广州是较早开放的城市，与外国人交往多。广州方言借用英语词，主要表现在饮食、器具用品、车辆、服饰、商业、称谓、文化娱乐等七个方面。其中，多数借用词用汉字书写，少数是直接用英文书写的。如：

广州方言→普通话→英语：饮食方面，"沙律"→色拉（凉拌杂菜）→salad；器具方面，"士巴拿"→扳手→spanner；车辆方面"巴士"→公共汽车→bus，服饰方面"花臣"→花色、款式或花样→fashion；商业方面，"唛"→商标→mark；称谓方面，"BB"→婴儿→baby；文化娱乐方面，"球"→球→ball，其他方面，"贴士"→内幕消息或提示性信息→tips。

总之，方言词汇最好的辨正方法是人们学习普通话时，在掌握了一定的普通话词汇的基础上，留心方言词汇和普通话词汇的对应关系，说普通话时就能很准确地转换过来。

## 第七节 方言语法辨正

在语法方面,北方方言和普通话的差别不大,而南方方言和普通话的差别明显较大。

### 一、构词法分析与辨正

在以上的方言词汇辨正中,已经谈到一些方言和普通话构词法的差异与辨正问题。这里仅就代词和部分助词的一些问题进行辨正。

(一) 代词分析与辨正

**1. 人称代词**

有一些方言在人称代词的说法上与普通话差别很大。普通话人称代词单数是"你、我、他(她)",复数是"我们、你们、他们(她们)",而方言则不然。具体情况参见表2-7。

表2-7 方言与普通话人称代词比较表

|  | 单数 | 复数 |
| --- | --- | --- |
| 普通话 | 我、你、他(她) | 我们、你们、他们(她们) |
| 福州方言 | 我、汝、伊 | 我各人、汝各人、伊各人 |
| 广州方言 | 我、你、佢 | 我哋、你哋、佢哋 |
| 温州方言 | 我、你、其 | 我来、你来、其来 |
| 南昌方言 | 我、你、佢 | 我个里、你个里、佢个里 |
| 歙县方言 | 我、尔、佢 | 我人、尔人、佢人 |
| 北方部分方言 | 俺、恁、他 | 俺们、恁们、他们 |

**2. 指示代词近指和远指辨正**

普通话的指示代词,近指、远指分得很清楚。方言中,指示代词有近指、远指分不清楚和近指、远指分得特别清楚,甚至能分近指、中指、远指或近指、中指、远指、特远指。广东话,就属于近指、远指分不清楚的一个典型,如"这样、那样"都是"咁样";客家话有近指、中指、远指方言。

### 二、造句法分析与辨正

(一) 词语组合辨正

(1) 普通话的名词、量词的组合有两种情况:"数词+量词+名词(一个人)"和"指示代词+量词+名词(那个人)"。闽、粤方言中,数词"一"则可省略,说成:"量词+

名词",如"一个人、一支笔"说成"个人、支笔"。

（2）普通话多位数末尾的前位数不是零时,常使用省略的说法,如"一万七"（一万七千）；如果附加有量词时,通常不用省略的说法,如"三万七千斤"不能说"三万七斤"。但在闽、粤方言中,末位数一律省略,不管是否附带量词。如厦门方言有"六百五斤"（六百五十斤）,广州方言有"两千六斤"（两千六百斤）等的说法。

（3）单音节动词重叠用法辨正。普通话中作为谓语的单音节动词不能重叠,只能单独出现。而吴方言和徽方言中单音节动词可重叠,重叠后还可连带补语。如：

普通话：洗干净 看清楚 听明白

吴徽方言：洗洗干净 看看清楚 听听明白

（4）助词"得"省略的辨正。普通话在表示可能的补语前面必须用"得",句式为"动词+得+补语"；但在北方方言区的有些地方,往往不用助词"得",句式为"动词+补语"。如：

普通话：我跑得动。

保定方言：我跑动了。

洛阳方言：我能跑动。

合肥方言：我能跑。

另外,有的地方方言把问话"你跑得动跑不动?"说成"你跑动跑不动?"这里把助词"得"也省略了。还有一种情况,普通话中在表示程度的结构句子中,用"很"做补语依靠"得"做助词,如"坏得很""打得很",而合肥方言、歙县方言则不用"得",如"这人坏很""这人被打很"。

需要指出的是,北方方言尤其是河南方言,把普通话结构助词"的、地、得"一概说成"哩",如：

普通话：这是我的衣服。

河南话：这是我哩衣服。

普通话：妈妈慢慢地说。

河南话：妈妈慢慢哩说。

普通话：这个人跑得真快！

河南话：这个人跑哩真快！

（5）"知不道"的辨正。普通话中的"不知道",在方言中被说成"知不道"。普通话中的"不知道"是偏正词组,"不"是做状语的。普通话中"知道"一词是不能拆开的,副词"不"只能用在"知道"的前面或后面。方言"知不道",是将"知道"一词拆开后,中间加入"不"构成的,表面上看与普通话里的"看不见""听不到"等补充词组相似。其实,方言的里面这种拆字构词的方法,是不符合普通话规范用语的要求的。

（二）语句成分次序辨正

**1. 状语位置辨正**

普通话中,状语通常在谓语之前,但粤、客家、吴、徽等方言,却存在将状语置于谓语之后的现象。如：

1）表示数量的状语
普通话：多吃点东西。
广州话：饮多一杯噃。（多饮一杯吧！）
潮州话：食加半碗饭。（多吃半碗饭。）
梅县话：着多一件衫。（多穿一件衣服。）
2）表示频率、范围的状语
普通话：再听一会儿歌。
广州话：买一斤香蕉添。（再买一斤香蕉。）
潮州话：伊食半碗定。（他才吃半碗。）
梅县话：等一下添（再等一会儿。）
3）表示程度的状语
普通话：哈密的瓜最甜。
广州话：呢个细佬哥百厌得滞。（这个小孩儿太顽皮了。）
潮州话：只幅画雅死。（这幅画很漂亮。）
4）表示时间的状语
普通话：你先走。
广州话：你行先。
歙县话：尔走启。

**2. 双宾语位置辨正**

普通话中，双宾语句的第一宾语一般多指人，第二个宾语一般多指物，而闽、粤、客家、吴、赣等方言，却与普通话相反，即指人的宾语在后，指物的宾语在前。如：
普通话：给他一支笔。
平阳话（闽）：我给一支笔汝。（我给你一支笔。）
广州话：畀一支笔佢（给他一支笔。）
金华话（吴）：分支笔佢。（给他一支笔。）

（三）常见句式的辨正

**1. 比较句式的辨正**

普通话和方言比较句式中都分相等式和不等式两种。方言和普通话的相等式结构基本一致。如："我跟你一样大"。不等式的结构方言与普通话的差别较大。如：
普通话：坐高速列车比坐普通列车快。
广州话：坐高速列车快过普通列车。
普通话：我比他高。
福州话：我高伊。
厦门话：我较高伊。

**2. 被动句式的辨正**

普通话的被动句式主要用介词"被"表示，有时也用"叫、让、给"表示。方言多采用类似于"给"一样的既能当介词，又能当动词的词表示。如：

普通话：他被狗咬了。
广州话：佢畀狗咬亲。（被动句）
普通话：他给我一本书。
广州话：佢畀本书我。（主动句）
厦门话：伊互我一本新册。（他给我一本新书。）（主动句）
苏州话：我拨仔俚一本书。（我给了他一本书。）（主动句）

**3. "来、去"句式的辨正**

普通话中，"来、去"作谓语时，一般说成：主语＋动词（回、上、到）＋宾语＋"来"或"去"。而南方各方言区和江淮话，则习惯说成：主语＋"来"或"去"＋处所名词。如：

普通话：他回家来 我上市里面去 你到北京来
广州话：佢去北京。（他去北京）。
我听日来你屋企。（我明天上你家来。）
上海话：侬啥辰光来上海？（你什么时候到上海来？）

目前，方言中这种不规范的说法影响范围很大，在口头语和书面语中已经很常见。

**4. 正反问句式辨正**

普通话有正反问句，方言中则不常见。吴、赣方言以及北方话、江淮话等大都习惯在谓语前加上疑问副词"阿""可"等来表达正反疑问。如：

普通话：你吃不吃饭？你同意不同意去？
上海话：侬阿要看电视？
合肥话：你可看电视？

**5. 疑问句式辨正**

普通话的疑问句式中动补结构的比较多，在是非问的句末常用"吗"。北方一些方言的疑问句式中动补结构式较少，常用正反问：肯定＋否定的形式。如：

普通话：您到哪儿去？（"去"是补语）
河南话：恁去哪哩？（"去"是谓语）
普通话：你上得去吗？（"去"是补语）
河南话：你上去上不去？（正反问）
普通话：她是你的妹妹吗？（是非问）
河南话：她是你妹不是？（正反问）
普通话：这支笔是你的吗？（是非问）
河南话：这个笔是你哩不是？（正反问）

总之，方言语法和普通话语法，因方言区的不同，差异大小不一。方言语法最好的辨正方法是学习普通话时，熟练掌握普通话语法的规律和规范用法，在此基础上留心普通话语法与方言语法的差异，并能正确转换。

# 模块二　普通话表达基本技能训练

## 学习单元三　吐字归音及其训练

📖 学习重点

本单元主要讲述了吐字归音的要领、基本方法及其训练办法,通过学习和训练提高对吐字归音的认识,掌握吐字归音的要领和基本方法,提高语言的发音质量。

生活语言中,常常会出现这样的情况:很多的人普通话基础非常好,达到了语音标准,词汇、语法规范的程度,但所讲的普通话,听起来还是不那么清晰响亮,不那么圆润饱满,不那么流畅自如,达不到让人满意的程度。所以,要提高语言质量,不能不重视"吐字归音"问题。

### 第一节　吐字归音

#### 一、什么是吐字归音

吐字归音是我国传统说唱艺术训练的基本方法。它把一个汉语音节的发音过程分成出字、立字、归音三个阶段。出字,指咬准字头,这个过程是声母和韵头(也称介音)的发音过程;立字,指发响字腹,这个过程是韵腹(主要元音)的发音过程;归音,也称归韵,指收紧字尾,这个过程是韵尾的发音过程。吐字归音是口语实践过程中汉语音节发音的经验总结。对发音训练有着重要的启发和借鉴意义。

#### 二、吐字归音要领

汉语音节从字头滑到字腹,再滑到字尾,口腔中形成一个"枣核形"的整体。这样才能做到出字有力,归音到位,全字清晰,声音饱满。具体要求如下。

(一) 出字要领

出字时,吐咬清楚、准确、干脆、有力。其关键是:把握好声母的发音部位、发音方法,同时要快速巧妙地与韵头结合起来。如"天(tiān)"这个音节,在出字时,首先要把握好声母"t"的准确舌位(舌尖与上齿龈)成阻,接着蓄气用力(持阻),然后迅速解除阻碍(除阻)。声母发音开始时,要用巧劲,做到不紧不松,富有弹性。传统说唱艺术把声母发音的开始称为"叼字",并用"噙字如噙虎"加以说明,意思是声母发音开始时,就好比老虎叼着虎仔过山涧,既不能咬得太紧,把虎仔咬死,又不能咬得太松,把虎仔摔下去。就是说,声母发音开始时用力必须恰到好处。

需要注意是:韵头都是由 i、u、ü 来充当,尽管韵头属于韵母的一部分,但在实际发音过程中,韵头发音很短,且影响发声母时的口形,所以要使声母和韵头结合得巧妙,可以把声母和韵头看作一个整体。以"天(tiān)"为例,可以把声母和韵头关系这样表示:ti - ā - n。

(二) 立字要领

立字时,韵腹的发音要清晰、实在、响亮,拉开立起,圆润饱满。其关键是,适当扩大口腔的开口度,控制好口腔松紧度,韵腹的发音响亮且有一定的长度,这样发出的声音才坚实稳定,送得较远。以"天(tiān)"为例,出字即发"ti"后快速放松打开口腔至发"ā","ā"与韵头"i"和韵尾"n"相比,其发音过程是最长的。另外,"i、u、ü"等开口度不怎么大的元音,充当韵腹时,口腔要适当开大些。

(三) 归音要领

归音时,唇舌到位,口腔合闭自然,肌肉由紧到松,声音由强到弱,渐弱渐止,清晰饱满。做到干净利落,不拖泥带水。有韵尾的音节,发音时要收准韵尾;没有韵尾的音节,要保持口形,声音渐止后,恢复自然状态。"i"是舌前高元音,归音时舌位要提到一定的高度,如"开(kāi)""桂(guì)"等;"u"作韵尾时,唇形要合拢收圆,如"秀(xiù)""州(zhōu)";"o"作韵尾时,归音要领和"u"相同,只是舌位低于"u",如"高(gāo)""鸟(niǎo)"等;"ng"作韵尾时,舌位要收到软、硬腭交界处,阻住口腔通道,气流进入鼻腔即收,如"扬(yáng)""哼(hēng)""红(hóng)""英(yīng)""王(wáng)"等。

(四) 字音"枣核形"

结合吐字归音出字、立字、归音的过程,一个声母、韵母(包括介音和韵尾)完整的汉语音节发音时,形成一个两头小,中间大的"枣核形":声母、韵头为一端,韵腹是核心,韵尾为一端。中间的韵腹发音动程大,发音时间相对较长;两头的发音动程小,发音时间相对也较短。"枣核形"是汉语音节发音达到清晰集中、圆润饱满、音色优美效果的最佳形状和最为形象的描述,它更加有利于学习和掌握汉语音节的吐字归音要领。

### 三、咬字器官配合运用

口腔是语言的主要制造场,是声音的主要美化场,咬字器官的相互配合,直接影响发音的质量。创造良好的口腔发音环境,是掌握吐字归音的前提。

(一)打开口腔

生活中,很多人在说话时,口腔开得不好,往往是口腔前部打开的程度大于口腔后部,其发声能力受到一定程度的限制,发音质量也受到很大的影响。要使口腔在语言中充分发挥作用,真正打开口腔,使口腔前部和后部打开的程度一样大,是非常重要的。打开口腔的关键是口腔的上腭部分要用力上抬,下颌放松。做到这点,可以通过"提颧肌、打牙关、挺软腭、松下巴"等四个环节的协调来实现。

(1)提颧肌,即颧肌用力上抬,鼻孔略微张大,口腔前部展宽,上唇紧贴牙齿。这是抬起上腭的前部动作,这个动作可以用微笑来体会。需要注意的是,这种微笑的感觉是咬字时的一个动作,不是心里高兴时的微笑。也可通过开大口腔的同时展开鼻翼的办法来体会,这样连续快速反复做上多次,长期坚持,颧肌就会发酸,颧肌力量就会加大,咬字时就会自然提起。

(2)打牙关,即说话时上下槽牙间的距离要加大,尤其是双侧上槽牙后部始终保持向上提起的感觉。这是抬起上腭的中部动作,这个动作可以丰富口腔共鸣,可以使咬字位置适中有力。它可以通过提颧肌反复咀嚼,感觉字像在上下槽牙之间,咀嚼一次发出一个字音,或是保持发"a"的感觉带动各种音节的发音。发"a"或带"a"的音节时,如"安、蓝、扬、海"等,是打牙关的最好的音节。用发这样的音节带动其他音节,就能体会到"以开带闭,以宽带窄",使紧窄的音节也发得宽松。试读:蓝花开放香八方,百鸟唱响赛乐章。

需要注意的是,牙关的开度不能一成不变,因为音节发音要求口腔开度一直在变化中。上述方法是用来对加大口腔开度的理解,以便取得更好的发音效果。

(3)挺软腭,即软腭向后挺起,使口腔后部成倒置的"桃形",这是抬上腭的后部动作。一般情况下,不说话时,人的软腭这一部分是向下垂着的,即使平时说话时,也很少有人有意识地将其抬起。要想使自己的语言有良好的声音效果,就得把软腭挺起。需要注意的是,"挺"只是一个基本状态,不能保持一成不变,因为音节的构成是复杂的,否则就会带来"音包字"的问题。这个动作可以通过"夸张吸气"或"半打哈欠"来体会,保持这种状态发音,并和自己平时的发音比较,就能感觉到这样做后的声音效果。还可以通过读"安、好、兰"等字,体会口腔后部的打开度,并用这种感觉带发其他音节,以便收到很好的效果。

(4)松下巴,即下颌放松向内微收,口腔明显打开。这是打开口腔的要领之一,下巴放松在打开口腔方面,比上腭更起作用。咬字的力量主要在上腭,下巴则处于"放松"、"从动"状态。这个动作可以通过"牙疼时说话"的感觉来体会,因为牙疼时下巴是放松的。平时有相当一部分人在说话时,常常是下巴用力,主动用下巴帮助咬字。这是发音器官不能合理利用的常见错误,因为这样做,会使舌根和咽部紧张,口腔关闭,把字都咬"横",咬"死"了,发出的声音特别别扭。

### (二) 力量集中

声音的集中,是通过咬字器官的力量集中来实现的,主要表现在唇和舌的力量集中上。

**1. 唇的力量集中**

唇的力量集中,是指把力量集中到唇的中央三分之一。如果唇的力量分散,就会造成字音散。通过练习双唇音 b、p、m 的绕口令,能够获得较为明显的感觉。如"八百标兵奔北坡,北坡炮兵并排跑,炮兵怕把标兵碰,标兵怕碰炮兵炮"。

**2. 舌的力量集中**

舌头的力量集中,一是力量集中在舌头的前后中纵线上;二是在发音过程中舌体取收势。

舌头的锻炼以读字词为主。把上面的两个要求体现到字词的训练中。如反复从前到后,从后到前,用第一声读"ga、ka、ha、ja、qa、xa、da、ta、na、la"等音节,能够体会由后到前,或由前到后全面锻炼舌头力量集中的感觉。

唇和舌头是发音器官中最活跃的两个器官,其动作最积极,作用最大。尤其是舌头的前、中、后等各个部位都与汉语发音有关,所以说话时要注意舌头前后力量的均衡。舌头不能合理利用的情况,因人而异,有的表现为某一部分的松或紧,多数人表现为舌根紧张,它会产生许多咬字的毛病,如有的人说话,给人的感觉是"大舌头",其实这就是舌头的力量不均衡,尤其是舌根紧张,使整个舌头缺乏灵活性导致的。改变这种毛病,可以通过反复发"lü、lia"等音节来实现,因为这两个音节能使舌头的中前部力量加大,并能取得舌力的平衡。

### (三) 声音发出的路线和字的着力位置

声音是沿软腭硬腭的中纵线由后向前到达硬腭前部发出的,这条中纵线就是声音发出的路线,硬腭的前部就是字音的着力位置。因为声音是靠气发出的,用气引领着发音路线和字音的着力位置,很容易找到这种感觉。这能使人获得声音从上唇以上透出的感觉,并能使音色集中而明朗。

总之,咬字器官在发音过程中是相互配合、相互协调的。总的感觉是"开口像半打哈欠,闭口似啃苹果"。

### 四、十三韵问题

十三韵,也叫十三辙,就是把普通话 39 个韵母按照韵腹相同或相似(如果有韵尾,则韵尾必须相同)的基本原则归纳为十三类,即发花辙、梭波辙、乜斜辙、一七辙、姑苏辙、怀来辙、灰堆辙(与一七辙通押)、遥条辙、由求辙、言前辙、人辰辙、江扬辙、中东辙。掌握十三辙,有利于阅读和理解诗词、歌曲的韵味,有利于创作诗词、歌词,有利于进一步理解吐字归音。

（一）发花辙

韵母包括 a、ua、ia。如杀、娃、家等。

（二）梭波辙

韵母包括 e、o、uo。如哥、婆、果等。

（三）乜斜辙

韵母包括 ê、ie、üe。如绝、叶、雪等。

（四）一七辙

韵母包括 i、ü、er。如衣、鱼、儿等。

（五）姑苏辙

韵母是 u。如古、孤、苦等。

（六）怀来辙

韵母包括 ai、uai。如爱、怀等。

（七）灰堆辙

韵母包括 ei、uei。如梅、回等。

（八）遥条辙

韵母包括 ao、iao。如高、飘等。

（九）由求辙

韵母包括 ou、iou。如楼、优等。

（十）言前辙

韵母包括 an、ian、uan、üan。如安、天、完、换等。

（十一）人辰辙

韵母包括 en、in、uen、ün。如很、今、昆、云等。

## （十二）江阳辙

韵母包括 ang、iang、uang。如方、想、广等。

## （十三）中东辙

韵母包括 ong、iong、eng、ueng、ing。如中、汹、声、翁、晴等。

## 第二节　吐字归音训练

### 一、吐字归音口诀

字字出口须有情,声靠情气依势动。
出字阻气位形准,用力除阻才发声。
立字韵腹响又长,声音集中饱满亮。
字尾归音要到位,字音结束气即停。
音素过渡讲连贯,声调规整语义清。

### 二、发音器官能力训练

#### （一）唇部训练

**1. 喷崩法**

喷崩法指在咬字时,蓄足气流,双唇紧闭成阻,然后让气流爆破除阻将字音送出。练习 b、p 为声母的字,用此法。

1) 字词训练

彪炳　背包　奔波　保镖　拼盘　批判　偏僻　爬坡　摆平　报批　般配　牌匾　盘剥　拼搏　排版

2) 绕口令

冰棒半盆瓶半盆,瓶碰冰棒盆碰瓶。冰棒碰盆盆不怕,瓶碰冰棒冰棒崩。
八百标兵奔北坡,炮兵并排北边跑;炮兵怕把标兵碰,标兵怕碰炮兵炮。

**2. 展唇法**

韵母为 ai、ei、uai、uei 的字归音时,微展唇角,唇形扁平。

1) 字词训练

白费　白菜　尾随　蓓蕾　鬼怪　归队　改为　追随　爱戴　肥美　徘徊　退回　败类　内海　衰败

2) 绕口令

白给白菜味不坏,草鱼肥美传四海;蓓蕾衰败花不开,徘徊采摘爱在怀。

**3. 聚唇法**

韵母为 ao、iao、ou、iou 的字归音时,双唇聚拢收成圆或半圆形。

1）词语训练

操劳 逃跑 早操 暴躁 苗条 叫嚣 小鸟 巧妙 欧洲 收购 丑陋 绣球 悠久 优秀 琉球

2）绕口令

倒吊鸟，鸟倒吊，倒吊鸟不是海鸥，海鸥没有倒吊；倒吊鸟羽毛油亮，鸟倒吊小声鸣叫。

（二）舌部训练

**1. 弹舌法**

弹舌法指将字音用舌头的弹力，有力且有弹性地弹出。练习 d、t 声母的字，用此法。

1）字词训练

奠定 到达 带动 定夺 当地 谈吐 探听 逃脱 调停 图腾 歹徒 掉头 摊点 推断 停顿

2）绕口令

调到敌岛打特盗，特盗太刁投短刀；挡推顶打短刀掉，踏盗得刀盗打倒。

**2. 抵舌法**

抵舌法指以前鼻音"n"为字尾的字收音时，舌尖抵住上齿龈。

1）词语训练

灿烂 展览 根本 振奋 拼音 引进 询问 逡巡 艰险 绵延 婉转 专断 圆圈 宣传 困顿

2）辅助练习

金樽清酒斗十千，玉盘珍羞直万钱。停杯投箸不能食，拔剑四顾心茫然。欲渡黄河冰塞川，将登太行雪满山。闲来垂钓碧溪上，忽复乘舟梦日边。行路难，行路难，多歧路，今安在？长风破浪会有时，直挂云帆济沧海。（李白：《行路难·其一》）

（三）震牙训练

震牙训练，采用震牙法来体会。震牙法指吐字时，气流冲击牙齿，使其震颤，做到字音响亮有力。通过练习发 j、r 声母的字，可有明显的体验。

1）字词训练

讲解 集结 计较 积极 佳节 纪念 将近 热容 熔融 容忍 仍然 融入 惹人 如若

2）绕口令

京剧叫京剧，警句叫警句。京剧不能叫警句，警句不能叫京剧。

夏日无日日亦热，冬日有日日亦寒，春日日出天渐暖，晒衣晒被晒褥单，秋日天高火云燃，遥看红日似烈焰。

（四）开喉训练

开喉训练，可用开喉法来体会。开喉法指吐字时，口腔后部尽量打开，蓄足气流，吐气有力。练习以 g、k、h 为声母的字，可用此法。

1）字词训练
功课 公关 梗概 瓜果 各国 看客 刻苦 扩宽 宽阔 旷课 和缓 毁坏 航海 昏花 豪华
2）绕口令
哥挎瓜筐过宽沟,赶快过沟看怪狗;光看怪狗瓜筐扣,瓜滚筐空哥怪狗。
可口可乐防口渴,口渴常喝可口乐;常喝可乐口可乐,口渴可口口不渴。
风吹灰飞灰堆灰,飞灰花上花不飞;风吹花灰灰飞起,花飞灰飞风里去。

（五）穿鼻训练

穿鼻训练,可用穿鼻法体会。穿鼻法,指以后鼻音"ng"为字尾的字收音时,气流穿过鼻孔,舌根与小舌有接触感。

1）字词训练
长江 沧桑 更正 升腾 聆听 明显 交通 从容 亮相 像样 汹涌 炯炯 状况 狂妄 嗡嗡
2）绕口令
注意营养重养生,身体健康声如钟;目光炯炯形象美,纵使老翁容光生。

### 三、吐字归音综合训练

（一）花发辙

红薯地里种西瓜,自己主意自己拿。
自己婚姻自己定,莫等媒婆动嘴巴。
十字路口芙蓉花,叫哥千万莫乱掐。
葫芦种在牡丹下,吊颈因为是贪花。（山歌）

烟笼寒水月笼纱,夜泊秦淮近酒家。商女不知亡国恨,隔江犹唱《后庭花》。（杜牧:《泊秦淮》）

（二）梭波辙

出门三步就唱歌,人人讲我欢乐多。
祖坟葬在风流岭,命带桃花不奈何。
决心打把连环锁,共同安放在心窝。
石山顶上起屋住,不怕别人挖墙脚。（山歌）

猿愁鱼踊水翻波,自古流传是汨罗。苹藻满盘无处奠,空闻渔父叩舷歌。（韩愈:《湘中》）

（三）乜斜辙

上山有棍打得蛇,下河有网捉得鳖。

人民有党做后盾,不怕恶霸来威胁。
稀饭吃快不怕热,路滑走快不怕跌。
若是不放石膏水,豆浆哪里会打结。(山歌)

飒飒秋风生,愁人怨离别。含情两相向,欲语气先咽。心曲千万端,悲来却难说。别后唯所思,天涯共明月。(孟郊:《古怨别》)

(四) 一七辙

上天起屋妹扛柱,下海舂墙妹挑泥。
我俩人穷志不短,总有一天找得吃。
望梅止渴渴难止,画饼充饥肚更饥。
不饱不饿三碗饭,不冷不热三件衣。(山歌)

举秀才,不知书,举孝廉,父别居。寒素清白浊如泥,高第良将怯如鸡。(童谣)

(五) 姑苏辙

斑鸠树上叫咕咕,哥也孤独妹孤独。
我俩都是半壶酒,何不拢来共一壶?
老妹生来就命苦,看来没有那种福。
你喝茅台我喝水,不配和你共一屋。(山歌)

寒雨连江夜入吴,平明送客楚山孤。洛阳亲友如相问,一片冰心在玉壶。(王昌龄:《芙蓉楼送辛渐》)

(六) 怀来辙

这条大路是哥开,两旁桂花是妹栽。
蜜蜂为花飞千里,哥为情妹万里来。
情哥送妹出村来,碰见别人假分开。
阿哥低头妹转脸,神仙望见也难猜。(山歌)

飒飒西风满院栽,蕊寒香冷蝶难来。他年我若为青帝,报与桃花一处开。(黄巢:《题菊花》)

(七) 灰堆辙

竹排下河顺水推,我俩结交不用媒。
多个媒婆多把嘴,免得旁人扯是非。

## 学习单元三 吐字归音及其训练

鸳鸯交颈在河尾,河水不枯鸟不飞。
我两生死在一起,糯米蒸糕做一堆。(山歌)

金色的唢呐啊,声声美,我要带你到北京去。天安门前举酒杯,满怀豪情吹一曲,天安门啊放光辉。(《西藏民歌》改编)

### (八)遥条辙

神不在位空拜庙,河沟无水枉架桥。
灯草挂在火塘上,你讲心焦不心焦?
走过园边往里瞄,人家乱讲我偷桃。
跑进羊栏去躲雨,为晴惹来一身臊。(山歌)

夫因兵死守蓬茅,麻苎衣衫鬓发焦。桑柘废来犹纳税,田园荒尽尚征苗。时挑野菜和根煮,旋斫生柴带叶烧。任是深山更深处,也应无计避征徭。(杜荀鹤:《山中寡妇》)

### (九)由求辙

山歌好唱难起头,木匠难起八角楼。
瓦匠难烧琉璃瓦,铁匠难打钓鱼钩。
生不丢来死不丢,我俩连情万千秋。
石灰里面打跟斗,同妹结交到白头。(山歌)

白日依山尽,黄河入海流。欲穷千里目,更上一层楼。(王之涣:《登鹳雀楼》)

### (十)言前辙

鸭嘴不比鸡嘴尖,哥嘴不比妹嘴甜。
几时得妹嘴对嘴,煮菜不用放油盐。
送哥送到分水滩,分手容易分情难。
手扯衣袖轻轻问,问哥几时再来玩。(山歌)

### (十一)人辰辙

新起凉亭不盖顶,特意留来望天星。
露水打湿眉毛上,为妹才成这种人。
苦楝开花细纷纷,我家住在苦楝根。
人人都讲苦楝苦,我比苦楝苦三分。(山歌)

73

独在异乡为异客,每逢佳节倍思亲。遥知兄弟登高处,遍插茱萸少一人。(王维:《九月九日忆山东兄弟》)

(十二) 江阳辙

夜里点灯影在墙,不知就讲哥有双。
白天下地无人伴,思前想后好凄凉。
那天和妹牵手唱,回家三年手还香。
今早起来无米煮,拿手来闻当干粮。(山歌)

秋风入窗里,罗帐起飘扬。仰头看明月,寄情千里光。(吴均:《子夜秋歌》)

(十三) 中东辙

我俩情意浓又浓,妹想哪样哥都从。
想要肋骨哥愿给,你来摇看哪根松。
哥要种花围园种,舍得淋水花就红。
单身自有人来伴,饿鸟自有飞来虫。(山歌)

清时有味是无能,闲爱孤云静爱僧。欲把一麾江海去,乐游原上望昭陵。(杜牧:《将赴吴兴登乐游原》)

# 学习单元四　科学发声及其训练

📖 **学习重点**

了解气和声的关系,重点掌握呼气与换气技巧;加强共鸣训练,学会科学用声;熟练掌握并能综合运用各种发声技巧,注意嗓音保护。

"气是声之源,气动则声发",气息的大小、强弱,以及科学运用,直接影响着声音的大小、高低,影响着声音的强弱、长短,影响着音域的扩展,影响着音区的贯通,影响着声音的质量和声音的色彩,甚至直接影响着语势和情感的表达。不论是生活语言、服务语言,或各类语言艺术,要把语言的生理潜在优势、声音优势尽可能得发挥出来,使语言更加美好,都必须重视气息和科学发声。

## 第一节　呼吸器官及其原理

### 一、呼吸器官

呼吸器官主要包括呼吸道、胸腔、肺、腹肌等。

（一）呼吸道

呼吸道是一个完整的系统,系统各成分之间通过相互联系,相互依存,相互协调发生作用,如图4-1所示。

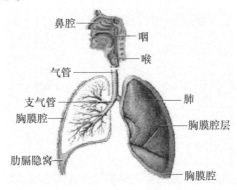

图4-1　呼吸通道图

呼吸的路线,是沿着呼吸道运行:

吸→{口、鼻}→←咽腔{(口咽、鼻腔)→喉咽}→←气管→←支气管→←肺(泡)←呼

### (二) 胸腔

胸腔由胸廓与膈围成,上界为胸廓上口,与颈部相连;下界以膈与腹腔分隔。胸腔内有中间的纵膈和左右两侧的肺以及胸膜腔。胸廓的活动是靠胸部多组肌肉的收缩与放松来完成。胸腔的底部是膈肌(也称为横膈或横膈膜),膈肌周围和胸腔壁相连,并把胸腔和腹腔隔开。吸气时,膈肌下降,胸腔内部上下扩大;呼气时,膈肌回复原状,胸腔容积变小。膈肌属于吸气肌。

### (三) 肺

肺位于胸腔内,左右各一。肺组织呈海绵状,吸气时膨胀,呼气后瘪缩。它是气体交换的场所,主司一身之气的生成和运行。肺是最重要的呼吸器官。

### (四) 腹肌

腹肌是腹部肌肉的总称。腹肌主要包括腹直肌、腹外斜肌、腹内斜肌和腹横肌等。腹肌在有控制的呼吸中,起着不可忽视的作用。

## 二、呼吸原理

通常情况下,把使胸腔扩大来完成吸气的肌肉组织统称为吸气肌肉群;把使胸腔缩小来完成呼气的肌肉组织统称为呼气肌肉群。由此可见,呼吸主要靠肌肉运动和胸腔扩大与缩小来完成。

当吸气肌肉群收缩时,胸腔扩大,胸腔内部的气压减小,外部空气由呼吸路线进入肺泡,肺部扩张,这是吸气的过程。胸腔扩得越大,吸的气就越多。

当呼气肌肉群收缩,或自然放松时,胸腔就会变小,肺部的气就会经过呼吸道挤压出来,经口鼻传出体外,这就是呼气过程。

## 三、常见的呼吸方式

常见的呼吸方式一般分为四种:锁骨式呼吸、胸式呼吸、腹式呼吸、胸腹联合式呼吸。

### (一) 锁骨式呼吸

锁骨式呼吸,又称肩式呼吸,属于浅式呼吸。吸气时抬高肩膀,靠肺上叶来完成。这是胸腔扩张时的最后一步,属于胸式呼吸的延续。但因肺部上小下大,吸气量很小,发声时用这种方式吸气无明显效果。

## （二）胸式呼吸

胸式呼吸，也属于浅式呼吸。吸气时提胸骨，扩胸腔，抬肋骨，吸气量较小，呼出的气流弱，发出的声音窄细、轻飘、僵持，容易造成胸部、喉部紧张，声带疲劳。生活中，这种呼吸方式常被女性采用。

## （三）腹式呼吸

腹式呼吸，属于深式呼吸。吸气靠降低横膈膜，扩大胸腔的上下径来实现。吸气时，还有个明显的特点就是腹部放松外突。吸气量大，气吸得深。但发出的声音低沉，音色闷、暗、空。生活中，这种呼吸方式常被男性采用。老人和病人也常用这种呼吸方式。很明显，这也不是理想的科学呼吸方式。

## （四）胸腹联合式呼吸

胸腹联合式呼吸，是胸式呼吸和腹式呼吸的结合，它可以全方位扩大胸腔的容积。呼吸稳健，利于控制。吸气量最大，气吸得最深，呼出的气流强而有力。发出的声音坚实、响亮，利于音色的多种变化。生活中，这种呼吸方式多被身体强健者采用。演员、播音员、解说员大多采用这种呼吸方式。

## 第二节  呼吸控制及其训练

### 一、呼吸控制要领

呼吸控制能力，对发声是否自如影响很大。提高呼吸控制能力，能够更好地掌握呼吸控制要领。

#### （一）创造良好的呼吸条件

呼吸时，无论是站姿或是坐姿，都要端正。头部取平视时的角度，面向前，下颏内收，双肩自然下垂，提臀拎腹。注重身体尤其是呼吸肌肉群的力量的锻炼。如常做"仰卧起坐"锻炼腹肌，常做"伏卧撑"锻炼胸肌或用深吸气后，连续发"嘿（hēi）"来锻炼膈肌和腹肌。

#### （二）吸气

吸气的基本要领有三点：吸到肺底、两肋打开、腹壁"站定"。

**1. 吸到肺底**

吸到肺底是指吸气要深，有深至肺底的感觉（相当于上衣最下面一个钮扣的位置），此时膈肌下降，体内积蓄有较多的气。

**2. 两肋打开**

两肋打开是指吸气时,肩部、胸部放松,兴奋从容地打开两肋。总感觉是胸腔左右展开的幅度大于前后,后腰部大于腹部。"兴奋从容两肋开,不觉吸气气自来"讲的就是这个道理。

**3. 腹壁"站定"**

腹壁"站定"是指吸气时,小腹内收,腹壁不凸不凹,支点在小腹的中心位置(肚脐下三指的地方),就是传统说法称为"丹田"的位置,然后利用腹肌的收缩力将气托住。

以上三个要领,要在吸气过程中同步完成。反复进行吸气练习后,找到这种综合感觉。这种感觉就是,在吸气到了最后一刻,腰带周围紧张,躯干"发胖",吸气量越大这种感觉越明显。

**(三) 呼气**

声音是在呼气的过程中形成的,故从这个意义上讲,呼吸的控制主要体现在呼气控制上。呼气控制有以下三个要领。

一是稳劲。稳劲是通过呼、吸两大肌肉群的对抗实现的。呼气时,仍然保持住部分吸气感觉,使吸气肌肉群和呼气肌肉群对抗,处于且战且退的局面,这就是理想的呼气的稳劲状态。我们可以这样来感觉一下:先吸好气,然后张开嘴巴准备呼出,但同时又想把气保留在小腹部,就会明显地感觉到两肋打开的力量与腹肌向丹田收缩的力量之间有一种互相牵扯的现象存在。如果在呼气时,用这种力量将上行的气"拉住",稳劲控制的实际感觉就会明显。同时,保持躯干发胖、腰带周围紧张、腹壁"站定"的感觉,就能体会到稳劲状态。另外,稳劲还与唇舌和喉部控制有关,唇舌有力、声带弹性好,能节制气流,使稳劲感加强。

二是持久。呼气的持久有两种含义:一是一口气能使用多长时间,二是有控制的理想呼吸状态能保持多长时间。呼气能否持久,稳劲的呼气状态能否保持,主要在于吸气肌肉群的控制力量。

三是调节。调节是利用表达内容和感情调节呼吸运动,是呼吸控制的高级阶段。稳劲和持久是呼吸控制的基本要求,但语言表达内容的丰富性和感情的复杂性,只依靠稳劲和持久是不行的。一定要做到呼吸因表达内容和感情的变化而变化。生活中,无论什么感情,都能在气息状态上得到反映。如:暴怒时,气贯全胸,气流不畅;高兴时,气流通畅,运动较快;哀伤时,吸气深,呼气长;惊恐害怕时,急速吸气,或气息颤抖;思考时,气息处于停滞状态或逐渐吸气,等等。

调节腹肌状态,是实现这种变化的重要手段。腹肌力量强,气息压力就大,发出的声音高、强;腹肌力量弱,气息压力小,发出的声音就低、弱。腹肌调节灵活适度,气息的变化也就灵活多样,发出的声音也才会多样。这样才能适应表达内容和表达情感的需要。气息"自动化控制"的枢纽是感情的运动。语言学中常说的"气乃情所致""以情运气"等,就是这个道理。

### （四）换气

换气是指根据语言表情达意的需要，及时补充气息。换气一般有两种方式：只吸不呼和少呼多吸。只吸不呼，又称偷气或小气口，指用鼻子或嘴巴急速吸进一小口气，或在发完前一个字时不露声色地带回一点气。少呼多吸，又称大口气，指气有出有进，以出带进，呼出的气量小，带进的气量大，或呼出的气量少，吸进的气量多。在语言的实际运用中，换气技巧可从以下几个方面把握。

**1. 句首换气**

句首换气，是指前面的话说完后，不要立即换气，换气放在下句开始前。这样做的目的是避免因换气导致句子间感情转移的破坏，也是为了避免语言表达中出现急促感。

**2. 换气到位**

换气到位，是指换气要根据表达的需要，吸进的气深浅适度，同时腹部一直保持着气感，否则很容易使呼吸方式发生变化。

**3. 换了即用**

换了即用，是指吸气后，如果不是感情表达需要，不要让气停留，要立即使用，否则气感消失，力量也随之松懈。

**4. 留有余地**

留有余地，是指吸气适度，一般控制在七八成即可，吸气过满会导致僵持；吸进的气，在使用中要有适当存留，即使到该换气时，也要留有余气，否则就会给人以声嘶力竭之感。

**5. 无声吸气**

无声吸气，是指用声时小腹始终保持控制状态，使胸腔内如弹性橡皮球一样，气息一有欠缺，能做到"自动"、及时、无声的补充。

总之，在实际语言实践中，换气技巧多为快吸慢用。在使用换气技巧时，还会遇到抢气、就气等换气技巧。只有这样才能使气息运用自如，表达得心应手。

## 二、呼吸控制训练

呼吸控制训练，其实就是提高呼吸控制能力训练。呼吸控制能力，是一种技能。这种技能和其他技能训练一样，是一个过程。训练者只有根据自身的条件，从易到难，认真地完成训练过程，并不断重复，才能达到最终的目标。

### （一）呼吸肌肉群能力训练

**1. 腹肌**

1）腹肌爆发力训练

腹肌爆发力训练，可通过仰卧起坐、仰卧抬腿、站姿高抬腿、抓杆抬腿等运动来进行。

（1）仰卧起坐。仰卧，两腿并拢，两手上举，或双手抱着后脑勺，利用腹肌收缩，两臂（或头部）向前摆动，迅速成坐姿，上体继续前屈，两手（或面部）接触脚面，如此连续进行。坚持循序渐进原则，次数从少到多，最后达到不停歇连续做30～50次。

（2）仰卧抬腿。仰卧，双手放在臀部下边，两腿伸直抬高与地面垂直，腰腹保持稳定；双腿缓慢下落至与地面45°，再缓慢向上抬为一次；一组10～15次；在整个动作中，腰部保持不动。

（3）站姿高抬腿。双脚并拢站立，两手自然下垂，抬腿时身体保持平衡稳定，汇集大腿力量，让大腿前侧和地面保持平行，脚尖自然下垂；双腿交替进行，每条腿抬起后坚持2～3分钟，直至达到5～10分钟。

（4）抓杆抬腿。借助单杠或其他器械，双手与肩同宽抓紧器械，双腿并拢伸直，利用腰和腹部的力量上抬至与地面平行，或与身体平行。与地面平行时，坚持2～3分钟，直至达到5～10分钟；与身体平行时，保持腿的姿势，反复进行，直至达到30～50次。

2）腹肌弹发训练

用腹肌将聚集成束的气爆发性弹发至口腔前部，可通过发：哈（hā）、嘿（hēi）、嚯（huò）、呵（hē）四个音节来体会，这是中国传统武术和戏曲训练腹肌弹发量力的常用方法。开始时，要一气一声，并注意腹肌弹发和发"哈（hā）、嘿（hēi）、嚯（huò）、呵（hē）"等舌根音的配合。训练时，舌根、下巴放松，软腭上挺，后咽壁收紧挺直，发出的声音要响亮有力。练习到一定程度后，可连续发音，并可改变音强、音高、力度等。

3）腹肌灵活性训练

可采用倒立时，两腿在空中交替屈伸，像两腿蹬自行车的动作，或两腿伸直左右交叉摆动，像钟摆的动作。

**2. 膈肌**

1）膈肌弹发训练——狗喘法

这是在改良传统膈肌训练的"狗喘气"法的基础上形成一种科学的方法。模仿狗在天气较热的情况下喘气，与狗喘气不同的是吸气时变开口为闭口，以减轻气流对嗓子的冲击；呼气时变无声为有声，呼气同时弹发嘿（hēi）音。

运用这种方法进行训练时需要注意：首先，深吸气后，发出一个扎实的"嘿（hēi）"，找到单声强发的稳定感觉后，再连续弹"嘿（hēi）"，依次发2个、3个、4个、5个、6个直至发到7个或8个。弹发时，气息力量均匀，音量、音高、音色始终一致，弹发间隔时膈肌要迅速放松还原。其次，在获得"自动"进气的感觉和无限制地连续稳定发"嘿（hēi）"音的能力后，由慢到快、稳定轻巧的连续发"嘿（hēi）"，最后达到快慢能自主控制的程度。再次，用类似于京剧小生或老生大笑状的声音发"嘿（hēi）"，以改变音高、音色、音长的膈肌弹发训练。这三个训练环节，是渐进式的，不可操之过急。

2) 膈膜弹发训练喊操口令

深吸一口气后,弹发"1、2、3、4";换气后,喊"2、2、3、4",再换气,喊"3、2、3、4""4、2、3、4",……延续不断。在延续时,可按从前至后或从后到前的顺序进行。训练时,要注意吸气时横膈膜下降,呼气时横膈膜有意识弹发,发出的声音要饱满、干脆、有力度。

**3. 呼吸肌灵活协调**

呼吸肌灵活协调训练,一般采用全身运动的形式。练习者可根据自己的情况,选择游泳、广播体操、球类或太极拳等。

## (二) 吸气训练

**1. 意识引领吸气**

坐在木制椅子前部,上身略微前倾,用意念引领着空气"沿后背"吸入。这种方法容易体会两肋打开的过程。

**2. 闻鲜花**

阳光明媚的清晨,或下午三至六点时,做深吸气或嗅觉练习。用意念感觉闻到自己最喜欢的远处飘来一股清新的花的香味。这样,气会吸得深、自然、柔和,气吸入后控制一两秒钟后呼出。反复感觉、体会。闻花的过程,最容易体会"兴奋从容两肋开"要领。

**3. 抬重物**

要把一重物抬起,就要做抬起重物的准备。自然状态下,人们都会这样做:深吸一口气,憋住一股劲。此时,气息会明显下沉,腹肌收缩,腰带周围会有胀满的感觉。这也是胸腹联合式呼吸吸气最后一刻的感觉。

**4. 半打哈欠**

嘴巴半开打哈欠时,进气最后一刻的感觉与胸腹式联合呼吸的感觉相近;哈欠打出的感觉,其实也是科学发声出声的感觉。

## (三) 呼气训练

**1. 呼气畅通**

呼气畅通,发出的声音才符合科学的要求。否则,声音一般会闷塞,或过分尖亮。做呼气畅通训练时,人的正确姿势是:面部不紧张,颈静脉突出不明显,下颌与颈部角度适宜,两肩自然下垂,含胸。用生活中的"叹息"感觉或惊奇地发"鱼(yú)"这个字,来体会呼气畅通,喉部放松,是很好的方法。

**2. 吹灰尘**

深吸一口气,把物体上的灰尘均匀地吹干净,可体会气息均匀,且缓慢呼出的感觉,能坚持25秒钟以上最好。

### 3. 数数儿

深吸一口气,规整、圆润,讲求声音质量地从1—,2—,3—往后数,约每秒钟数一个数,做到一口气数35个数以上依然不感觉挤压、力竭为好。

### 4. 弹发呼气

深吸气后像喊操一样,弹发"1、2、3、4……";深吸气后,如京剧老生状,一声声由慢,逐渐加快弹发"hà";深吸气后,用意念引领着让声音从背部送到口腔前部发"hè、hà、huò"。

### 5. 喊人

用响亮的声音喊叫双音节人名,如"杨兰""阿宝""毛安""小刚"等。方法:设定远处有位自己非常熟悉的人,喊他(她)站住;设定自己与所熟悉的人的不同距离,由近渐远、由远渐近地喊他。

### 6. 声音铺地

诗词朗诵或朗读时,保持自然站立或端坐姿势,发声时声音集中,不是用气将声音往上送,而是感觉自己的上部口腔像一口钟向下罩着,气息和声音沿着发声路线运行,如铺满扇面的地面。

## (四)综合练习

呼与吸在实际运用中,一般存在四种形式:慢吸慢呼、慢吸快呼、快吸慢呼、快吸快呼。其中,快吸慢呼的使用率最高。综合训练时,按照呼与吸在实际运用中的四种形式依次进行,逐渐增强呼吸控制能力。综合训练,总的原则是:吸气从容适度,呼气舒畅自如,切忌强制造作;以气催声,声音和气息一道出来。

### 1. 慢吸慢呼

春眠不觉晓,处处闻啼鸟。
夜来风雨声,花落知多少。(孟浩然:《春晓》)

锄禾日当午,汗滴禾下土。
谁知盘中餐,粒粒皆辛苦。(李绅:《锄禾》)
注意:朗诵时,要联想着诗歌的意境和表达的内容,语速舒缓。

### 2. 慢吸快呼

吃葡萄不吐葡萄皮,不吃葡萄倒吐葡萄皮。
班干部是干部,班干部不管班干部。
注意:练习时,慢慢地深吸一口气,然后一气呵成。

### 3. 快吸慢呼

怒发冲冠,凭阑处、潇潇雨歇。抬望眼、仰天长啸,壮怀激烈。三十功名尘与土,八千里路云和月。莫等闲,白了少年头,空悲切。(岳飞:《满江红·上阕》)
注意:朗诵时,要把作者满腔忠义的豪气和立功报国的雄心壮志真挚地表达出来。

学习单元四　科学发声及其训练

**4. 快吸快呼**

那些身居军界要职的将领们已经组成了一个政府。这个政府以我们的军队吃了败仗为由。毫无疑问,我们确是吃了败仗,我们陷于包围之中。我们之所以受挫,不仅是因为德军人数众多,更重要的是他们的飞机、坦克和战略。正是这些,使我们的军队不知所措。但是难道已经一锤定音,胜利无望,败局已定吗?不,绝不如此!请相信我,因为我对自己说话胸有成竹。我告诉你们,法兰西并没有失败。我们完全可以以其人之道,还治其人之身,并有朝一日扭转乾坤,取得胜利。(戴高乐的《谁说败局已定》)

注意:戴高乐在分析了敌我形势后,以一位领袖的宏大气魄,断然否定了暂时的失败,表现出了对困难的极大蔑视和对胜利的坚定信心。练习时,根据思想内容的起伏变化,来感觉快吸快呼的程度;气息和声音配合巧妙,吐字清晰饱满,干净利落。

**5. 快慢吸、快慢呼结合**

"嘴上无毛"就一定"办事不牢"吗?古今中外有许多军事家,恰恰都是风华正茂的时候,建立了不朽的功勋。民族英雄岳飞,20多岁带兵抗金,任节度使时才31岁。其儿子12岁从军,14岁打随州率先登城,20岁就当上了将军;率大军席卷欧洲的拿破仑,24岁就是上将。由此可见,"嘴上无毛"与"办事不牢"并无关系。关键是有才无才,俗话说,有才不在年高,无才空活百岁。(范文网,《即兴讲话的基本技巧之五》)

注意:这位不知名的演讲者用充分的事实,论证了"嘴上无毛"未必"办事不牢"的观点,说明了年龄与才能之间没有必然的联系,很有说服力。训练时,采用快慢吸、快慢呼结合,做到跌宕起伏,张弛有序。

## 第三节　共鸣控制及其训练

以气带声的发音方法,是既省力又科学的方法。但要发出振荡响亮、刚柔适度、圆润有弹性以及不同色彩的声音,还必须掌握共鸣的有关知识和技巧。

### 一、共鸣的基本原理

(一) 共鸣的基本概念

**1. 共振与共鸣**

两个振动频率相同或接近的物体中的一个发生振动时,引起另一个物体振动的现象,叫做共振。物体因共振而发声的现象叫共鸣。

**2. 人声的共鸣**

人的声带振动发出的频率最低的音,叫做基音,其余的音叫泛音。基音决定音高,泛音决定音色。基音在共鸣腔内引起共振,就是人声的共鸣。共鸣使声音扩大和美化,产生出不同色彩的声音。

### (二) 共鸣器官

人体的共鸣器官包括全部发声系统的空腔:胸腔、喉腔、咽腔、口腔、鼻腔和鼻窦。其中,主要的共鸣器官有胸腔、口腔和头腔三大共鸣腔体。胸腔包括喉头以下的气管、支气管以及整个肺部。口腔包括喉腔、咽腔及口腔。头腔包括鼻腔、上颌窦、额窦、蝶窦等。

### (三) 共鸣器官的作用

**1. 头腔共鸣**

头腔共鸣,也称为"高音共鸣"、"上部共鸣"或"鼻腔共鸣"。头腔共鸣,只是一种传统说法,其实头部是装脑髓的,没有腔体,不起共鸣作用。所谓头腔共鸣,主要是鼻腔、鼻咽腔和鼻窦等的共鸣,它使声音明亮、丰满,富有金属般铿锵的音质。

**2. 口腔共鸣**

口腔共鸣,也称"中音共鸣""中部共鸣"。口腔是语音的制造厂,它比较原始,也最复杂、最灵活,它能使声音明亮、音色优美、字音圆润、亲切动听。口腔是吐字归音的主要器官,生活中的语言发声以口腔共鸣为主。没有口腔共鸣,其他腔体的共鸣无法发挥有效作用。

**3. 胸腔共鸣**

胸腔共鸣,也称"低音共鸣""下部共鸣"。胸腔本身并不直接参与语音制作,但由于胸腔共鸣能扩大音量,形成胸腔响点,能使声音洪亮、浑厚、结实、有力,能增加低泛音,所以在三腔(头腔、口腔、胸腔)共鸣共同作用中,也极为重要。

## 二、音域三区

### (一) 音域与音区

音域,指人声或乐器所能达到的最低音至最高音的范围。音区,指音域中的一部分,根据音色的不同分为高音区、中音区、低音区三种。

### (二) 人的音域三区

人的音域,可根据共鸣腔的位置分为头腔共鸣区(高音区)、口腔共鸣区(中音区)、胸腔共鸣区(低音区)等三区。头腔共鸣区,指硬、软腭以上的部分(包括鼻腔),这部分属于高频泛音区,它使声音高亢、响亮;口腔共鸣区,指硬、腭以下,胸腔以上的各共鸣腔体(含咽腔),这部分属于中频泛音区,它使声音丰满、圆润、庄重;胸腔共鸣区,指喉部以下部分,这部分属于低频泛音区。一般的生活口语表达都属于中音区,以口腔共鸣为主。需要注意的是,一个人在用声上一般不要超过自己的最大音域范围。用音乐的音阶举例说,一个人的最高音如果是i,最低音是5,中间音大概是2或3,一般情况下,用声不应该脱离中间音上下的几个音。

### 三、共鸣控制训练

（一）鼻腔共鸣训练

**1. 哼鸣练习**

哼鸣亦称为哼唱,即以哼带唱。哼鸣时,喉咙自然放松,平静地用小腹吸气,借助哼鸣前的吸气动作先将横膈膜张开,然后使气息进入腰腹部,此时后腰部有明显吸气扩张的感觉,待气息下沉,将所存之气都转化成声音缓慢均匀地"哼"出来。哼鸣练习可分闭口哼鸣和开口哼鸣。

1）闭口哼鸣

闭口哼鸣,就是闭着嘴唇从高音阶到低音阶发出 m 的声音,声音保持统一。发音时,下巴、喉腔、口腔肌肉自然放松,舌头放平,轻抵着下齿,软腭随着正确的吸气动作上抬,咽腔呈拱形,嘴唇轻轻闭合,牙关放松,整个口腔像含着一口水一样,保持放松自然的状态。哼鸣时,应感觉到鼻梁上部有明显的振动,胸腔处有微微的共鸣感。做闭口哼鸣训练时,应注意两肩放松,哼唱时身体一定要保持吸气时的姿势。

2）开口哼鸣

开口哼鸣,是在闭口哼鸣的基础上,张开嘴唇发出 n 的声音。哼鸣时,声音共振的位置要尽可能接近闭口哼鸣的感觉。口腔打开的程度要适当,不可使劲拉下巴造成下巴僵硬。哼鸣是否正确,可以张开或做脸部动作时不影响声音的位置为准则。

闭口哼鸣与开口哼鸣结合起来练习才能更好地发挥哼鸣的作用。哼鸣,鼻根或眉心有一种向里"绷"的感觉。当嘴的开、合不影响声音效果及声音位置的稳定时,哼鸣的方法才是正确的。

**2. 元音鼻化练习**

软腭下降把 a、i、o、u、e 等单韵母鼻化。

**3. 反复练习 ma,mi,mo,mu 等**

**4. 发气泡音练习**

先张开嘴巴发气泡音,然后将嘴巴闭上,口腔后部打开,然后气泡音结合 m 音,发出类似于摩托车的引擎的声音。

**5. 鼻音色彩过重纠正练习**

鼻腔共鸣训练不当或过分使用鼻腔共鸣会将韵母的元音部分或完全鼻化,影响声音的质量。通过用手捏着鼻子,用读音节来检查验证,然后进行纠正。如读:源泉、红尘、天堑、光芒、荒凉、徜徉等。如果鼻腔从元音开始就有共振,说明鼻腔共鸣使用过度,就要减少元音的鼻化程度。

### （二）口腔共鸣训练

**1. 提高声音明亮度练习**

收紧双唇，贴近上下齿，从单音节练习开始，然后组成词句。结合下列词句练习：

巴→巴黎→巴黎大道风光美丽　爬→爬行→爬行的动物多得不胜枚举

妈→妈妈→妈妈是伟大的母亲　达→达到→达到理想的目标需要努力

他→他们→他们是一群不怕困难的人　排→排长→排长是我们排的英雄

卡→卡片→这张卡片非常精美　皮→皮革→皮革可以做多种物品

铺→铺盖→铺盖能够保暖　澎→澎湃→澎湃的心像滚动的浪潮

**2. 前响复韵母练习**

发前响复韵母 ai、ei、ao、ou，体会口腔的开合和声音沿上腭中纵线向前滑动，然后挂在前腭的感觉。

**3. 口腔后部打开练习**

保持"夸张吸气"或"半打哈欠"读"安、好、兰"等字，体会口腔后部的打开度。

**4. 竖起后咽壁练习**

颈部自然放松，发韵母 a、o、e、i、u，体会后咽壁竖起的感觉，并注意体会共鸣腔体上下贯通的共鸣感觉。

**5. 声音集中冲击练习**

用发较为短促的 ba、bi、bu、pa、pi、pu、ma、mi、mu 等音节，或模仿汽笛长鸣的声音发 di—，体会声音集中冲击硬腭前部短促的感觉和声音的力度。

### （三）胸腔共鸣训练

**1. 寻找胸部响点练习**

一声声地低音弹发 ha，发出的声音不要过亮，逐渐降低音高，体会胸部响点上移、下移和声音从胸腔发出的感觉。

**2. 适当增强胸腔共鸣练习**

用较为响亮的声音读"发达、开采、草稿、佳节、娃娃、巧妙、摔坏、展览、鲜艳、婉转、圆圈、苍茫、响亮、状况"等带 a 的双音节词语。用适当的低音练习"江南好，风景旧曾谙。日出江花红胜火，春来江水绿如蓝。能不忆江南？"（白居易：《忆江南》）

**3. 高音练习**

结合自己的音域，从低到高，再从高到低反复读一句话，或按音乐的音阶反复试唱。

### （四）三腔共鸣综合训练

**1. 共鸣体验**

发"咪、嘛、衣"等不带鼻尾音的音节，用意念引领气、声往上走，打开鼻腔，使气流往上冲击鼻腔诸窦穴,额头有轻微震颤感,发出响亮的音色;用意念引领着气、声往下走,打开胸腔,胸腔有震颤感,产生胸腔共鸣,发出深沉的音;用意念引领气、声不上不下,产生口腔共鸣,发出自然的中音。注意:在改变音高时,声带、喉头自然放松,做到以气带声,不能挤声带。

**2. 用低、中、高三个调门讲话,体验三个音区的通路**

如:"好(低音)!""好(中音)!""好(高音)!""小兰(高音)!""小兰(中音)!""小兰(低音)!"。

**3. 朗读朗诵的气声训练方法**

气声训练方法,起源于我国传统声乐教学,如戏曲、歌曲的声乐训练。最初广泛应用于校正戏曲演员、歌唱演员的发声错误或治疗发音器官已产生的疾病。近年来被广泛应用于声乐教学和语言教学训练的正规环节,这是尊重人们发音生理规律、保护发音器官,确保人们声音质量的一种科学方法。

气声训练的方法很多,约略估算一下应该有 50 多种,如气泡音、半打哈欠、轻度哼鸣、狗喘气、闭口训练、慢吸快呼、慢吸慢呼、快吸慢呼、松下巴、提颧肌、咀嚼、数"数儿"等。根据各种气声训练方法、原理、优势和特点,我们可以把气声训练总结为以下几步:

第一步,身体的各个部位自然放松。如坐姿端正,眼睛平视前方,面部略带微笑,下巴向内放松,双手自然下垂,胸部自然隆起,收腹立腰、提臀。这一步主要是为科学的吸气和呼气做好准备,是气声训练最为基础的一步。

第二步,是掌握科学的呼吸方式。目前公认的较为科学的呼吸方式是胸腹联合呼吸法。这种方法的优势在于:能全方位扩大胸腔的容积;呼吸稳健,利于控制;吸气量大,气吸得最深,呼出的气流强而有力;发出的声音坚实、响亮,有利于声音色彩的变化。这一步是为气声训练提供声音之源,也就是为气声训练提供原动力。

第三步,是在前两步的基础上,把吸入的气流,用腰腹的力量,主要是腹部力量把气送出。需要注意的是:送出气流时腹部始终采取"站定"姿势,送出的气流在锁骨以下胸口以上要形成一种气团,使气在这里有个支撑点。这一步是为气声训练寻找最为明显的感觉和气的支点。

第四步,喉咙放松,气流经过声带时,如果是找发音的感觉,声带不颤动,不发出明显的声音,只寻找出字的感觉;如果是体会声音的大小,可根据演唱和语言表达内容的需要合理用气,科学控制声带松紧。这是演唱和朗读、朗诵气声训练的最后一步,也是最后一个环节。

以上方法,要按顺序反复练习,久而久之,就会掌握气声诵读的科学方法。

**4. 朗诵诗文,体会共鸣练习**

1)用高音区共鸣朗诵

风!你咆哮吧!咆哮吧!尽力地咆哮吧!在这暗无天日的时候,一切都睡着了,都沉在梦里,都死了的时候,正是应该你咆哮的时候了,应该你尽力咆哮的时候!……

但是我,我没有眼泪。宇宙,宇宙也没有眼泪呀!眼泪有什么用啊?我们只有雷霆,只有闪电,只有风暴,我们没有拖泥带水的雨!这是我的意志,宇宙的意志。鼓动吧,风!咆哮吧,雷!闪耀吧,电!把一切沉睡在黑暗怀里的东西,毁灭,毁灭,毁灭呀!(郭沫若:《雷电颂》)

2)用高音区共鸣为主,辅以中音区共鸣

望三门,三门开:"黄河之水天上来!"神门险,鬼门窄,人门以上百丈崖。黄水劈门千声雷,狂风万里走东海。望三门,三门开:黄河东去不回来。昆仑山高邙山矮,禹王马蹄长青苔。马去"门"开不见家,门旁空留"梳妆台"。梳妆台啊,千万载,梳妆台上何人在?乌云遮明镜,黄水吞金钗。但见那,辈辈艄工洒泪去,却不见,黄河女儿梳妆来。梳妆来啊,梳妆来!——黄河女儿头发白。挽断"白发三千丈",愁杀黄河万年灾!登三门,向东海:问我青春何时来?!何时来啊,何时来?……盘古生我新一代!举红旗,天地开,史书万卷脚下踩。大笔大字写新篇:社会主义——我们来!(贺敬之:《三门峡—梳妆台》)

3)以中低音共鸣为主

老董事长生病住院了,我和同事去看望他。推开病房的门,老董事长正站在窗口往外看着什么?肝病困扰多年的他,从上海回来后,日渐消瘦。看到我们时,他客气地说,"你们都是那么的忙,还来看我,我真是愧不敢当呀!"

一向爱说话的我,此时不知道如何表达,看着老人有气无力的神态,我的喉头多次哽咽,心情极为沉重。但我不敢在他面前表现出情感上的脆弱,因为我知道老人希望的是战胜病魔的鼓励,而不是眼泪。我极力控制着自己的感情,但脸总也高兴不起来。

总之,共鸣综合训练时,尽管强调共鸣腔体位置和共鸣区。实际上,三腔和共鸣区始终是贯通的,只是作用的大小不同而已。

## 第四节 科学用声和嗓音保护

### 一、科学用声原则

#### (一)嗓音使用合理

每个人的嗓音条件是不同的,根据自己的嗓音条件合理用声,是科学用声的基本原则。语言表达时,根据表达内容的需要,合理安排高音区和低音区,做到低音区清晰,高音区不刺耳。保持音色的圆润和统一,不出现前明后暗,前暗后明,忽明忽暗,嗓子嘶哑的情况。

### （二）发声方法正确

发声之前先吸气,这是发声的原则。语音表达是通过吸气和呼气的过程完成的。没有吸气,或吸气不到位,呼是呼不出来的,语言的表达就无从谈起。气和声的关系,在前面的章节中,已经阐述得很清楚,要认真学习、体会和把握。

### （三）用声适度、循序渐进

这一原则贯穿生活语言、语言训练的各种用声场合。即使嗓音非常好,如果说话过多,练声急于求成,使发音器官长期处于超负荷的状态,也会造成发声失调,不仅发声能力得不到提高,而且发声器官也容易损伤。

## 二、常见的用声问题

常见的用声问题,可概括为两大类:一般性问题和较为严重的问题。

### （一）一般性问题

**1. 气息浅、声音弱**

气息浅、声音弱,是一般性问题中最常见的。其主要原因是,呼吸方法不当,尤其是没有掌握较为合理的胸腹联合式呼吸方法。另外,精神紧张,气息和声音控制不好,特别是呼气时吐字器官控制有问题,使气流在字头上浪费过多,也是一个重要的原因。这种现象常发生在女性身上。

**2. 气息不够用**

有的人没有根据语言表达的内容来确定吸气量,又没有根据表达的需要去合理控制呼气,这样就容易出现一句话说到句尾时气息不足或没有了气息。

### （二）较为严重的问题

用声较为严重的问题,也被人总称为"用声过度"。可以概括性地阐述为用声超过发声能力或在疲劳状态下长时间用声。这种现象违反了发音器官的正常活动规律,很容易造成嗓音疾病,影响声音效果和质量。具体分为以下七类。

**1. 音色过亮**

有的人在语言表达时,过于追求声音的明亮度,常常用呼喊的方式说话。这最容易使声带一直处于摩擦碰撞的状态,嗓子很容易疲劳,会引起声带充血,甚至会出现喉咙发干、疼痛,发音困难、声音嘶哑等症状。

**2. 声音过虚**

有的人说话时,声带不完全闭合,声带之间总留有较大的缝隙,发出的声音很虚。长期这样,发声能力就会降低,甚至会发不出明亮有力的声音。事实上,生活语言的声音只有以实声为主,虚实结合,声音色彩才能多变,语言的表现力才能增强。

### 3. 声音偏高、偏低

用声偏高或偏低，是抛开自如声区，过分提高或压低声音。偏高者，往往追求高亢明亮的音色，一直往高音上走，甚至声音越来越紧，尖利刺耳；偏低者，往往追求浑厚沉稳的音色，一再把声音往低处压，压到一点高音都出不来，甚至形成浓重的喉音色彩，浑浊暗淡。用声偏高，声带闭合过紧，喉部负担就会加重，极易疲劳；用声偏低，声带闭合过松，声音仿佛是挤捏出来的，喉部负担同样很重。实际上，生活语言用得最多的是中音区，高低两端的声音用得较少，音高起伏基本不超过一个8度。

### 4. 发声时间过长

发声时间过长，对嗓音同样会造成危害。人的发音器官，尤其是喉头和声带，连续使用的时间都有一定限度。超出了限度，用声时间过长，发音器官会产生疲劳感，声音越来越不听使唤，声音的质量和弹性都会下降。一般说来，初学发声，练习时间宜短不宜长，一天可练2～3次，开始每次15分钟左右，以后逐步延长，最多每次不要超过30分钟，中间可以间断休息，以消除发音器官的疲劳。

### 5. 喉音过重

追求浑厚的音色的人，往往形成浓重的喉音。"喉音"，是指带有明显挤压色彩的粗糙声音，在语言表达中最容易出现在句尾。这种用声，在男声中比较多见，尤其是处于青春期的青年人，为使声音具有"男子气"，常会故意压低声音，使声音带上明显的喉音色彩。这种声音与发音时舌根过于用力，喉部张得过大，声带绷得过紧，声带振动不好有关；气息不足，句尾气息支持不住也容易造成声门闭紧，形成喉音。喉音过重，发出的声音浑浊、沉重、缺乏弹性，极易加重嗓子的负担，使声音疲劳，严重者会引起喉咽腔炎症。

### 6. 鼻音过浓

鼻音过浓的人，有的发声时像患了感冒，鼻音重，音色暗淡；有的发声时像是用鼻子哼出来的，字音很不清晰。鼻音过浓的成因：发音时，软腭无力而下塌、口腔开度不够，口咽与鼻咽之间缝隙较大，气流很容易灌入鼻腔；发音时，唇舌较僵，图省事，口不张、舌不动，声音便绕近道从鼻子里发出；鼻韵母元音鼻化过早；从小说话喜欢撒娇，老是用鼻子哼哼，也容易形成鼻音过重。鼻音过浓的纠正方法，在前面已经介绍，此处不再重复。

### 7. 声音闷暗

声音闷暗，是指发出的声音暗淡、沉闷，缺少亮色，不圆润，不悦耳，字音清晰度很低。出现这种问题的原因与下巴用力、牙关太紧、舌根僵硬有关，也可能跟嗓音疾病有关。

总之，以上发声问题，既不利于嗓音保健，也不利于思想感情的充分表达。这些问题应当引起高度重视，并要尽量避免这些问题的出现，以便于嗓音始终保持在最佳的状态。

### 三、嗓音保护的常用方法

(一) 加强锻炼,增强体质

加强锻炼,增强体质,是嗓音保护最根本的方法。发音器官,是人体系统中最为重要的一部分。人的体质状况对人的发音状态和声音质量有直接的影响,如感冒常常引起上呼吸道感染,是对发声危害较大的疾病。为保证良好的发音状态,避免疾病侵袭,必须加强锻炼,增强体质。锻炼的形式很多,可选择方便、易操作的锻炼形式,如散步、跑步、游泳、跳绳、体操、武术、球类等。容易造成发音器官损伤的运动形式要避免,如拔河、举重、高速短长跑等。

(二) 保证休息和睡眠

人体解除疲劳,得到调整的最好办法,就是保证休息和睡眠。发音器官和人的其他器官一样,都会疲劳。要解除疲劳,使身体得到调整,每天要有 7 小时左右的睡眠,每天中午最好有半小时的午休。

(三) 注意饮食

饮食有规律,进食量适度,荤素搭配合理,刺激性食物少吃,如辣椒、芥末、大葱、大蒜等,切忌暴饮暴食。烟对咽喉和肺部有不良影响,酒容易抑制人体的神经系统,所以烟最好不抽,酒尽量少喝或不喝。

(四) 科学练声

练声时间最好不要选择在早晨,如果选择在早晨,一定以身体充分活动开为前提。目前,关于练声时间选择较为一致的看法是在下午四点多到六点,因为这个时间段,是人通过一天的工作、学习后身体充分活动开的时段。

初学练声者,每次练声的时间以 15 到 20 分钟为宜,最好不要超过 20 分钟。能力增强后,可延长至 30 分钟。

练声的地点,最好选择在噪声小、没有回音的地方。如果能选择田野、小河边最好,当然也可选择在条件较好的语音训练室。练声地点要相对固定,不要频繁地更换。

练声不要在疲劳、疾病和精神状态不好的情况下进行,否则容易使发音器官损伤。

### 四、发音器官疾病的治疗

**(一) 急、慢性喉炎**

急性喉炎大多属于感染性喉炎,常见症状为发烧、身体不适、喉部发痒或灼痛。轻者嗓音嘶哑,重者甚至会突然失声。声带、呼吸道、鼻腔、咽腔及气管都有不同程度的充血或水肿等。慢性喉炎大多属于非感染性喉炎,常见症状为声音不亮、音调变低、声音沙哑等,声带部位出现充血或水肿等炎症。急性喉炎发病次数较多,又没有得到彻底治疗,往往会转成慢性喉炎。治疗方法:一是加强身体锻炼,增强体质,提高呼吸道对外界刺激的抵抗力,及时服用针对性的药物,防止感冒;二是改变发声方法,减少气流对喉部的强烈冲击。

**(二) 咽炎**

咽炎是咽黏膜充血肥厚,淋巴滤泡增生,其症状为喉部常有异物、干燥灼热、刺痒干咳,甚至疼痛。主要是由烟酒过度、鼻炎、贫血、消化不良等引起的。另外,发声方法不当,过度用声也常常会引发咽炎。治疗方法:一是养成良好的生活习惯,针对病因进行针对性的药物治疗;二是采用科学的发声方法,合理用声。

**(三) 声带充血**

声带充血确切地说属声带黏膜下出血。声带充血常常是由于用声过度、用声偏高,以及感冒等引起的。其症状为声带血管破裂,血液溢出,积聚在黏膜下。轻者声带上呈小片状出血,重者则整个声带呈紫红色,甚至可以形成血肿。治疗原则:禁声休息,亦可服用一些止血凝血的药物。

**(四) 声带小结**

声带小结初期,小结处常有黏积物,并拉成黏丝,悬挂声门之间,随后便产生灰白色小米粒大小突起的泡,左右对称,妨碍声门闭合。长期用声不当或用声过度,或长期慢性喉炎、鼻炎、鼻窦炎、咽炎等均会引起声带小结。声带小结的症状是轻度小结高声说话时有破音的情况,声音不易控制,严重的声带小结发音困难,甚至声音全部嘶哑。治疗方法:一是禁声;二是用相应的药物、针灸和物理疗法进行治疗。久治不愈者应考虑手术治疗。

**(五) 声带息肉**

声带息肉是声带边缘长出像荔枝肉样的组织团,多呈灰白色,有时呈粉红色或红色,有的带蒂,有的无蒂,基底较宽,形似鱼腹状,突出于声带边缘。声带息肉多为单发的,也有多发的。声带息肉的症状主要是声音嘶哑,严重者会失声。声带息肉产生

## 学习单元四　科学发声及其训练

的原因:一是用声方法不当,或某一次用嗓过度,造成声带组织损伤;二是感冒期间用声,感冒时声带一般都有轻度充血水肿,此时用声容易使声带组织被损伤,很容易产生息肉。早期水肿型息肉,经过保守治疗,可以缩小或消失。但声带息肉长得时间长了,一般需要手术治疗,同时还要注意治疗后的保健,任何时候都要避免过度用声,注意劳逸结合,并改进用声方法。

# 学习单元五　思维与语境训练

📖 学习重点

了解思维的基本概念,掌握最为常用的几种思维方式,通过学习和训练提高思维品质;了解语境的内涵,提升语境使用的时间、空间和对象技巧。

## 第一节　思维训练

### 一、思维的内涵

（一）思维的定义

思维可分为广义和狭义两个方面。广义的思维是人脑对客观现实概括的和间接的反映,是事物的本质和事物间规律性的联系,包括逻辑思维和形象思维。而狭义的通常心理学意义上的思维专指逻辑思维。

（二）思维方式

思维的方式可概括为以下九个方面。

（1）形象思维法——通过形象来进行思维的方法。它具有的形象性、感情性,是区别于抽象思维的重要标志。

（2）演绎思维法——它是从普遍到特殊的思维方法,具体形式有三段论、联言推理、假言推理、选言推理等。

（3）归纳思维法——它是根据一般寓于特殊之中的原理而进行推理的一种思维形式。

（4）联想思维法——相似联想、接近联想、对比联想、因果联想。

（5）逆向思维法——它是目标思维的对应面,从目标点反推出条件、原因的思维方法。它也是一种有效的创新方法。

（6）移植思维法——是指把某一领域的科学技术成果运用到其他领域的一种创造性思维方法,仿生学就是典型的事例。

（7）聚合思维法——又称求同思维。是指从不同来源、不同材料、不同方向探求一个正确答案的思维过程和方法。

（8）目标思维法——确立目标后,一步一步去实现其目标的思维方法。其思维过程具有指向性、层次性。

（9）发散思维法——它是根据已有的某一点信息,然后运用已知的知识、经验,通过推测、想象,沿着不同的方向去思考,重组记忆中的信息和眼前的信息,产生新的信息。

（三）思维与语言的关系

思维是语言的基础,语言是思维的工具。二者相互依存,密不可分。语言表达（包括说话和写文章）,是由内部语言,即思维活动,转化为外部语言,即口语或书面语的过程。思维能力直接决定着说话的质量、水平和效率。重视思维训练,注意开发大脑的潜能,是提高口语表达技能、增长智慧、创造语言奇迹的重要环节。在语言教学中,思维训练的重点和目标是掌握思维轨迹,提高思维品质。

## 二、思维轨迹训练

思维轨迹就是思维的方式,思维的方式主要概括为九种。这里仅对最常见的思维方式,即发散思维、聚合思维和逆向思维等进行训练。

（一）发散思维

**1. 发散思维的特点**

发散思维又称作辐射思维,是一种同中求异思维,信息源始终不变,思维的轨迹呈辐射状。

**2. 发散思维训练**

发散思维训练,可从联想开始。

1）接近联想

接近联想又可以称作"时近联想"或"邻近联想"。是因人所经历过的两种事物或空间距离相似而促成的联想。当想起其中一件事情的时候,另一件事情自然会浮现在脑海中。

【示例】

"望梅止渴",即看到梅子的时候,脑中所有和梅子相关的感受会被调动起来,想到梅子的酸甜味道,自然会促使唾液的分泌。

【评析】

这是一个接近联想的典型事例,就是由看到梅子这一思维对象出发,涉及到和梅子有关的多种想象。

【训练】

（1）从你熟悉的一种事物着眼,给别人介绍与该事物有关的事情。

（2）回忆给你印象最深刻的几个中秋节,说说过中秋节的感受。

2）相似联想

相似联想是指由某一事物或现象想到与它相似的其他事物或现象,进而产生某种新设想。

**【示例】**

三国时,魏国曹植的《七步诗》:"煮豆燃豆萁,豆在釜中泣。本是同根生,相煎何太急。"

**【评析】**

曹植与魏文帝曹丕,是同胞兄弟。曹丕登基后,对曹植进行迫害,想置曹植于死地。曹丕让曹植在七步以内作首诗,如果作不出则杀之。曹植联想到煮豆燃豆萁时的情景,把兄弟两相残,比作煮豆燃豆萁。两种事情在"同根相煎"这一点上极为相似。曹植抓住这一特点去进行由此及彼的联想,七步内成诗,使曹丕深有惭色,无地自容,使曹植躲过了杀身之祸。

**【训练】**

根据下列提示展开相似联想:

人生与走路 攀登与事业

3) 对比联想

对比联想是指对于性质或特点相反的事物的联想。对比联想的特点是:寻找相同点,确定可比性,确认对比的焦点,突出最大反差。

**【示例】**

牛黄是一种珍贵药材,能清热解毒,镇痛消炎,是治疗脑炎的特效药。可是,天然牛黄就是牛的胆结石,只能从屠宰场获得,数量极少,价格昂贵。利用猪、羊的胆汁,研制人工牛黄,临床应用功效又不理想。某药品公司在探求新的方法中,发现牛的胆结石是由于胆囊里混进的异物中,凝集许多胆脏的分泌物日积月累后逐渐形成的。该公司自然联想到河蚌育珠,河蚌育珠是经过人为的插片育出的,牛是否也可以像河蚌那样经过人为插片,或者用类似的手段,把异物接种在牛的体内,从而培育出世上少有的牛黄来呢? 于是,该公司就选择失去利用价值的菜牛做试验,施行外科手术,在菜牛的胆囊中埋入异物。一年过去后,从菜牛的胆囊里取出了结石,经对比发现,与天然牛黄一模一样,经检验达到了优质水平,试验获得了成功。

**【评析】**

这里该药品公司就是利用对比联想,发挥智慧和思维水平的。找出牛黄形成的原因,联想到河蚌育珠的经过,利用菜牛做试验,培育出了价格昂贵的牛黄。思维逻辑,对比论证巧妙。

**【训练】**

写出下列词语的反义词

上→( ) 宽→( ) 白→( ) 早→( ) 热→( ) 高→( ) 横→( ) 近→( ) 虚→( ) 沉着→( ) 熟悉→( ) 清楚→( ) 危险→( ) 缺点→( ) 美丽→( ) 宽阔→( ) 晴朗→( ) 明亮→( ) 翻腾→( ) 结束→( ) 敏锐→( )

## 学习单元五　思维与语境训练

**4）因果联想**

因果联想是指由结果推想原因,或由原因推想结果的联想。因果联想的注意事项是:尊重事实,分清主次,注意因果的互相转换。

【示例】

我国植保专家李连昌发明微粒塑料性诱芯就是得益于因果联想的典型范例。当李连昌手捏着一只枣粘虫的雌蛾时,总有一群雄蛾追随,这使他联想到,一定是雌蛾体内释放了一种性信息素所致,由此他研制成功了枣粘虫性信息素,并制成微粒塑料性诱芯,杀虫效果甚佳,被国家认定为重大发明。

【评析】

由枣粘虫雌蛾,总被一群雄蛾追随的结果,推想出原因,即雌蛾体内释放出一种性信息素。

【训练】

根据下列提示,运用因果联想构思,并说出一段话。

探索与发明　愚昧与贫穷　成功与奋斗　衰变与气馁

### （二）聚合思维

**1. 聚合思维的特点**

聚合思维又称为集中思维、求同思维和同一思维,是从若干不同的信息资料中得到一种结果的思维类型。这种思维具有方向性、范围性和条理性等特点。

**2. 聚合思维训练**

（1）散点联缀:把几个思维点拢向一个核心,得出一个结论。

【示例】

1960年,英国某农场主购进一批发霉花生喂养农场的十万只火鸡和小鸭,结果这批火鸡和小鸭大都得癌症死了。不久,我国某研究单位和一些农民用发霉花生长期喂养鸡和猪等家畜,也产生了上述结果。1963年,澳大利亚又有人用霉花生喂养大白鼠、鱼、雪貂等动物,结果被喂养的动物也大都患癌症死了。研究人员从收集到的这些资料中得出一个结论:在不同地区,对不同种类的动物喂养霉花生都患了癌症,因此霉花生是致癌物。

【评析】

这是一个典型聚合思维类型中的散点思维的例子。把英国农场主,我国某研究单位和一些农民,澳大利亚等四个不同地方的人,用发霉的花生喂养不同的动物都出现相同病症而死亡的特征,拢向一个核心,得出霉花生致癌的结论。后经过化验研究发现:霉花生内含有黄曲霉素,而黄曲霉素正是致癌物质。

【训练】

任意从下列三组词语中选择一组,采用散点联缀的思维方式,围绕一个中心、组成一段有意义的话。

公鸡-青蛙-驴子 农村-城市-高楼

提示：

展开联想，找出三个之间的联系，并加以发挥，尽量说得丰富生动。

(2) 模式构思：根据一定的思维模式构思。

【示例】

同学们请看，我的这支红色钢笔用了多年了，已经很破旧，也很难看。在很多人的眼里，早已是应该扔掉的东西，可我现在为什么还用着？

因为这支笔对我来讲是不同寻常的，大学毕业即将走上三尺讲台时，当教师的爸爸没有送我贵重的礼物，而是送了我一支他本人已经用了多年的钢笔，就是我今天说的这支笔。他老人家告诉我，他用这支笔，不知道批改过多少学生的作业，不知道送走了多少优秀学生。他希望我用这支笔，好好批改学生的作业，做一名好老师。

因为这支笔伴随我和我的学生已经走过了二十八个春秋，我用这支笔为学生批改了多少作业，送走了多少优秀学生，我记不清楚了。

我不舍得扔掉它，以至于现在还在使用它。不是因为我没有钱换一支更好的更新的笔，不是因为我小气，不是因为我赶不上时代潮流。

因为我知道这支笔寄托着一位老人，一位教育前辈的希望；因为这支笔与我，与我的学生结下了深厚情谊。只要我还在教育岗位上工作，这支笔会伴我一生。

【评析】

围绕一个中心先提出问题，就是"一支用了多少年的破旧钢笔为什么还用着"，再分析说明问题，"这支笔不同寻常""这支笔与我，与学生教育的联系"，最后解决问题，"不仅现在用，将来还用"。

【训练】

结合自己的亲身经历，按照模式构思方式讲一段话。

(三) 逆向思维

**1. 逆向思维的特点**

逆向思维也叫求异思维，是指从相反方向思考问题，即对思维对象进行反向思考。包括上下反向、左右反向、前后反向、内外反向、是非反向等。特点是：打破人们的思维定势，能够对一些传统观念，尤其是一些特殊问题进行反思更新。

**2. 逆向思维训练**

【示例】

"愚公移山"成语反思。

愚公家门前有两座大山挡着出路，他决心把山铲平，"聪明"的智叟笑他太傻，认为他做不到。愚公说："我死了有儿子，儿子死了还有孙子，子子孙孙无穷无尽的，又何必担心挖不平呢？"后因感动天帝，所以天帝命夸娥氏的两个儿子搬走两座山。比喻只要有毅力就可以成功。

## 学习单元五 思维与语境训练

"愚公移山"精神是被人们肯定和称赞的。如果反过来想想,愚公因山挡住他家的出路,就下决心移山,这样简单的想法和做法,是不是太不科学了。解决"出路"的问题,除移山外,怎么不去修路?修路的方法,可以绕过山,可以打山洞,这都比移山省力,省时。还有,要解决生活问题,为什么不能想办法靠山吃山,发展山区经济?为什么不能根据山区特点,开发山区旅游资源,改变山区贫穷面貌?再退一步想,如果路不能修,发展山区经济无望,搞旅游也不景气,这就证明这山没有什么经济价值,那就更没有必要在这个地方祖祖辈辈挖山不止白白受罪,可以把家搬走,另谋发展。

【评析】

愚公移山的精神长期受人们敬仰、称赞,被完全肯定。这里用现代的思维方式,对传统观念进行反思,发现这一成语本身尚有不科学之处,并提出不少新的观点,言之有理,颇有意义。这正是逆向思维的积极意义。

【训练】

用逆向思维方式对下列问题进行构思,并讲出来。

(1)"自我表现"有什么不好?

(2)"知足者常乐"不是有修养的表现。

### 三、思维品质训练

保证思维效果,提高思维效率,必须具备有良好的思维品质。良好的思维品质主要有思维的明确性、开阔性、条理性、敏捷性等。

#### (一)明确性

语言的中心(说什么)、目的(为什么说)、对象(说给谁听)、方法(怎么说)等的明确,主要来自于思维的明确。

【示例】

有位男生,不小心撞倒了一位女生,两人为此发生了口角。女生一气之下,从校外找来一群男青年为自己解气。该男生所在班级里的其他男生看到这情形,情绪很激动,也集体站出来帮助这位男生,一场群殴即将发生。此时班主任赶了过来,问明情况后,班主任面对情绪冲动的双方,对校外来的青年说:"我不管你们是干什么的,你们来的目的很清楚,就是要为被撞倒的女生出口气,可是你们想想,如果动手打了人,把人致伤或致残,后果将会怎么样?一是你们的做法违法,二是被撞的女生也会承担更重的法律责任。你们虽然为被撞女生出了气,可是该女生因此受到的伤害不是更重吗?"听完班主任的话,校外来的青年很快平静下来。接着,班主任对自己班里的男生说:"你们集体站出来,有保护同学的意识,可是你们想想如果双方动起手来,后果是可以想象的。你们保护男生的愿望不但没有实现,对男生的伤害不也会更大吗?""相反,如果你们双方都能冷静的去想想:同学间发生点小摩擦,是常有的事情。

毕竟是同学关系,双方出于礼貌,撞人的男生向女生道个歉,女生说句没关系,这事情也就解决了。所以啊,年轻人处理事情,一定要冷静,一定要有文明礼貌意识和法律意识。"听完班主任的话,双方聚集的人都散去了,撞人的男生诚恳地向被撞的女生道了歉,女生也由衷地接受了道歉。这场矛盾,因此化解开来。

【评析】

班主任的讲话,中心明确、对象明确、方法明确。开始就抓住要害,直接向双方说明互相打斗可能产生的后果,稳住了局面。接着从同学关系、文明礼貌、法律意识等方面继续阐述问题,讲明道理。语言明确,环环相扣,使冲动的双方不得不冷静思考。语重心长、入情入理,使冲动的双方心悦诚服。这就是思维明确性的典型例子。

【训练】

根据思维明确性的要求,每人构思一段简短的讲话。

(二)开阔性

思维开阔就是善于联想、想象、比较,善于多听、多看、多读、多思。

【示例】

读书可以让人滤除浮躁,读书可以让人丰富知识,读书可以让人灵魂纯洁,读书可以让人坚定信念,读书可以让人明辨是非,读书可以让人提升才华,读书可以让人修身养性,读书可以让人享受人生。

【评析】

就读书展开思维空间,把读书的作用归纳为九点。这是思维开阔的智慧象征。

【训练】

给下面的故事设计一个合乎逻辑的结局。

大学生小李在上学的路上捡到一只猫,很可爱,进教室后同学们都抢着要抱一抱。"叮铃铃……"上课铃声响了,怎么办?小李急中生智将小猫放在抽屉里。老师踏上讲台后,发现今天的课堂纪律特别好,满意地点了点头,就上课了。突然小猫"喵……"地叫了起来。老师下意识地停止讲课环顾了一下同学们。只见小李突然咳嗽起来,接着全班同学都一起咳嗽起来。"怎么了?今天大家都感冒了?"老师问。但没有人回答,老师继续上课,可小猫又"喵……"地大叫起来,这时老师明白了。老师走到小李身旁,打开抽屉……

(三)条理性

思维条理性是指说话中心明确,议论有论点、论据;条理清晰,论证过程一步一步环环相扣;叙事主线明确、层次分明、衔接严密。

【示例】

我学习口才的心得就是一个人——张学友。张,张开口说话,张开眼睛,表情等;学,不断学习,空杯的心态;友,结交很多良师益友,档次高的人。(引自徐前前《说话

的条理性》)

【评析】

作者用条理化、形象化的语言说明自己练口才的心得:先总说"张学友",再分别解释说明,条理清晰、新颖别致、语惊四座。

【训练】

(1) 谈谈要做好所从事的工作,作为学生在大学期间应从哪些方面做起。

(2) 在中国历史上,哪些历史人物给你的印象最深。

(四) 敏捷性

思维敏捷性是指思考问题时,能对客观事物作出敏锐快速的反应。它反映的是思维活动中的思维速度和思维熟练程度。

【示例】

有位男生急急忙忙去卫生间,不小心把鞋子穿反了,同学看到后大笑不止,该男生说:"你们笑什么啊? 我是在练习反向思维,懂不懂。"

【评析】

该男生听到同学的笑声,很快意识到鞋子穿反这一点。立即在诙谐的调侃中,针锋相对地自我化解尴尬,这可谓思维敏捷的生活实例。

【训练】

请快速思考,并回答下列问题:

(1) 什么字,在任何场合下你都会念错?

(2) 怎样用红笔水,写出蓝字来?

(3) 月球上有没有地震?

(4) 有一根棍子,要使它变短,但不能锯断、折断或削短,你该怎么办?

## 第二节 语境把握训练

一、语境的含义

语境一般可分为语言语境和非语言语境。语言语境指语言中的"前言后语";非语言语境分为两类,一类指言语者的身份、性格、年龄、性别、知识修养、文化素质等,另一类指说话的地点场合、时间、社会环境、文化背景等。一个人的语言要符合语言规律不难,要符合语境却不容易。从某种语义上讲,语言的根本问题是适应语境的问题。语言除要把话说清楚外,还要做到言语适时、适势、适机、适情、适度,也就是把语言环境把握好。

## 二、语境的作用

语言离不开语言的环境,语言只有和语境巧妙地结合起来,其实用价值才能得以具体体现。语境对语言有制约作用,具体表现为以下几个方面。

### (一)具有限定性作用

语言的语境不同,语言的选择也不同。语言受制于语言的语境。如与老人说话,要用尊重的语言;跟小朋友说话,要用小朋友能听得懂的语言。

### (二)具有调节性作用

语言的语境对语言的调节作用,往往表现在对语言策略的调节上。语境不同,语言策略也不同。如平静的语境下,语言要温和,嘈杂的语境下,语言的音高、音量都要相对高些、大些等。

### (三)具有生成作用

这是说有些语言的真正含义是由语境生成的。如旅客问:今天的航班正常吗?服务员答:刚飞走一个航班。服务员的话不仅回答了旅客的提问,同时还蕴含着航班的正常与否,不完全取决于航空公司,后面航班是否正常,还得看其他的条件。如果离开了旅客的提问,服务员所说的话的字面意义是无法表达其真实含义的。

### (四)具有确定性作用

语境的确定作用,表现在对语言的确切含义选择与判断上。如某些态势的确切意思;言语代词的确切所指,都是依赖语境才能确定。

### (五)具有补充性作用

语境的补充作用,主要表现在对语言省略部分的补充上。如旅客问:你们服务人员中午吃的是什么饭?服务员:我是牛奶和面包,她是咖啡和牛排。

## 三、语境的把握

### (一)时间

时间是语言表达的条件,它既能传递信息,又能充当非语言信息载体。时间常常是作为语言交流双方态度、情感的暗示手段。双方平等占用谈话时间,显示彼此平等尊敬;双方对交流时间的感受,显示彼此是否和谐。利用时间进行语言交流,要注意以下几个问题。

**1. 选择时间**

即选择对方乐于接受的时间,这样才能使对方自然、轻松,可以使交谈愉快、和谐。

**2. 抓住时机**

强调的是语言交流的时效性,时效性是语言价值和生命的体现。该说的话必须立即说,不要错过时机。

**3. 浓缩时间**

就是在有效的时间内,加大信息量,加快表达速度。

**4. 延长时间**

如用幽默争取语言的主动性,用拖延时间的办法可以达到意想不到的效果。

**5. 演示时间**

让人感受到某一时间里发生的事情的真切性。如安全检查时,对不怎么配合的旅客,可演示带违禁品引起的安全事故,就能有效地达到目的。

【训练】

(1)举例说明时间在语言交流中怎样为情感、态度作暗示手段。

提示:平均分配交流时间,主观感受时间的长短。

(2)举例说明利用时间进行语言交流的重要性。

提示:选择时间,抓住时机,浓缩时间,延长时间,演示时间。

## (二) 空间

语言交流的空间是指场所及交流者之间所处的距离和位置等。场所能烘托气氛,增强表达效果。距离和位置,对人的交流有暗示作用。距离太近会让人感到不舒服,尤其是异性间这种感觉会更加明显。距离太远,又让人感到疏远,给人带来不悦。交流位置调整的一般原则是:平等场合,需要淡化中心位置;不平等的场合,要突出中心位置;一般的交流场合,位置安排要主次有序,客主有别。

【训练】

(1)举例说明场所在语言交流中的作用。

提示:烘托气氛,显示优势,提高效率。

(2)举例说明在下列语言交流环境中,该怎样调整空间距离。

提示:演讲人与听众,和朋友或同学争论问题,和异性同学聊天。

## (三) 对象

说话要看对象,因为只有了解对象、适应对象,语言才能准确、得体、有效。与不同文化修养、不同性格、不同职业的人交流,要因人而异,如跟文化程度低的人,不谈高深知识,语言要通俗易懂,语气要谦和,不取笑对方,不打断对方的谈话;跟文化水平高的人,要注意词语的选择,谈吐要文雅;跟性格急躁的人,说话要简明准确;跟沉默寡言的人,要引导他说话的兴趣;跟敏感多疑的人,要用语慎重,表达完整;跟主观固执的人,要摆事实讲道理,并注意探讨、商量;跟特殊职业的人,要尊重其职业习惯;

与外宾交流,要了解尊重他们的文化习俗等。跟老年人,要注意语言的禁忌,重视他的经验;跟中年人,要关心他们的生活,理解他们的忠告;跟青年人,要启发他们的兴趣,欣赏他们的活力;跟少年儿童,要鼓励他们的上进心,激发他们的探索欲、求知欲,语言要明确、形象、直观;跟异性,要有礼貌,把握语言分寸;跟社会地位不同的人,要平等对待,热情大方,不卑不亢。

【训练】

(1)假如乘客匆匆而来没有赶上航班,你跟他解释或说明是他的问题,他会当众和你争执,请设想出几种巧妙的处理方法。

(2)你带你的女同学参加朋友的宴请,朋友误认为女同学是你的恋人,你怎么处理?

# 学习单元六　语音调节与态势语训练

## 学习重点

认识语音调节的意义,掌握语音调节的各种方法;了解态势语的内涵、基本特征和功能,掌握态势语的分类和运用技巧,反复体会各种态势语表达的意义,并根据训练内容做一些基本的练习。

## 第一节　语音调节训练

语音调节是为了追求语言的语音美。语音优美和谐,有利于表情达意,烘托气氛,增强语言的感染力,能取得音意俱佳、声情并茂的表达效果。语音调节的主要方式有音节调节、停顿调节、重音调节、语调调节、语气和节奏调节、语速调节等。

### 一、音节调节

音节的工整对称、和谐押韵、拟声、叠音等都对语音和语言表达有着极强的作用。

#### (一) 对称

【示例】

李白《宣州谢朓楼饯别校书叔云》中一句:
抽刀/断水//水更流,
举杯/消愁//愁更愁。

【评析】

这句话音节对称、平仄对仗、朗朗上口、气势磅礴。如果音节不对称,就会严重影响表达效果。

#### (二) 押韵

【示例】

《长江之歌》歌词:
你从雪山走来,春潮是你的丰采;你向东海奔去,惊涛是你的气概。你从远古走来,巨浪荡涤着尘埃;你向未来奔去,涛声回荡在天外。

【评析】

押韵可以增加语言的节奏感和音乐美。在语言活动中,适当运用韵律调节,可使语句前后呼应,和谐动听,增强语言的艺术魅力。这段歌词,如果不注意押韵,其感人效果就会明显降低。

（三）拟声

【示例】

刘成章《安塞腰鼓》：

百十个腰鼓发出的沉重响声,碰撞在四野长着酸枣树的山崖上。山崖蓦然变成牛皮鼓面了,只听见隆隆,隆隆,隆隆。

百十个腰鼓发出的沉重响声,碰撞在遗落了一切冗杂的观众的心上,观众的心也蓦然变成牛皮鼓面了,也是隆隆,隆隆,隆隆。

隆隆隆隆的豪壮的抒情,隆隆隆隆的严峻的思索,隆隆隆隆的犁间翻起的杂着草根的土浪,隆隆隆隆的阵痛的发生和排解。好一个安塞腰鼓哇!

【评析】

"隆隆,隆隆隆隆"等拟声词描摹了腰鼓的声音变化形态,增加了语言表达的生动性、形象性和感染力。这个朗诵词里,运用以上这些拟声词,音质响亮,气氛热烈,使听众如闻其声,如临其境。听者仿佛看到了腰鼓表演的恢宏场面,仿佛听到了响彻云天的腰鼓敲打声,增强了语言的艺术魅力。

（四）叠音

【示例】

霍小雨《水袖》中的一段：

小时候,就特别爱看戏,因为台上有我的母亲。我迷恋她的容光焕发、光彩照人,迷恋她的静静动动、颦颦笑笑；尤其迷恋那些簪簪钗钗、环环佩佩,真的以为那就是辉煌。只是很奇怪,母亲的手似乎永远是藏而不露,似乎永远藏在那条长长的,长长的袖子里。

【评析】

"静静动动、颦颦笑笑、簪簪钗钗、环环佩佩"等叠音词的运用,突出了词语含义,加强了对母亲舞台表演的描绘,增强了语言的声音美感。同时,深化了表达的内涵,使节奏明显,声音和谐。

## 二、停顿调节

（一）停顿的概念

停顿是指语言过程中声音的中断。语言表达过程中,不能一字一停,也不能一口

## 学习单元六 语音调节与态势语训练

气说到底。停顿,既是生理的上的需要,也是心理上的需要;既是言语者表达语意、传达感情的需要,也是听话人的需要。

### (二) 停顿的作用和意义

停顿是有声语言表达的重要组成部分,它是思想感情的继续和延伸,它是对所表明语义的逻辑关系和重点的提示,对唤起听者的注意有着重要的意义。

### (三) 停顿的特点

一般地说,在表达过程中不能任意停顿,要根据表达的内容合理安排,并以思想感情的运动状态为前提。为使表达更加准确、更生动,停顿不应受到标点符号的限制,而是根据语句的长短、表达内容的多少、表达感情的不同,进行灵活的停顿和连接。停顿要和重音、语速、语调结合运用,充分发挥停顿在表达中的作用。

### (四) 停顿的分类

停顿可分为语法停顿和强调停顿。

**1. 语法停顿**

显示句子中词语间的语法关系、语法结构的停顿。它又分为两种。

1) 按标点符号停顿

书面语以标点符号分句,以内容分段,标点符号是书面语的重要组成部分。在语言活动中则需要用停顿来表示,停顿时间的长短要根据语法结构和内容的需要。大体上是顿号、逗号较短,分号、冒号、句号、破折号适中,问号、惊叹号、省略号较长,段落之间的停顿应该更加长些。如"她手里提着竹蓝,/内中一个空碗,/空的;//一手柱一支比她更长的竹竿,/下端开了裂;///她分明纯乎是一个乞丐了"(鲁迅:《祝福》)句中/表示较短停顿,//表示稍长停顿,///表示较长停顿。

按标点符号进行的停顿,不能生搬硬套,要从实际出发适当处理。

2) 按语组停顿

按语组停顿是根据语言逻辑和思维逻辑的需要,按照句子、词语间的语法关系所作的停顿,这样可以把语意表达得清楚、准确。

这种停顿的特点是,它不完全受标点符号的制约,意思是没有标点的地方有时需要停顿,有标点的地方有时不一定停顿。其主要规律有以下几个方面:

第一,较的长的句子成分前后可停,如较长的主语之后、较长的谓语之前、较长的宾语之前可停。例如:

阿毛扔出的废旧物品/不左不右地落在楼下行走着的人的头上。(较长的主语之后停)

孩子叫声/从乡间的低矮的小屋传来了。(较长的谓语之前)

她看见/商店里一个衣冠楚楚的人正在掏别人的的钱包。(较长的宾语之前)

第二,较长的联合短语和较长的复指短语之间可停,独立语之后,表示时空的、情态的全句修饰语后可停。例如:

在这些一片片的"龙骨"上,记载了殷代宗教、战争、农业、牧业、手工业、气象、政权组织、以及文化生活等方面的概况。(联合短语之间)

自然界中生物的发展,终于导致人类/这种改造和征服自然的特殊生物的出现。(复指短语之间)

据说/她昨天去了天津。(独立语之后)

在暑天/他为多少家庭装上了空调,送去了凉爽。(表示时空的全句修饰语之后)

第三,如果有几个"的"或"地"在一句话里出现,前几个"的"或"地"之后可停,离中心语最近的"的"或"地"后一般不要停,但中心语较长时,这个"的"或"地"之后可停。例如:

在非洲发现的/几种类型的/似人是猿的化石,总称"南方古猿类"。("化石"是中心语,前面"的"后不停)

现在我们需要大批大批的/成千上万的/能够在各种知识部门中成为行家的/优秀青年干部。("优秀青年干部"是中心语,它前面"的"后可停)

第四,在"主语+是+宾语"的句式中,表示判断的,主语后可停,"是"之后不停;表示提醒注意的,主语后不停,"是"之后可停。例如:

我们单位的小李/是最可爱的同志。(表示判断的)

最难得的是/他工作那样忙还处处关心着朋友的生活。(表示提醒注意的)

**2. 强调停顿**

1)强调停顿的概念

强调停顿是表达时,为了突出或强调语句中某些重要的词语、语意或表达特别强烈的感情所作的停顿。它又分为逻辑停顿和感情停顿。

2)强调停顿的特点

第一,这种停顿没有固定的规律,它有时和语法停顿一致,有时不一致。它主要是受表达内容和表达者感情的支配。如,"谁/是我们最可爱的人呢?我们的部队,我们的战士,我感到他们/是最可爱的人。"这句话中,"谁"字后面的停顿既是语法停顿,也是强调停顿;"他们"后面的停顿就是强调停顿。

第二,这种停顿,往往是声断意连。

3)停顿的分类

(1)逻辑停顿。逻辑停顿是为了突出或强调某一特殊的词语或意思所作的停顿。如"这个人有什么用?"这句话,表达的是对"这个人,没有什么能耐或用处"的不满。表达时,如果在"人"字后面做一个停顿,就是"这个人/有什么用?"。这就很明显地突出或强调了对这个"人"的不满。

(2)感情停顿。感情停顿是为了突出某种强烈感情而作的停顿。在停顿时,可长可短,视抒情需要而定。如,"这个账我不能不算!"这句话是用双重否定的句式来

## 学习单元六 语音调节与态势语训练

表示说话人"一定要算帐"的决心,感情已经十分强烈了。表达时,如果在"账"字后面作一停顿后,"这个账/我不能不算!"则算账的决心更加坚定。

### 三、重音调节

#### (一)重音的概念

表达时,把某些词或短语说得较重一些的音节叫重音。

#### (二)重音的作用和意义

语言是由句子组成的,句子是由词或短语组成的。在表情达意中,有些词或短语处于较次要的地位,不需要"重说"或"重读";有些词或短语处于重要的地位,表达时就需要"重说"或"重读"。这可以突出表达内容的重点,使语意的表达更加准确,使思想情感的表达更加充分。

重音不明,语意就模糊;重音突出,语意就清楚准确。同样一句话,如果重音位置不同,整句的意思也就不同了。

#### (三)词重音

**1. 词的轻重格式**
多音节词的几个音节有约定俗成的轻重差别,这就是词的轻重格式。这种格式一般不能改变。

**2. 词重音**
就是指一个词里读的较重的音节。这种重音基本上是固定的。轻与重是相对的,读起来要自然。读词语时,声音介于中间的音节称为中音,短并且弱的音节称为轻音,长而强的音节称为重音。

**3. 常见的词语格式**
1)双音节词的格式
第一,多为"中重"格式,如到达、海岛、公平、化学。
第二,"重中"格式,如奉承、消极。
第三,"重轻"格式,如桌子、萝卜、妈妈。
2)三音节词的格式
第一,"中中重"格式,如北京市、毛泽东、秦皇岛。
第二,"中轻重"格式,如差不离、萝卜丝、豆腐干、葡萄干。
第三,"中重轻"格式,如打摆子、小舅子。
第四,"重轻轻"格式,如站起来、看上去。
3)四音节词的格式
第一,"中重中重"格式,如北京大学、至理名言、坦桑尼亚。

第二,"中轻中重"格式,如花里胡哨、圆咕隆冬、灰不溜秋。

第三,"重中中重"格式,如目不忍睹、道不拾遗、面不改色。

（四）语句重音的分类

**1. 语法重音**

根据句子的语法结构确定的用自然音量读成的重音,叫语法重音。这种重音,音量不太强,是一般重音。其规律如下：

（1）主语和谓语比较,谓语或谓语中的主要动词读得重些。如"春天来了。"和"汽车开来了。"两句话中"来"字为重音。

（2）动词和宾语比较,宾语读得重些。如"他学舞蹈,我学音乐。"这句话中"舞蹈"和"音乐"是重音。

（3）定语和中心语比较,定语读得重些。如"我的心和你的心一样地跳动着。"中的"我"和"你"是重音。

（4）状语和中心语比较,状语读得重些。如"她一针一线地缝补着孩子的衣服。"中的"一针一线"是重音。

（5）表示结果和程度不同的补语,比中心语读得重些。如"他眼睛熬得无光。"和"这场球打得真好。"两句中"无光"和"真好"是重音。

（6）疑问代词、指示代词,数量词通常比别的词读得重些。如"现在我到哪里去找你啊？""她现在在和谁生气？""这意味着什么呢？""她家里有两台电脑。"中的"哪里""谁""什么""两台"是重音。

（7）表示时间、年月、日期的词,在句子中比别的词读的重些。如"2013年9月1日,我们学校的新生都报到了。""星期一上午,我们班要去上训练课。"这两句话中的"2013""9""1""星期一"是重音。

**2. 强调重音**

1）强调重音

强调重音,是为了表示某种特殊的语意和思想感情而有意读得较重的音节。这种重音也称为特殊重音。强调重音又分为逻辑重音和感情重音两种。

2）强调重音的分类

（1）逻辑重音。

概念：逻辑重音是根据逻辑关系,强调句子中某些特殊意义的重音。

作用：逻辑重音把握得好,可以把内容表达得更加合理,进而更有利于突出语言的中心思想。反之,就会影响主题的表达,甚至使听众对表述发生误解。

特点：逻辑重音没有固定位置,随着逻辑思维中心的变化而变化；逻辑重音对语意的表达起关键作用,语法重音对语意的表达影响较小。一般情况下,读逻辑重音时,要比读语法重音时的音量更加大些。有时也可使音高或音长增加,如"她能打字"这句话的逻辑重音的表达,可根据表达的具体需要,作以下处理：

她(55→55+)能打字。这里强调的是"她"。
她能(35→35+)打字。这里强调的是"能"。
她能打(21→211)字。这里强调的是"打"。
她能打字(51→511)。这里强调的是"字"。

需要注意的是,语法重音要服从于逻辑重音,即一句话里或同一语境下,有了逻辑重音,语法重音要随着消失。如:

周朴园:……你自己带走的儿子在哪儿?(哪儿,这里是语法重音)

鲁侍萍:他在你的矿上做过。

周朴园:我问,他现在在哪?(这句话里,如果强调了"现在",那么"哪儿",就不做重音处理了)。

逻辑重音的表达方法:

第一,重音轻读法。就是在表达时,把应该显示重音的字词轻轻地表达出来,往往更能引起听者的注意,比加大音量效果还好。如"周总理啊,周总理,全国人民都在哀悼您,都在呼唤您,都在想念您。"(加点的词语轻读)

第二,放慢拖长法。就是放慢速度或把音节拖长,从而使重音效果突出。如"孩子把我家养的小鸟放—跑—了,我—难—受啊……"

第三,前后停顿法。就是重音和停顿相互配合,许多重音的前后往往是停顿。如"一只/小猫,捉到了一只/老鼠。"这里"小猫"和"老鼠"是重音,在其前面加一个停顿,也会起到表现重音的良好效果。

第四,带笑声(讥笑)。如"这些海鸭呀,享受不了生活的战斗的欢乐,轰隆隆的雷声就把它们吓坏了。"(加点的部分用讥笑表达方式处理)

第五,带哭声。如"妈妈,你到底去了哪里?你可知道你的儿子是多么想念你吗?"("妈妈"这一词用哭声表达)

第六,音量层递。如"总理呀,我们的好总理!你就在这里啊,就在这里!——在这里,在这里,在这里。"(这句话中破折号后面的三个"在这里"字,就应该用这种方式表达。)

(2)感情重音。

概念:为了表达某种特定感情,把某些词语读成重音。

作用:这种重音处理得好,可以把句式中的感情内涵表现得更加准确、更加充分。强烈的感情重音,有助于强化某种感情的情感色彩,一句话里可以有好几处感情重音,也可以根据表达内容把整个一句话读作重音。

特点:感情重音在同一句子中,也可因抒情侧重点的不同而发生转移。如"她为什么要走啊?"如果重音在"为什么"上,情感表达的侧重点是在走得不明不白上遗憾、不解或惋惜等;如果重音在"走"上,感情表达的侧重点是在"走"这个结果难以让人理解。

## 四、语调调节

### (一) 语调的概念

语调或称句调,是指语言声音的高低升降变化。它贯穿于整个句子,但往往在语句末尾的音节上表现的特别明显。通过语句末尾音节的升、降、曲直等变化,表达不同的语气、语意和情感。

### (二) 语调的分类

语调有四种,即平调、升调、降调、曲折调。

**1. 平调**

语句的调子比较平直舒缓,没有明显的高低升降变化,只是语句末尾略呈下降的趋势。一般的叙述、说明等句子里表示平淡、冷静,表示庄重、哀悼或是思索、追忆等的话语多用平调。如:

井冈山纪念馆矗立在巍峨的井冈山巅。→(表示庄重)

昨天,我们家买了一台电脑。→(表示叙述、说明)

**2. 升调**

语句的调子由平升高,句尾明显上扬。表达喜悦、惊异、号召、鼓动、疑问、反诘、命令、呼唤等情感的常用此调。如:

朋友们!让我们携起手来,为了美好的明天而努力奋斗!↗(号召性的)

让暴风雨来得更猛烈些吧!↗(呼唤性的)

**3. 降调**

语句的调子由平降低,句尾明显下抑,并且低而短。表示陈述、祈使、感叹、申斥、请求、劝阻等意思常用此调。如:

局长,把这个任务交给我吧!↘(请求的意思)

多可爱的秋色啊!↘(感叹的意思)

**4. 曲折调**

语句的调子先升后降或先降后升。表达夸张、讽刺、反语、含蓄、幽默、怀疑等语气常用此调。如:

怎么妈妈↗的妈妈也喜欢↘吃鱼头?↗(怀疑的意思)

好个国民党的"友邦人士"↘,是些什么东西?↗(讽刺)

应该注意的是,不带疑问标志的疑问句,一定要用升调去处理,否则就成了陈述句。如:

你是新来的朋友?↗

老师,今天没有事了?↗

学习单元六　语音调节与态势语训练

### （三）语调和字调的关系

语调的高低升降,明显地表现在语句末尾的那个音节上,这往往会影响语句末尾的音节的读音,使其调值发生种种变化。把握好这种变化,处理好语调和字调的关系,是语言表达过程中必须注意的问题。语调和字调的关系大体如下:

**1. 升句调和字调的关系**

（1）在升句调中,若字调也是上升的（包括阳平、上声,即第二声、第三声）,字调再稍扬。如：

"你不来?"这句话里的"来"字,在读法上由原来的 35 度变为 35 + ,即 35→35 + 。

"你不走?"这句话里的"走"字,在读法上由原来的 214 度变为 214 + ,即 214→214 + 。

（2）在升句调中,若字调是平直的（阴平,也就是第一声）,字调再稍扬。如：

"你不说?"这句话里的"说"字,在读法上由 55 度变为 55 + ,即 55→55 + 。

（3）在升句调中,若字调是下降的（去声,就是第四声）,字调变为降升。如：

"你不去?"这句话里的"去"字,在读法上由 51 度变为 512 度或 513 度,即 51→512 或 513。

**2. 降句调和字调的关系**

（1）在降句调中,若字调是下降的,字调要稍抑。如：

"你快去!"这句话里的"去"字,在读法上由 51 度变为 41 度或 31 度甚至变为 21 度,即 51→41、31 或 21。

（2）在降句调中,若字调是平调（阴平、阳平）,调级要落低。如：

"你快说!"这句话里的"说"字,在读法上由 55 度变为 44 度或 33 度或 22 度,这要根据表达的内容和情感而定。

"你快来!"里的"来"字,在读法上由 35 度变为 24 度,即 35→24。

（3）在降句调中,若字调是降升（上声,即第三声）,字调后部要稍抑。如：

"你快跑!"里的"跑"字,由 214 度变为 213 度或 212 度或 211 度。

### 五、语气和节奏调节

### （一）语气

**1. 什么是语气**

"语"是指通过声音表现出来的语句;"气"是指表达者,在表达时支撑有声语言的气息状态。它既包含内在的感情色彩,又有外在的高低、强弱、快慢、虚实的声音形式。语气的色彩并非随意涂抹,它是语句内在的具体思想感情的显露,这种显露表现在气息的变化上。

**2. 语气的把握**

一般地说,爱的感情,气徐声柔;憎的感情,气足声硬;喜的感情,气满声高;悲的感情,气沉声缓;惧的感情,气提声凝;怒的感情,气粗声重;急的感情,气短声促;冷的感情,气少声平。

这里可以看出:正是感情的千变万化,才有了气息的千姿百态。

(二) 节奏

**1. 什么是节奏**

节奏,是指表达者思想感情的波澜起伏在语音上的抑扬顿挫、轻重缓急、回环往复。

**2. 节奏的类型**

根据节奏的基本特点、基本表现形式,节奏可以分为六种。

(1) 轻快型:语调多扬少抑,力度多轻少重,顿挫较少,语言流畅。基本语气及其转换都偏重于轻快,重点语句、段更加明显。常用来表达欢快、诙谐、幽默等思想感情。如:

我打算请喜鹊先生来吃顿便饭,
他才真正通天,能见到织女牛郎。
如果他肯赏脸来尝尝天鹅的味道,
通过他,就不难弄到天上的凤凰。
且住,我这该死的笔胡诌些什么?
蛤蟆能吃到天鹅肉,岂不荒唐!
但"关系"是笑眯眯的特殊通行证,
不久,凤凰就会放进蛤蟆的烤箱。(刘征:《烤天鹅的故事》)

(2) 凝重型:语势较平稳,语调多抑少扬,顿挫较多,音强而有力。基本语气及其转换都显得凝重,重点句、段更为突出。如:

庆历四年春,滕子京谪守巴陵郡。越明年,政通人和,百废具兴。乃重修岳阳楼,增其旧制,刻唐贤今人诗赋于其上,属予作文以记之。

予观夫巴陵胜状,在洞庭一湖。衔远山,吞长江,浩浩汤汤,横无际涯;朝晖夕阴,气象万千。此则岳阳楼之大观也,前人之述备矣。然则北通巫峡,南极潇湘,迁客骚人,多会于此,览物之情,得无异乎?

若夫霪雨霏霏,连月不开,阴风怒号,浊浪排空;日星隐曜,山岳潜形;商旅不行,樯倾楫摧;薄暮冥冥,虎啸猿啼。登斯楼也,则有去国怀乡,忧谗畏讥,满目萧然,感极而悲者矣。

至若春和景明,波澜不惊,上下天光,一碧万顷;沙鸥翔集,锦鳞游泳;岸芷汀兰,郁郁青青。而或长烟一空,皓月千里,浮光跃金,静影沉璧,渔歌互答,此乐何极!登斯楼也,则有心旷神怡,宠辱偕忘,把酒临风,其喜洋洋者矣。

嗟夫!予尝求古仁人之心,或异二者之为。何哉?不以物喜,不以己悲。居庙堂之高,则忧其民;处江湖之远,则忧其君。是进亦忧,退亦忧。然则何时而乐耶?其必曰"先天下之忧而忧,后天下之乐而乐"乎。噫!微斯人,吾谁与归?

时六年九月十五日。(范仲淹:《岳阳楼记》)

(3) 低沉型:语势多为落潮类,句尾落点多显沉重,音节多长,声音偏暗。基本的语气及其转换,都带有沉缓的感觉,重点句、段更甚。如:

献忠的一生尽管短暂,但却是正直的一生,奋斗的一生,奉献的一生,成功的一生。他的一生上无愧于天,下无愧于地。他无愧于社会,无愧于人民,无愧于战士的称呼,无愧于公安的荣誉,无愧于老人,无愧于兄弟姐妹,无愧于儿子,无愧于父亲。

泪水流满面,悲痛刺穿心!长天恸哭慰英灵,大地无语寄哀思!献忠我们永远怀念你!

(4) 高亢型:语势多为起潮类,峰峰紧连,扬而更扬,势不可遏。基本语气及其转换趋于高昂或爽朗,重点句、段更为突出。如:

这就是白杨树,西北极普通的一种树,然而决不是平凡的树!

它没有婆娑的姿态,没有屈曲盘旋的虬枝。也许你要说它不美,如果美是专指"婆娑"或"旁逸斜出"之类而言,那么,白杨树算不得树中的好女子;但是它伟岸,正直,朴质,严肃,也不缺乏温和,更不用提它的坚强不屈与挺拔,它是树中的伟丈夫!当你在积雪初融的高原上走过,看见平坦的大地上傲然挺立这么一株或一排白杨树,难道你就只觉得它只是树?难道你就不想到它的朴质,严肃,坚强不屈,至少也象征了北方的农民?难道你竟一点也不联想到,在敌后的广大土地上,到处有坚强不屈,就像这白杨树一样傲然挺立的守卫他们家乡的哨兵?难道你又不更远一点想到这样枝枝叶叶靠紧团结,力求上进的白杨树,宛然象征了今天在华北平原纵横决荡,用血写出新中国历史的那种精神和意志?(茅盾:《白杨礼赞》)

(5) 舒缓型:语势多扬少抑,声音清朗而柔和,气息长缓。语速连贯,基本语气及其转换较为舒展,重点句、段更为明显。如:

荔枝也许是世上最鲜最美的水果。苏东坡写过这样的诗句:"日啖荔枝三百颗,不辞长作岭南人",可见荔枝的妙处。偏偏我来的不是时候,满树刚开着浅黄色的小花,并不出众。新发的嫩叶,颜色淡红,比花倒还中看些。从开花到果子成熟,大约得三个月,看来我是等不及在从化温泉吃鲜荔枝了。吃鲜荔枝蜜,倒是时候。有人也许没听说这稀罕物儿吧?从化的荔枝树多得像汪洋大海,开花时节,满野嘤嘤嗡嗡,忙得那蜜蜂忘记早晚,有时趁着月色还采花酿蜜。荔枝蜜的特点是成色纯,养分多。住在温泉的人多半喜欢吃这种蜜,滋养精神。热心肠的同志为我也弄到两瓶。一开瓶子塞儿,就是那么一股甜香;调上半杯一喝,甜香里带着股清气,很有点鲜荔枝味儿。喝着这样的好蜜,你会觉得生活都是甜的呢。(杨朔:《荔枝蜜》)

(6) 紧张型:多扬少抑、多重少轻,气促音短,语速较快。基本语气及其转换较为急促、紧张,重点句、段更为突出。如:

我的狗慢慢向它靠近,忽然,从附近一棵树上飞下一只黑胸脯的老麻雀,像一颗石子似的落到狗的跟前。老麻雀全身倒竖着羽毛,惊慌万状,发出绝望、凄惨的叫声,接着向露出牙齿、大张着的狗嘴扑去。

老麻雀是猛扑下来救护幼雀的。它用身体掩护着自己的幼儿……(屠格涅夫《麻雀》,巴金译)

### (三) 语气和节奏的区别与联系

语气和节奏不能混淆,语气是以语句为单位,节奏是以表达的全部内容为单位。语言的节奏是由一个一个的语句连接起来形成的,是整体性和趋向性的表现,是被表达目的和表达主题所统领,被表达愿望、基调所制约。把握节奏必须是立足表达的整体和全部内容。

节奏的核心是语音的"回环往复"。没有语言的序列、呼应、再现,只凭一个词一句话是不能称为节奏的。"回环往复"主要表现在相似语调的不断显露上,三个以上相近、相似的声音形式,每显露一次,就是节奏的一个回环,不断显现就形成了回环往复的节奏。

## 六、语速调节

### (一) 语速

语速,是指表达者言语的快慢,即一定的时段里所表达的词语的数量。语速受表达目的、表达内容以及语境的制约。

### (二) 语速调节

表达者所处的是热烈欢快、紧张的场合,表达内容是激动的、惊异的,语速应适当快些;表达者所处的是宁静、庄重场合,所表达的内容是舒缓的、沉重的、凝重的,语速就要适当慢些。

表达者语言的速度,尤其是书面语言的表达速度因受多种因素的影响,要想真正把握好速度,必须认真理解文章并与语言表达的其他技巧结合起来。

## 第二节 态势语运用训练

### 一、态势语的含义、特点和作用

#### (一) 态势语的含义

态势语,又称体态语言、人体示意语、动作语言等。它是通过情态语言、身势语言、空间语言等非语言因素传递信息的一种语言辅助形式。态势语如果用得得当,能使有声语言生辉,有时甚至比有声语言的作用还大。

### （二）态势语的特点

**1. 动作性**

态势语依靠举止神态传情达意。

**2. 微妙性**

态势语的传情达意，多凭面部表情，特别是用眼睛说话，用眼波传情。眼睛在一颦一笑之间，可以传递各种信息，其作用是微妙的。

**3. 感染性**

态势语的传情达意，时而含而不露，时而极富鼓动性，最容易和最直接地扣动人的心弦，引发人们积极思考。

**4. 辅助性**

态势语在人们传情达意的过程中起辅助的作用。其表现：一是可以提高口语表达的生动性；二是可以提高信息传递的准确性；三是可以提高传情达意的明确性。

**5. 因人而异**

不同年龄、性别、地位、性格、心理素质的人，态势语各有不同。

**6. 区域、民族性**

不同地区、民族，其态势语也不同。如不同国家和民族的人见面时的问候态势，有的是点头，有的是握手，有的是接吻，有的是拥抱，有的是碰鼻子。同一民族，因所处的地域不同，态势语也不尽相同；同一地域，民族不同，风俗不同，态势语也不同。

### （三）态势语的作用

**1. 交流思想感情**

态势语，能直接表达意义，对传递信息、交流思想、沟通感情等作用非常明显。

**2. 补充强化作用**

实际语言交流中，态势语始终和有声语言相伴。态势语能直观形象地作用于交际对象，使交际对象的听觉、视觉受到明显的作用，对有声语言起到明显的补充作用。

**3. 调控交际过程**

交际过程中，有时会出现尴尬不利、被动的局面。恰当地运用态势语，可以解除尴尬，化不利、被动为有利、主动，掌握交际的主动权。如一个微笑、一个滑稽幽默的动作，都能调控交际中出现的尴尬和不利局面。

## 二、态势语的分类

### （一）情态语言

情态语言，是指人脸上动作构成的表情语言，如目光语言、微笑语言等。人的面部表情是人的内心世界的"荧光屏"。复杂心理活动都会从面部显现出来。面部的眉毛、眼睛、嘴巴、鼻子、舌头和面部肌肉的综合运用,可以传递自己丰富的心理活动。如微笑是一种令人愉悦的表情,它可以和有声语言及其他行动互相配合,起到互补作用。微笑能够拨动人的心弦,架起友谊的桥梁。以姿助笑,以笑促姿,形成完整、统一、和谐的美,使人感受到愉悦、安详、融洽和温暖。

（二）身势语言

身势语言,是指人们身体部位动作构成的表现某种具体含义的动作符号,包括手、肩、臂、腰、背、腹、腿、足等动作。人际交往中,最常用且较为典型的身势语言为手势语和姿态语。手势语言包括握手、招手、摇手、挥手和手指动作等。手势语可以表达友好、祝贺、欢迎、惜别、不同意、为难等多种语义。姿态语,是指通过坐、立等姿势的变化来表达语言信息的"体语"。姿态语可表达自信、乐观、豁达、庄重、矜持、积极向上、感兴趣、尊敬等或与其相反的语义。

（三）空间语言

空间语言,是指社交场合中人与人身体之间所保持的距离间隔。空间距离是无声的,但在人际交往中具有潜在的影响和作用,有时甚至决定着人际交往的成败。空间语言表明交际者对他人的态度和与他人的关系。一般人都能接受的四个空间,即亲密空间、个人空间、礼仪交往空间、公共空间。

### 三、态势语运用原则

（一）自然性原则

各种态势语,要自然、大方、流畅,不做作,不勉强。要由心出,符合审美习惯、审美要求,给人以美感。

（二）目的性原则

态势语必须根据交际的内容和环境氛围,有明确的目的性。一个眼神、一个手势、一个姿态,都要和有声语言相协调,和表达的语意感情相统一。交际中,一些下意识的态势、无目的的态势,对有声语言的表达不仅没有辅助作用,反而有害。

（三）得体性原则

态势语要得体、协调、有度。任何态势语都要恰如其分,同环境、对象、身份、年龄等相符合;态势语和语言的配合必须准确、默契;态势语要有控制,态势语运用的幅度、力度、频率等要适度。态势语不可太少太弱,也不可太多太滥,不可过分夸张,不可喧宾夺主。举手投足、一顾一盼,都要照顾彼此的情感,都要注意与心态的吻合,都要与有声语言和谐、统一。

## 四、态势语训练

### (一) 服饰

人的服饰显现人的性格、修养、风度、气质和精神面貌等。语言活动中,服饰色彩、款式等要坚持双重标准,即美学标准和审时度势标准,必须符合国际公认的 TPO 原则。TPO 原则,是有关服饰礼仪的基本原则之一。TPO 原则,即着装要考虑到时间(time)、地点(place)、场合(occasion)。我国现代服饰的一般要求是:质朴大方,突出个人特点,符合场合要求,自然得体。

### (二) 容貌

容貌包括发式和面容。头发干净、修剪整齐、光滑柔顺,男士不留披肩长发,女士头发不要有过多的装饰及怪异发型。容貌要突出优点、淡化缺点,注重整体美。青年应该张扬青春风采;中年应展现成熟风韵,以高雅的气质体现沉稳、俊逸之美;女士最好用淡妆体现自然美和个性美。

### (三) 距离

语言活动中,对象、场合、目的、内容等不同,语言与言语对象的距离有远有近。一般情况下,双方关系较密切,内容涉及私事的,距离较近;双方关系一般,或是公事服务,距离中等;双方关系较疏,距离相对保持远点。交际双方距离的远近,被人们称为"界域语"。服务语言活动中,服务者要根据服务对象和特定环境,保持比较合适的距离。

### (四) 表情

法国思想家罗曼·罗兰说过:"面部的表情是多少世纪培养成的语言,是比从嘴里讲的复杂到千百倍的语言。"面部表情能够传递信息,能够反映说话人的内心思想情感,它主要通过人的眼、眉、嘴及面部肌肉的变化体现出来。例如,人在高兴的时候,眉开眼笑,容光焕发,面部肌肉松弛;愤怒的时候,面色铁青,面部肌肉紧张。现代心理学家曾总结出这样一个公式:感情的表达 = 7% 的言语 + 38% 的声音 + 55% 的面部表情。由此可见,面部表情在口语表达中的重要。

面部五官中最会说话的是眼睛,眼睛被称为"心灵之窗"。眼睛是面部表情的核心,是情感表达最为传神的地方。人的喜、怒、哀、乐、悲、恐、惊等内心情感,都会自觉不自觉地在复杂多变的眼神中流露出来。例如,欣喜时目光明澈,失望时眼滞无光,愤怒时双眼圆睁,鄙夷时白眼相看,入迷时目不转睛等。

日常交际中,眼神的运用主要有环顾法、专注法、虚视法等。环顾法多用于听众较多的场合。说话者的眼光自然而缓慢地扫视全场,可以增强与听众之间的感情交流,也可以及时地检验自己的说话效果,调整自己的话题。专注法,即把目光较长时间的停留在某一个人或某一个点上。这种眼光便于与交际对象进行个别交流,便于了解交际对象心理的微妙变化,有时还可以制止个别人的小声议论。虚视法,目光似看非看,好像在注视着某人某处,但实际上什么也没有看。这种视而不见的虚视可以减轻说话人的压力,还可以表示思考,把听众带入更广阔的想象空间中去。眼神的变化都有一定的目的,都表示特定的内容。这三种方法应配合使用,以求取得理想的效果。

训练时,要求面部表情准确自然;面部表情要与话语一致,并随话语内容变化而变化。

**1. 表情训练**

【训练1】

同胞们,当我听到中国女排荣获世界冠军的时候再也抑制不住内心的激动,我欢呼,我唱歌,我跳跃。

提示:

这段话表达了非常欣喜的心情。练习时,要配合语调,面部笑逐颜开,眼睛明亮,流露出喜庆欢快的神情。

【训练2】

蒋筑英就这样和我们永别了。他的去世,使我们失去了一位好同事,也是我国光学事业上的一个很大损失。

提示:

这段话表达的是沉痛惋惜之情。练习时,要配合语调,面部蹙额锁眉,眼光暗淡,流露出哀伤的情感。

【训练3】

在生活中,注意观察别人的面部表情,并推测其心理状态;在影视屏幕上,观察人物表演,并分析其心理状态;对着镜子模仿不同表情进行自我训练。

**2. 眼神训练**

【训练1】

通过以下各种眼神的训练,感受其反映的心情。

仰视 俯视 正视 斜视 点视 环视 虚视 漠视 凝视

【训练2】

根据下列词语,创设语境,练习眼神。

眉开眼笑 视而不见 熟视无睹 目光游移 紧锁眉头 目不转睛

漠然视之 目光呆滞 目瞪口呆 横眉立目 白眼相看 目不敢视

(五)手势

手势,指手和胳膊的动作和造型。手势态势语具有动作最明显、表达最自由的特点。

罗丹说:"没有灵魂的手,最强烈的感情也是瘫痪的。"语言活动中,手势运用得当,可以使话语直观、形象、生动,能增强语言效果。

**1. 手势的分类**

(1) 从形式上看,有手掌手势、手指手势、拳头手势。

(2) 从表意功能上看,有情意手势、指示手势、象形手势、象征手势四类。情意手势重在表现强烈的情感,渲染气氛;指示手势重在指示具体对象、方位,给人以实感;象形手势重在摹拟形状,给人以具体的形象感;象征手势重在表示抽象的意思,启发听众的想象和联想。

**2. 手势活动的三区**

肩部以上,称为上区,多表现积极、振奋、赞扬等;肩部至腹部,称为中区,多表示平静、严肃、和气等;腰部以下,称为下区,多表示否定、压抑、鄙视等。

**3. 手势训练**

1) 手指运用训练

(1) 伸指式。食指单伸表示专门指示人、事、意思,或者为了加强语气引起注意;拇指单伸表示自豪或者称赞;小指单伸表示鄙视,无足轻重;数指并伸表示数目、顺序、对比等。

(2) 仰手式。掌心侧向上,拇指张开,其余指自然微曲。手掌抬高,表示欣赏、赞美、祈求;手掌放平,表示诚恳的征求意见;手掌降低,表示无可奈何。

(3) 覆手式。掌心向下,拇指张开,其余指自然微曲。主要表示神秘、压制、否认、反对、不喜欢的意思;也可表示安抚、许可的意思;还可用来摹状,表示距离、高度,或模仿摸索的动作等。

(4) 手切式。手指并拢,手掌挺直展开。主要表示果断、坚决的态度,也用来摹拟劈砍、截断等动作。

(5) 手剪式。手掌向下,两个前臂交叉,然后同时向外推去。表示坚决拒绝、不容置疑或排除矛盾。

(6) 手啄式。掌心向下,手指并拢呈簸箕形,指尖对着听众。这种手势有强烈的针对性,但也有一定的挑衅的意思。

(7) 手合式。五个指尖相触,指尖向上,形成半合状。一般用来强调主题、主要观点,或表示探讨。

(8) 手推式。手掌伸开,曲臂,再伸臂将手掌用力推出。向上推,表示毫不畏惧;向前推,表示坚决和力量,如排除众议、一往无前等。

(9) 抱掌式。双掌合抱。抱掌高举时,表示祝贺、祈祷或思考;抱掌低垂,放在前腹时,表示悲怨、失意的意思;抱掌摇动时,表示欣逢故人之情或依依惜别之意,也可表示歉意、祈求谅解。

（10）撒掌式。手掌向外侧撒伸，与手臂形成一定的角度。这种手势可以表示憎恶、拒绝、恐惧等。

（11）抚身式。用手抚摸自己身体的某一部分。双手自抚，表示深思、谦逊、诚恳；以手抚胸，表示自省或指示自身；以手抚头，表示懊恼、回忆；以手拍肩，表示担负工作、责任和使命。

但手势的运用没有固定模式，应从内心寻找依据，做到情发于中而手动于外。训练时，要求手势准确、简练、自然，要与话语内容协调一致。

【训练1】

蠢笨的企鹅，胆怯地把肥胖的身体躲藏在悬崖底下，只有那高傲的海燕，勇敢地，自由自在地，在泛起白沫的大海上飞翔！（高尔基：《海燕》）

提示：

说到企鹅时，可以用手指着一侧，表示轻蔑、嘲讽。当说到海燕时，应该是手用力挥出去，表示赞扬、敬佩。

【训练2】

一个青年站在我面前说：张老师、你还记得我吗？我愣住了，他是谁？我见过他吗？

提示：

当说道：我愣住了，可用手轻轻拍打前额，表示回忆和尊重。

2）拳头运用训练

（1）在身体的上区握拳头，拳头过头（表示团结、奋斗、决心和誓死捍卫）；右臂在体侧曲肘，紧握拳头（表示坚强的信心）。

（2）在身体的中区握拳头，拳头向前方有力伸出、收回，再伸出（表示义愤和仇恨）。

【训练1】

人生需要追求，需要拼搏，需要奋斗！

【训练2】

你把事情做得太绝了，真让人愤慨！

（六）姿态

姿态是人体在空间的活动和变化，分为体动和身姿两部分。

**1. 体动**

体动指整个身体的动作，由头部、身躯、双腿的动作构成。在语言交流环境中，点头表示赞同、肯定、鼓励；摇头表示反对、否定、怀疑；偏头表示诧异、犹豫、不解；低头表示娇羞、顺从、沉思；垂头表示无奈、沮丧、回避。

**2. 身姿**

身姿指躯干与肢体的造型，两者互相联系，互相转化，呈现多姿多彩的动态美。

1）坐姿

完整的坐姿包括入坐、坐定、起坐三个过程。入坐时款款走到座位前，背向坐具，从容大方轻稳和缓落座。女士双手从臀部捋过裤、裙，顺势坐下。坐定状态：头位要做到头正，下颌微收，双目平视对方（或前方），面部微笑；上体要做到挺胸、收腹、立腰；肩臂要做到双肩自然下沉，双臂自然弯曲；手位要做到两手自然放在膝盖或扶手或桌面上，女士还可双手呈互握式，右手握住左手指部分，放在腹前双腿上；臀位要做到臀部占坐具面积的二分之一；腿位方面女士双腿并拢，小腿与地面垂直，双膝和双脚跟并拢，男士双脚向外平移，两腿间的距离不得超过肩宽，小腿与地面垂直，双膝分开；脚位有多种，一般是两脚张开，大致与肩同宽，平放地面。起坐要舒缓、自然，可右脚向后收半步，用力蹬地，起身站立，或用手掌支撑大腿，重心前移，起身站立，给人以高贵、文雅、自然大方的感觉。

2）站姿

优雅的站姿，是动态美的起点，是第一引人注意的姿态。头位、上体的要求和坐姿是一样的。站立时，腿位要做到双脚并拢直立，重心落于脚掌，自然挺直，臀部略收。站立时，男士可以选择平行分列步（两脚并拢或稍微分开）站立；女士可以选择双脚跟并拢，脚尖分开呈30°夹角，或双脚呈"丁字步"，身体略侧如"舞台姿态"站立。

3）走姿

行走时，头位要做到头部抬起，下颌微收，双目平视前方（约5米处），面带微笑，精神饱满；上体要做到挺胸、收腹立腰、上身略向前倾；摆幅要求，双肩自然下沉，手臂放松，手指自然弯曲，以肩关节为轴，上臂带动前臂摆动，两臂前后摆动幅度不得超过30°；步幅要求，每迈出一步，前脚跟到后脚尖之间的距离，一般为1～1.5个脚长；步位要求，脚落地的位置，女士行走时两脚内侧着地的轨迹应在一条直线上，男士行走时两脚内侧着地的轨迹应在两条直线上；步速要求，女士步速标准为每分钟118～120步，男士步速标准为每分钟108～110步。

4）鞠躬

鞠躬有三种情况：表示一般敬意时，上身前倾15°左右；表示特别敬意时，上身弯曲为90°；登台表演时，上身前倾45°，目视下方，点头，然后抬头起身，目视观众，以表示对观众的谢意。

总之。态势语的各个环节是互相联系的不可分割的一个整体。分解训练中，必须注意相互协调、整体配合。强调整体协调、配合主要是为显示态势语的整体效应，增强态势语的效果。

【训练1】

练习上下台的姿态。

(1) 从座位上沉稳站起;

(2) 精神饱满、神态自然、步子沉稳、面带微笑,迈上讲台;

(3) 上台后站直立稳,轻吸一口气,环视观众;

(4) 问候观众,面对观众讲话;

(5) 讲完话后向观众致谢;

(6) 下台时,动作沉稳、体态端庄,走姿与上台相同。

【训练2】

为《我心中的草原》设计态势语,并进行表演。

我没有去过草原,

却对草原有着深深的眷恋。

它有着悠久的历史,

它有着丰富的文化内涵。

我的兄弟民族在那里生息,

我的兄弟民族在那里繁衍。

那里是撕杀的战场,

那里是英雄的摇篮。

匈奴、突厥、回纥,

契丹、女真、蒙满。

完颜阿骨打、成吉思汗,

努尔哈赤、顺治、康乾。

让人荡气回肠,

让人传颂赞叹!

我没有去过草原,

可我知道那里的山美草盛水甜。

那里的牛羊满山坡,

那里的骏马似狂飙。

那里的男人粗又壮,

那里的女人更耀眼。

我没有去过草原,

我知道那里的天空高远,

我知道那里辽阔幅员。
那里的琴声最悠扬,
那里的歌声最嘹亮。
那里的美酒最甜香,
那里的人们最豪放。

我没有去过草原,
草原才是我的梦幻。
我没有去过草原,
草原才是我的期盼。
多少次梦里去草原,
草原就在我身边。
我心中的草原,
我深深的眷恋!

# 模块三　普通话表达综合技能训练

## 学习单元七　朗读与朗诵训练

> **学习重点**
>
> 弄清朗读和朗诵的区别与联系，掌握朗读和朗诵的各种技巧，并作相关练习；体会不同文体的朗读和朗诵效果；选择自己感兴趣的不同文体进行训练，在训练中体会技巧的运用。

### 第一节　朗读、朗诵的异同

朗读和朗诵，是语言艺术中两种重要的口语表达形式。二者联系密切，又有明显的区别。

#### 一、朗读与朗诵的概念

（一）朗读

朗读是把文字转化为发音规范的有声语言的创造性活动。

（二）朗诵

朗诵是把文学作品转化为有声语言的艺术创作活动。朗诵是一门独特的艺术，"朗"就是响亮的声音；"诵"就是用抑扬顿挫的声音把文章背诵出来。具体地讲，朗诵就是朗诵者把文学作品在观众、听众面前，用准确、流利的语言和丰富的情感，进行艺术性的、表演性的、有声语言的再创造活动。

#### 二、朗读与朗诵的异同

朗读和朗诵，是语言艺术中最为常见的两种语言形式。二者联系密切，又有明显的区别。

(一)相同点

(1) 二者表达依据都是文字材料。

(2) 二者手段都是有声语言为主。

(3) 二者对表达内容的理解是相同的。都是从分析作品开始,挖掘出朗读、朗诵的内容中心思想和主题,把握朗读、朗诵的感情色彩和分量,然后根据内容的表达需要,合理安排自然段落和层次表达,突出主题和中心思想。

(4) 二者的技巧把握也是相同的,如重音、停连、语调、语气、语速、节奏等外部技巧的把握,以及内部心理感受的把握。

(二)不同点

关于朗诵与朗诵的区别,从不同的角度讨论得较多,如从二者的内容选择、范围选择、语言选择等方面谈的较多。但我们认为下面的区别是不能忽视的。

(1) 朗读基本上是稍带艺术性的读书状,朗诵是艺术性很强的语言表演。

(2) 朗读重在讲明事理,朗诵重在语言感染。

(3) 二者尽管技巧的运用是一致的,在运用上朗读不宜夸张,朗诵可根据表演需要进行大胆的夸张。

(4) 在姿态语方面的区别,朗读对态势语没有统一的要求,如领导讲话,学生读课文等在态势语方面没有严格的规定。朗诵则不同,朗诵者的态势语要与有声语言紧密配合,做到朗诵内容、声音和态势的高度协调、统一。

## 第二节　朗读、朗诵的基本要领

### 一、掌握内容

朗读与朗诵都是以文字语言为依据,调动真情实感,运用各种语言表达技巧,对作品进行的创造。这就要求朗读、朗诵者要真正把握作品,掌握作品的内容。

在分析作品时,首先要弄清楚作品的写作背景,明确作品是在哪个具体历史时期、哪种社会条件、哪个特定环境、哪种具体心境下创造的。分析这些是使朗读、朗诵者,能够设身处地,情景再现,能够根据情景浮想当时的氛围,能贴切地理解和把握作品。

其次是把握主题,作品的主题是通过段落层次来体现的,要想把握作品的主题,必须分析文章的篇章结构。分析文章篇章结构的方法有两个:一是归并,一是划分。

归并,就是把联系比较紧密的段落划分在一个层次里。篇幅比较长的作品层次很多,可以进一步把内在联系比较紧密的层次归并为一部分。一个层次里,可以有一个自然段,也可以有几个自然段;一个部分,可以有一个层次,也可以有几个层次。短小的作品,也可以没有归并,就是说没有必要每篇文章都进行归并,可根据具体情况而定。

划分,是把内容比较多的一个自然段再分成若干个小层次。通过划分,可以更加深入细致地把握文章的脉络。

搞清楚这些,文章的主题就自然而然地显现出来了。在分析的基础上,还要搞清各个段落、层次是如何表现主题的,明确哪些是最集中、最典型地表现主题的,哪些是最直接感染听众,哪些是起烘托辅助作用的。抓住了重点,分清了主次,并将这些理性分析和结果通过声音传达给听众,这才是掌握内容的目的。

## 二、明确目的和对象

### (一) 目的

人类的语言活动总是与一定的目的相联系。朗读、朗诵是语言活动,同样要遵循语言活动的目的性规律。

朗读、朗诵的目的是朗读、朗诵者"为什么"要朗读或朗诵这样的作品、这样的内容。朗读、朗诵的目的中既有作者的写作意图,又有朗读、朗诵者的态度;既有对作品的评析,又有对现实的指导意义。朗读、朗诵目的是朗读、朗诵者对原作进行再创造的灵魂,要做到"内明于心,外达于人",朗读、朗诵者必须明白这点。

确定作品的朗读、朗诵目的,主要从三个方面入手,即作品写作的背景、主题及现实意义。

明确目的可以说是朗读、朗诵最为重要的一项准备工作。它既可使朗读、朗诵者抓住文章的精神实质,又使朗读、朗诵者确切地理解和感受文章的现实意义,增强朗读、朗诵的针对性以及驾驭文章主次的能力,对作品通篇的把握也是一个关键的问题。

如《中国石拱桥》的朗读、朗诵目的可以表述为"以我国人民建造石拱桥的聪明、智慧,激发人们的民族自信心和民族自豪感。"

### (二) 对象

朗读或朗诵,都存在与对象的交流问题。没有对象就不可能实现朗读、朗诵的目的。

朗读、朗诵者的听者,就是朗读、朗诵的对象。网络朗读、朗诵的对象,就是不同年龄段的听众。尽管这些听众看不到摸不着,但朗读、朗诵者同样能感觉到他们的存在、他们的反应,这就要求朗读、朗诵者同样要有对象感。朗读、朗诵者在朗读、朗诵作品的选择、作品的处理、技巧的把握上应该和现实中一样。

### 三、字正腔圆,气足声亮

朗读和朗诵一定要做到语音规范标准,字正腔圆,气足声亮。

字正腔圆,是指声母准确,韵母完整,字音清晰圆润、悦耳动听。朗读时,做到不漏字、不添字、不回读、不颠倒、不中断,自然流畅,干净利落。朗诵时,做到气力充沛,以气托声,声音明亮,以声传情,富有弹性。朗诵时,只有字正腔圆,气足声亮,才能达到激昂如大江东去,委婉似涓涓溪流,才能收到应有的艺术效果。

## 第三节 朗读、朗诵技巧把握

技巧把握是表达的重要手段,任何表达都受朗读、朗诵者心理状态的支配和技巧运用的控制。

### 一、内部心理感受

(一)形象感受的作用

形象感受也可以称为直接感受,是指作品中的文字语言直接刺激朗读、朗诵者的视觉、听觉、嗅觉、味觉等感官而引起的对客观事物的感知、体会和思考,是"感之于外,受之于心"而形成的。这就要求朗读、朗诵者调动自己的记忆联想和再造联想。形象感受主要源于作品中的形象,为了塑造形象,朗读或朗诵时要注意对实词的处理。只有处理好实词,作品中的情、景、物、事、理才能在朗读、朗诵者心中活起来,好像真的"看到、听到、闻到、尝到"一样。

(二)逻辑感受

逻辑感受也可以称为间接感受,是从作品的结构脉络和语句的逻辑关系中获得的感受,也可以说是作者创作思路的一种更深层体验。这种感受除了从作品的概念、判断、推理中获得外,还得从对文章发展脉络、连接层次的语句起主要作用的虚词中获得。如"因为""所以""不但""而且""然而""但是"等虚词,虽然它们不表示什么实在意义,似乎看不见摸不着,但它们在议论性文章中,起着至关重要的作用。抓住这些虚词,并理清它们的关系,对逻辑感受的获得会收到事半功倍的效果。

### (三)内在语的运用

内在语,就是作品中文字语言所不便表露、不能表露或没有完全显露出来的词句关系或语句本质。它赋予言语一定的思想、态度和感情色彩。没有内在语,语言就失去了光彩和生命。例如"亲爱的"在有声语言中内在的含义可以是爱,可以是"恨";"你真坏",在有声语言中可以是"坏",也可以是"好"。内在语有"言外之意,弦外之音"的意思。它像一股巨大的潜流在语言下不断的涌动,赋予语言以生命。只有抓住内在语,挖掘文字后面更深一层意思,朗读、朗诵才会有深度。

### (四)作品基调和朗诵者身份

**1. 作品基调把握**

作品基调是作品总的态度和情感。要把握它,就要遵守这样的原则:对作品的主题思想进行高度概括和总结。概括和总结作品的主题思想,除了对作品进行反复研读外,要对突出作品主题思想的字词、段落、层次结构等进行重点理解和划分,还要对作品创造的时代,作者本人所处的特殊境况,进行深入的了解。如同为朱自清的《荷塘月色》《春》,为什么《荷塘月色》的主题思想充满了对家乡的思念,充满了苦闷、哀怨、彷徨、寂寞,抒发的是对现实的不满和对光明的向往。其作品基调总的来讲就是"思念、苦闷、哀怨、彷徨、寂寞和对现实的不满与对光明的向往";而《春》的主题则是:通过对花卉争荣、生机勃勃的图画般的描写,赞美、抒发春的创造力和带给人们以无限希望,从而激励人们在无限春光里辛勤劳作、奋然向前。其作品的基调是:对春天的赞美,对生活的热爱和积极进取的情怀。

尽管同为一人笔下之作,为什么主题思想迥然。这主要是作者本人创作作品时的小背景和特殊心境不一样。

**2. 朗诵者的身份**

作品对于朗诵者而言,表面看是我与作品的关系。实际上朗诵者要把文字作品和我的关系处理好,把文字作品转化成有声语言,无异于是对作品的二度创作,这就要求朗诵者对自己的身份有个明确的定位。这种定位就是:朗诵者就是作者,作者的作品就是朗诵者的作品,作品里表达的主题思想,就是朗诵者坚守的原则。在充分把握作品的主题思想、作品的情感、作品的关键段落、层次关系、词语后,合理确定作品表达的重点,次重点和作品中的铺垫语言等,可采用层层推进或层层递减的方法来朗诵作品。这样才能收到良好的朗诵效果。

## 二、语调自然,张弛有度

朗读和朗诵的语调都应朴实自然、鲜明生动,不可拿腔捏调,改变自然的音色。

朗读的语调应做到自然平实、节奏平稳、语速适当,既有内在感情色彩的变化,又保持声音形式的朴质无华。

朗诵,作为一种表演艺术,要用优美的嗓音、生动的语气、丰富的感情、独特的感受吸引和打动听众。语调要跌宕起伏、强弱疾徐,夸张适度,要以真实的内心感受为尺度,不要一味追求声情的起落强弱,否则会给人矫揉造作之感。

【训练】

朗读陈淼的《桂林山水》,体会语调表情达意的作用。

人们都说:"桂林山水甲天下。"

我们乘着木船,荡漾在漓江上,来观赏桂林的山水。

我看见过波澜壮阔的大海,玩赏过水平如镜的西湖,却从没看见过漓江这样的水。漓江的水真静啊,静得让你感觉不到它在流动;漓江的水真清啊,清得可以看见江底的沙石;漓江的水真绿啊,绿得仿佛那是一块无瑕的翡翠。船桨激起的微波扩散出一道道水纹,才让你感觉到船在前进,岸在后移。

我攀登过峰峦雄伟的泰山,游览过红叶似火的香山,却从没看见过桂林这一带的山。桂林的山真奇啊,一座座拔地而起,各不相连,像老人,像巨象,像骆驼,奇峰罗列,形态万千;桂林的山真秀啊,像翠绿的屏障,像新生的竹笋,色彩明丽,倒映水中;桂林的山真险啊,危峰兀立,怪石嶙峋,好像一不小心就会栽倒下来。

提示:

文字描绘了桂林漓江水的美,桂林山的丽。朗读时,深刻体会桂林漓江水的"静、清、绿";桂林山的"奇、秀、险",用情真意切、起伏适度的语气、语调,力求把文字转化为生动可感的形象画面。

## 三、态势得体,自然大方

态势语是朗读和朗诵中不可缺少的辅助表意手段。朗读的态势语幅度较小,主要是眼神和面部表情的运用。朗诵态势语的幅度可大可小,由表达内容和表达情感决定。自然、得体、优雅、灵活的态势语是朗诵获得成功的必要条件。

朗诵者上台后,要全神贯注,进入"角色"。切忌目光不定,眼中无神。朗诵者眼前和朗诵作品过程中都要有具体的"视象",即有如临其境、如见其状,如闻其声的真实感,要充分调动感情和生活体验,用眼神和表情细腻生动地表现出作品的内容。朗诵中,态势动作的配合应做到:手随音行,话到手到;停势要稳,不可乱晃;收势宜慢,灵活自如。

总之,态势语应是真实感情的流露,态势语与情感的抒发自然吻合,态势语皆由心出。朗诵的态势语要少而精、生活化,要自然、得体、潇洒、大方。

【训练】

朗诵《我心中的草原》里部分诗句,体验态势语表情达意的作用。

我没有去过草原,(真挚地,右手掌由下而上、靠近胸口)

却对草原有着深深的眷恋。(点下头,深情的表达)

它有着悠久的历史,(右手手掌从体侧抬起,向体侧右前方伸出)

它有着丰富的文化内涵。(由衷地把伸出体侧右前方的手向内收,置于胸腹之间)

我的兄弟民族在那里生息,(右手手掌从胸腹间前伸,眼睛同时往前望去)

我的兄弟民族在那里繁衍。(右手稍微挪动下位置,深情地表达)

### 四、不同类型文章的朗读和朗诵要求

(一) 平实类文章

平实类文章主要包括说明文、议论文。这类文章,无需注入太多感情色彩的成分。可从以下三个方面来把握:

(1) 论清楚、说明白。

(2) 态度明朗,公正客观。

(3) 语气沉稳、重音坚实,语气应肯定、平和、朴实。在重音表达上一般不使用加快、变轻、转虚等方法,最常用的是加重并适当拖长音节。其音高和长度要看语气的色彩和份量来确定。

(二) 记叙文和小说

**1. 记叙文**

记叙文中,无论是记人叙事、写景状物的,很少有说教。朗读、朗诵时,可以从以下四点去把握:

(1) 线索清晰,也就是抓住作品的发展线索、层次。记叙文的线索,有时表现在人、事、物、景的轴心上,有时则以作者的思想感情的贯穿作用为转移。要特别注意作品的内在联系。

(2) 立意具体,作品的立意就是作品的主题。

(3) 表达细腻,具体说:一是叙述要舒展,表达时不要结结巴巴。二是描写要实在,朗读、朗诵时不宜过分夸张,不要给人"极度"的感觉。三是人物要神似,不求形

似。一定不要摹拟人物的音容笑貌。特别是人物对话,不应单纯考虑用什么样的音色说话,人物对话要服务于立意。

(4) 在声音的运用上应当轻柔而明朗,声音实而不硬,柔而不粘,节奏稳中有变,变换自如。不要高音大噪、粗声粗气,也不能虚声虚气、松散懈怠,应如小溪流水般清澈明快。

**2. 小说**

小说有情节、人物、环境等的描写,是一种需要多种技巧才能把握好的文体。需要注意的问题主要有三点:

(1) 抓住核心。不管什么小说,总是围绕一个核心,展开情节、刻画人物,给人以形象的感染。因此,一定要抓住核心,不要陷入一个个具体情节中去。

(2) 把握基调,变化节奏。情节是小说的基本构成因素,小说的情节非常复杂,要想准确地表达,就必须抓住主流,准确地确定基调,以便有统领全篇的感情和态度。

(3) 把握对话,塑造人物。语言表达时,要根据小说通篇对人物的介绍、描写,设计出人物的基本语气。还要注意人物语言的对象感、空间感、呼应感,对话人之间的关系,问答人之间的呼应,人物说话时的空间位置等。要设身处地、情景再现,将其表现于声音、传达给听众。

**(三) 抒情散文、诗歌、戏曲**

**1. 抒情散文**

抒情散文是一种不拘于诗的格律,却能创造出诗的意境的文体。它通过记人、叙事、写景、状物,动人以情,使人在情景交融中受到熏陶。语言表达时,要注意下面的问题:

(1) 深入理解,大胆想象。

(2) 心临场景,进入意境。

(3) 挖出主题,诵出含义。

**2. 诗歌**

(1) 深知背景,明确目的。

(2) 运用想象,大胆设计。诗歌各具特色,但却离不开形象思维,要大胆利用形象思维丰富自己的想象。

(3) 把握节奏,划分语节。节律是诗歌的生命,它不但展现着意境美,而且显示着韵味美。把握节奏离不开诗行语节的恰当划分。划分语节需要注意的问题:

① 自由诗:自由诗的语节主要按语意来划分,以不读成破句为前提。长句一般

分三四个语节,特别短的句子一个语节。

② 格律诗:格律诗有不同的语节安排。如五言诗多从第二个字后划开,分为两个语节,如"花间/一壶酒"。七言诗多从第二和第四个字之后划开,分为三个语节,如"两个/黄鹂/鸣翠柳"。

语节里包含的音节多少不同,语言表达时,注意语节的时值大体相当。因此,音节多的语节,要读得紧凑些;音节少的语节要读得舒缓些,语节间可用短暂的停顿或拖音来显示。

朗读、朗诵诗歌时,语言一定要流畅,不能干涩。还要特别注意吐字归音,要求每个字的韵腹拉开发清楚,并且发音部位要到位。

**3. 戏剧**

戏剧台词的表达,是一种复杂性的艺术表达。主要的表达技巧有:

(1) 尊重原作,大胆想象。传达出原作的主要精神和艺术美感。

(2) 找出台词的个性、心理依据。不但要了解角色说什么,更要了解为什么要这样说。

(3) 灵活运用口语修辞手段,克服不符合生活的"脸谱"表达。

(4) 戏曲台词强调以声音塑造角色。这就要求表达者必须有娴熟和精湛的技艺,注重摹拟作品的音色、语气,传达出作品的真情实感。

### 五、朗读和朗诵技巧综合训练

(一) 常见的标点符合

/ 停顿号,表示语句中的停顿。

// 表示语音稍长的停顿。

. 重音号,标在一句话中重读词语下面。

⌒ 连续号,只用于有标点处,表示缩短停顿时间,或急连或缓连。

△ 挫号,用于句中,表短促停顿。

↗ 升调号,表示语调上扬。

↘ 降调号,表示语调下抑。

→ 平调号,表示语调平稳。

↗↘ 曲折号,表示语调有波折。

M 表示慢速。

Z 表示中速。

K 表示快速。

## 学习单元七　朗读与朗诵训练

### （二）停连

停连包括停顿和连接,是指语流中声音的中断和延续。朗读、朗诵中的停连,根据表情达意的需要来定。

**【训练】**

在苍茫的大海上,狂风卷集着乌云。在乌云和大海之间,海燕／像黑色的闪电,在高傲地飞翔。

一会儿／翅膀碰着波浪,一会儿箭一般地直冲向乌云,它叫喊着,——就在这鸟儿勇敢的叫喊声里,乌云听出了欢乐。

在这叫喊声里——充满着对暴风雨的渴望!在这叫喊声里,乌云听出了／愤怒的力量、热情的火焰和胜利的信心。

海鸥／在暴风雨来临之前／呻吟着,——呻吟着,／它们在大海上飞窜,想把自己对暴风雨的恐惧,掩藏到大海深处。

海鸭也在呻吟着,／——它们这些海鸭啊,享受不了生活的战斗的欢乐:轰隆隆的雷声／就把它们吓坏了。

蠢笨的企鹅,胆怯地把肥胖的身体／躲藏到悬崖底下……只有那高傲的海燕,勇敢地,自由自在地,在泛起白沫的大海上／飞翔!（高尔基:《海燕》节选）

提示:结合朗诵,并设计态势语。

### （三）重音

**【训练】**

朗诵徐志摩的《再别康桥》,注意重音的表达。

轻轻的我走了,正如我轻轻的来;我轻轻的招手,作别西天的云彩。那河畔的金柳,是夕阳中的新娘;波光里的艳影,在我的心头荡漾。软泥上的青荇,油油的在水底招摇;在康河的柔波里,我甘做一条水草!那榆荫下的一潭,不是清泉,是天上虹。揉碎在浮藻间,沉淀着彩虹似的梦。寻梦?撑一只长篙,向青草更青处漫溯;满载一船星辉,在星辉斑斓里放歌。但我不能放歌,悄悄是别离的笙箫;夏虫也为我沉默,沉默是今晚的康桥;悄悄的我走了,正如我悄悄的来;我挥一挥衣袖,不带走一片云彩。

提示:

全诗用一幅幅流动的画面,构成了一处处美妙的意境,细致地表达了作者对康桥的爱恋、对往昔生活的憧憬、对眼前离愁的无可奈何。诗中加点的词语,反映了诗的意境。注意运用重音的多种表达方式,体会诗的美妙,同时根据表达情感的需求,设置恰当的态势语。

（四）语调

**1. 升调**

【训练1】

"当你在积雪初融的高原上走过,看到平坦的大地上傲然挺立这么一株或一排白杨树,难道你就只觉得它只是树？↗"（茅盾：《白杨礼赞》）

【训练2】

"今天,一个大写的中国,让人读得光明、读得酣畅！↗今天,一个腾飞的中国,更让人读得生动、读得自豪！↗"（欧震：《青春中国》）

**2. 降调**

【训练1】

"人类最后的痛苦就是家园的失去,祖先最初的热土,该不是家园最后的墓志吧？↘"（刘湘晨：《胡杨祭》）

【训练2】

"为什么我的眼里常含泪水？因为我对这土地爱得深沉。↘"（艾青：《我爱这土地》）

**3. 曲折调**

【训练1】

"许是累了？↘还是发现了新大陆？↗"（王文杰：《可爱的小鸟》）

【训练2】

"树,↘活的树,↗又不买,↘何言其贵？↗"（舒乙：《香港:最贵的一棵树》）

**4. 平调**

【训练1】

那是力争上游的一种树,笔直的干,笔直的枝。→（茅盾《白杨礼赞》）

【训练2】

可是,我……我还没有向您请教呢……→（纪广洋《一分钟》）

（五）语速

【训练1】

语速缓慢训练（M）。

江南的山水是令人难忘的,缭绕于江南山水间的丝竹之音也是令人难忘的：在那烟雨滚滚的小巷深处,在那杨柳依依的春江渡口,在那黄叶萧萧的乡村野店,在那白

雪飘飘的茶馆酒楼……谁知道,那每一根颤动的丝弦上,曾经留下多少生离死别的故事。(严阵《江南丝竹》)

**提示:**

语速缓慢,抒发了对江南丝竹之音的赞美与怀念之情。

**【训练2】**

语速中速训练(Z)。

"漓江的水真静啊,静得让你感觉不到它在流动……"(陈淼:《桂林山水》)

**提示:**

描绘漓江水的秀美,抒情色彩浓郁,语速应采用中速。

**【训练3】**

语速快速训练(K)。

"音响就越大了。战鼓声、金锣声、呐喊声、叫号声、啼哭声、马蹄声、车轮声、机翼声,掺杂在一起,像千军万马混战了起来。"(鲁彦:《听潮》)

**提示:**

描写潮声的嘈杂和潮涌来的壮观之势。语速宜快,声音连续较多。

**【综合训练1】**

按照朗读和朗诵的要求、技巧和态势,根据下列诗文进行训练。

致橡树(节选)
舒婷

我如果爱你——
绝不像攀援的凌霄花,
借你的高枝炫耀自己;
我如果爱你——
绝不学痴情的鸟儿,
为绿荫重复单调的歌曲;
也不止像泉源,
常年送来清凉的慰藉;
也不止像险峰,
增加你的高度,衬托你的威仪。
甚至日光,
甚至春雨。

不,这些都还不够!
我必须是你近旁的一株木棉,
作为树的形象和你站在一起。
根,紧握在地下,
叶,相触在云里。

**提示:**

这是一首优美、深沉的抒情诗。它所表达的爱,不仅是纯真的、炙热的,而且是高尚的、伟大的。它像一支古老而又清新的歌曲,拨动着人们的心弦。诗人别具一格地选择了"木棉"与"橡树"两个中心意象,将细腻委婉而又深沉刚劲的感情蕴含在新颖生动的意象之中。诗人以橡树为对象表达了爱情的热烈、诚挚和坚贞。诗中的橡树不是一个具体的对象,而是诗人理想中的情人象征。因此,这首诗在一定程度上不是单纯倾诉自己的热烈爱情,而是要表达一种爱情的理想和信念,通过亲切具体的形象来发挥,颇有古人托物言志的意味。因此,在朗诵时要感情充沛、语言流畅、语调设计和语气以及态势语的表达都要贴切。

【综合训练2】

### 心田上的百合花(节选)
### 林清玄

在野草的鄙夷下,野百合努力地释放内心的能量。有一天,它终于开花了。它那灵性的洁白和秀挺的风姿,成为断崖上最美丽的颜色。这时候,野草再也不敢嘲笑它了。

百合花一朵一朵地盛开着,花朵上每天都有晶莹的水珠,野草们以为那是昨夜的露水,只有百合自己知道,那是极深沉的欢喜所结的泪滴。年年春天,野百合努力地开花、结籽。它的种子随着风,落在山谷,草原和悬崖边上,到处都开满洁白的野百合。

几十年后,远在百里外的人,从城市,从乡村,千里迢迢赶来欣赏百合开花。许多孩童跪下来,闻嗅百合花的芬芳;许多情侣互相拥抱,许下了"百年好合"的誓言;无数的人看到这从未见过的美,感动得落泪,触动内心那纯净温柔的一角。

不管别人怎么欣赏,满山的百合花都谨记着第一株百合的教导:
"我们要全心全意默默地开花,以花来证明自己的存在。"

**提示:**

林清玄,台湾著名作家。《心田上的百合花》创作于20世纪七八十年代。文章通篇运用拟人的手法,通过层层衬托,塑造了一个充满灵性、大智大慧的野百合的形象。

一株小小的植物，为了心中那个美好的愿望，凭着执著和坚韧，为人间开出一片百合花谷。文章所展现的是做人的最高境界：以清净心看世界，以欢喜心过生活，以平常心生情味，以柔软心除挂碍。按自己的目标去努力，就有属于自己的花朵和自豪。这篇励志小文，饱含着"大其愿，坚其志，细其心，柔其气"的人生准则，读来令人信心倍增。朗读时，心临场景，进入意境，语调应自然平实，节奏平稳，语速适当，既要把握文章的感情色彩变化，又要保持声音形式的朴质无华。

# 学习单元八　解说训练

📖 **学习重点**

了解解说的基本内涵及其要求,把握解说的分类,根据解说的示例和训练材料反复体会解说技巧的运用。

## 第一节　解说的基本要求

### 一、解说的定义

解说是解释说明事物、事理的一种综合性的口语表达形式。它往往是通过简洁的语言,把事物的形状、性质、特征、成因、关系、功能等解释说明清楚。凡需要说明的事物、解释的事理,都离不开解说。解说,常用于教学解释、影视解说、实用图片展览讲解、科普知识介绍、导游讲解、看图说话、体育比赛等方面。解说的方法有概括解说、定义解说、分类解说、举例解说、比较解说、数字解说、图表解说、引用解说等。

### 二、解说的基本要求

**(一)语言准确形象**

解说要把握客观事物的基本情况,揭示事物的本质属性和规律。解说语言首先要做到准确,其次是简洁形象,流畅高效,切忌枝枝蔓蔓,不得要领。如介绍人文景观、风土人情、物质商品等,描述要生动、形象,评议要准确、真切。

**(二)层次条理清楚**

解说的目的是让听者明白。因此,应针对具体的解说对象,合理安排解说顺序。做到逻辑严密、层次条理、语言通俗易懂,能准确反映客观事物的本来面目。

**(三)重点内容突出**

一切事物都有区别于其他事物的特征。解说时,要抓住事物特征,抓住重点内容,分清主次,突出重点,详略得当。弄清楚"所说的是什么?""对什么人说?""为什么说?"等语境要素。一般地说,听者了解的,应该少说或不说;听者不了解的,应该多说;说给内行听,应说得深一些、专业一些;说给外行听,应该浅一些、通俗一些。

## （四）感情真挚饱满

感情真挚饱满，才能调动听众的兴趣，激发听众的联想，使听众产生感情的共鸣。因此，解说时，必须感情投入，因情赋声、以声传情、声情并茂，使听众在获得信息、知识的同时，得到美的享受，受到爱的启迪。

### 三、解说的表达技巧

解说是一种艺术，所以解说时要充分体现自身的语言艺术特点。要通过语调、语速、音量、语气的调节等表现各种事物的具体形态。解说时，用词恰当，吐字不拖泥带水，尽量做到清晰饱满，让人听得明明白白，说到关键数据和专用词语及难懂的地方要慢说重说，甚至一字一顿；停顿要用区分性停顿、反馈性停顿、强调性停顿等帮助听者分辨和理解；重音要用语句重音表示强调、区分、提示，以增强表达效果；语速不宜过快，节奏要有明显的变化；态势优美、语句精要、解说方法灵活多样，以此来揭开自然科学的神秘面纱，展示社会科学的美好画卷。

【示例】

建安十二年，即公元207年秋，曹操北征乌桓，大胜。班师途中，登碣石，居高临海，视野寥廓，即兴赋诗一首。

### 观沧海
#### 曹操（东汉）

东临碣石，以观沧海。
水何澹澹，山岛竦峙。
树木丛生，百草丰茂。
秋风萧瑟，洪波涌起。
日月之行，若出其中；
星汉灿烂，若出其里。
幸甚至哉，歌以咏志。

数千年潮起潮落，沧海和中华，到底又有怎样的交集呢？

2007年8月2日，一场政治风暴在北冰洋冰面下静悄悄地爆发。

俄罗斯国家杜马副主席、北极探险家奇林加罗夫乘潜水艇，深入4261米的海底，在北极点插上了一面高一米、能保存100年的钛合金国旗。

对此，加拿大总理哈珀迅速作出反应："我们亟须采取行动维护我们在北极地区的主权，保护领土的完整。"美国、丹麦、挪威等濒临北冰洋的国家，也纷纷采取行动。北极地区权益之争愈演愈烈。

这是一条热议了上百年的黄金通道。上个世纪，有的国家曾为此展开过激烈的争夺。从某种意义上说，谁控制了北冰洋，谁就控制了世界经济的新走廊。

冰川尚未消融,群雄已未雨绸缪。

站在历史和未来的交汇点上,中国该如何确立自己的海洋战略?又该如何梳理中华民族的海洋意识呢?(八集纪录片《走向海洋》解说词)

【评析】

这段解说词,以曹操北征乌桓获得胜利,班师途中临海而视,即兴写的一首诗开篇,使人联想到海洋,然后以一场政治风暴引起的世界许多国家对海洋战略的重视,进而用两个设问,把人的注意力集中到中国如何确立海洋战略和中华民族如何梳理海洋意识上来。展开了《走向海洋》八集纪录片的解说。解说目的明确、内容突出、史论结合、说理充分,使人兴趣盎然,效果非常明显。

## 第二节 解说的分类及其训练

### 一、解说的分类

由于解说的对象是十分广泛的,所以解说的种类也是多样的。解说的种类可从不同的角度去划分。

(一)从内容方面划分

从内容方面划分,解说可分为知识性解说、影视解说、体育解说、图片解说、导游解说等。知识性解说要求讲解准确、逻辑严密、层次清晰,重视方式方法,避免枯燥乏味;影视解说常与音乐画面相伴,解说要和音乐画面配合贴切,尽量做到协调完美;体育解说对解说员的素质要求较高,因为体育比赛总是在动态的变化中,要求解说员能够根据现场的变化及时调整解说内容;图片解说的对象是静态的,要根据图片的情景内容,发挥想象,要突破常规思维模式快速组织语言;导游解说要能够充分调动游客的兴趣,突出知识性、趣味性。

(二)从形式上划分

从形式上划分,解说可分为简约性解说、详实性解说等。简约性解说,多用于一般性介绍,解说是用概括、凝练的语言,解释说明事物、事理,语言要精炼简约,通俗易懂;详实性解说,多用于专业性介绍,解说是用丰富、细致的语言,解释说明事物、事理,语言要内容充实、准确严密。

(三)从风格上划分

从风格上划分,解说可分为平实性解说、形象性解说等。平实性解说,多用于比较浅显的知识性介绍,其解说要求是平铺直叙、朴实无华;形象性解说,多用于娱乐性介绍,解说较多地采用修辞手法,如用比喻、拟人、借代等手法,对解说对象进行描绘,以增强解说的形象性和趣味性。

总之,解说的种类根据解说的对象可以划分出不同的种类,但在具体解说中,各种解说类型往往是综合运用的。

## 二、解说训练

(一) 经典解说示例

**1. 知识性解说**

【示例1】

云南的"三江并流解说"词

三江并流位于滇西北青藏高原南面的横断山脉纵谷地区,包括怒江州、迪庆州以及丽江地区、大理州的部分地区,西与缅甸接壤,北与四川、西藏毗邻。

景区内有怒江、澜沧江、金沙江3个风景片区,8个中心景区,60多个风景点,总面积3500多平方公里。三条大江在滇西北横断山脉纵谷地区并流数百公里,三江间距最近处直线距离66.3公里,其中怒江、澜沧江最近处只有18.6公里的怒山相隔。

景观主要有三江并流、高山雪峰、峡谷险滩、林海雪原、冰蚀湖泊;少风的板块碰撞、广阔美丽的雪山花甸、丰富的珍稀动植物、壮丽的白水台、独特的民族风情等,构成了雄、险、秀、奇、幽、奥、旷等特色。它是云南省面积最大、景观最丰富壮观、民族风情最多彩风景区,极令人神往,但基本上是尚未开发的处女景区。它是联合国教科文组织指名调查,经国务院1989年批准定为第二批国家级风景名胜区。

【示例2】

《故宫》解说词片断——瓷器

瓷器,是我们这个善于创造,并深赋美感的民族曾经所独有的。

它有火的刚烈、水的优雅、土的敦厚。中国人把那个看似普通的泥土,在水与火的灵动下,在中国人心灵与精神的升华中,成就出这种美丽的器皿。

它曾经是武则天供奉佛指舍利的至尊之器;是宋徽宗宫廷院落中雅致的摆设;是元世祖进行东西方贸易的贵重商品;是永乐皇帝赐予外国使臣的珍贵礼物;是雍正皇帝亲自参与创作和设计的艺术品;也是中国每一个老百姓生活中不可或缺的东西;更是这个世界上最大的宫殿中无处不见的珍宝。

## 2. 体育解说

【示例1】

杨健在2004年雅典奥运会上刘翔比赛获得冠军的解说词

比赛开始！刘翔的起跑非常的顺。他目前排在第一位！旁边的是特拉梅尔、沃里加尔斯,刘翔处于领先的位置！！！刘翔！刘翔赢了！刘翔赢了！刘翔创造了历史！……一个黑头发、黄皮肤的中国人成为世界飞人……刘翔创造了历史！……刘翔获得了世界冠军,奥运会冠军,刘翔获得了奥运会金牌,创造了新的奥运会纪录：12秒91,12秒91。当然这个成绩还要经过最后的核实！12秒91,它平了1993年的克里·捷克的世界纪录！刘翔！！！

【示例2】

韩乔生在2012年伦敦奥运会上孙杨获得游泳冠军的解说词

（在伦敦奥运会1500米自由泳决赛上,在剩下最后50米时候）韩乔生解说道：我们现在可以看到孙杨脚下浪花朵朵,四肢齐驱,像一台发动机一样奔向终点。孙杨孙杨……孙杨获得1500米自由泳的冠军,并且打破了世界纪录,他是中国历史上第一位获得此项的冠军,我们祝贺孙杨……

## 3. 导游解说

【示例1】

### 石公山解说

用摹状法解说,如导游介绍苏州西洞庭山的石公山

游客朋友：欢迎各位来著名景点石公山游览。石公山位于西山岛的东南端,三面环水,背倚丛岭,翠柏浓郁,山村水映,美景天成。因昔日在山下傍水处有两块奇石,形如一对老翁和老妪,称为石公、石婆,故而名为石公山。我们现在已经身处仙山妙境。请看：我们的背后是蜿蜒葱翠的山林,面前是无边无垠的太湖。青山绕着湖水,湖水托着青山。山石伸进湖面,湖面"咬"进了山石。头上有山,脚下有水,山水合一,天人合一；岛中有岛,湖中有湖；山如青龙伏水,水似碧海泛动……

【示例2】

### 苏州狮子林解说

用设问法解说,适当提问,讲中有问,问中有答。如游览苏州狮子林时,导游这样解说："狮子林假山是最有名的,这些假山堆成了许多千姿百态、大小不一的狮子,峥嵘壮观,惟妙惟肖。假山互不相连,形成许多山洞,从洞中往外看,一洞一景,各不相

## 学习单元八  解说训练

同。更有妙者,在这些假山中还隐伏着五百个石罗汉,不知游客们能找到吗?"话音刚落,游客四散,兴致勃勃地去寻找石罗汉去了。

**4. 简约解说**

【示例1】

猿人解说

什么是猿人?猿人被认为是人类的直接祖先,具有人和猿的两重生理构造特征,大约生存于距今200万年到三四十万年前。猿人头骨低平,眉脊骨突出,牙齿较大,具有猿和人的中间性质。他们已经能制造石器,是最早能制造工具的人。猿人可分为早期猿人和晚期猿人。

【示例2】

散文解说

什么是散文?散文是与诗歌、小说、戏剧并称的一种文学体裁,指不讲究韵律的散体文章,包括杂文、随笔、游记等。

**5. 详实性解说**

【示例1】

水有没有颜色的解说

水有没有颜色?有人说水是白色的。这话不对。我们拿水和豆浆比一下就会知道,豆浆才是白色的。水却什么颜色都没有。如果放一根筷子在清水里,再放一根在豆浆里,我们就能透过清水看见筷子,可是不能透过豆浆看见筷子。这说明水是透明的,没有颜色;豆浆不透明,是白色的。

【示例2】

香烟对人体危害的解说

香烟,是烟草制品的一种。制法是把烟草烤干后切丝,然后以纸卷成长约120mm,直径10mm的圆桶形条状。吸食时把其中一端点燃,然后在另一端用口吸产生的烟雾。香烟最初在土耳其一带流行,当地的人喜欢把烟丝以报纸卷起来吸食。在克里米亚战争中,英国士兵跟当时的鄂图曼帝国士兵学会了吸食方法,之后传播到不同地方。香烟对人体的危害很大,是多种疾病的致病因素,是人类健康的大敌。据分析,烟草中含有大约1200种化合物,绝大多数对人有害。其中毒性最大的是烟碱,又叫尼古丁。一支香烟的尼古丁为6~8毫克,足以毒死一只老鼠;二十支香烟的尼古丁可以毒死一头牛。使人致死的尼古丁剂量是50~75毫克,每天吸二十至二十五支,就可以达到这个剂量。只是由于尼古丁是逐渐进入人体并逐渐解毒的,才不至

145

死,然而,人体也深受其害。吸烟的人和不吸烟的人相比较,肺癌发病率增加10～50倍,冠心病发病率增加2～3倍,慢性气管炎发病率增加2～8倍,口腔癌发病率增加3倍。更值得注意的是,母亲吸烟,还会使孩子发育缓慢,体质虚弱,智力低下。总而言之,吸烟会造成体质下降,健康受损,疾病增加,寿命缩短,并殃及后代。

### 6. 形象性解说
【示例1】

地球的构造解说词

地球内部构造像鸡蛋一样,也是由三部分组成的。表面是地壳,相当于鸡蛋壳;中间是地幔,相当于鸡蛋清;最里边是地核,相当于鸡蛋黄。

【示例2】

枫桥解说词

枫桥原是苏州城外枫江上一座普通的桥,因唐朝诗人张继的一首《枫桥夜泊》而闻名天下。所有来苏州的人,必定会来枫桥看上一看。

当年,张继赴京赶考曾两次路过枫桥,但两次的心情截然不同。北上赴京时,踌躇满志;落第回乡时,失意落寞。午夜梦回,脸色如霜,寒山寺的钟声触动了张继的心境,于是信笔写下"月落乌啼霜满天,江枫渔火对愁眠。姑苏城外寒山寺,夜半钟声到客船"的千古佳句。如今,一千年过去,往事如烟,留在人们记忆里的只有永远的诗名,永远的枫桥。

### 7. 平实性解说
【示例1】

《初中各科知识表解》解说

该丛书由北京海淀区著名教师根据系统理论原理,把初中各科知识要点进行概括、归纳整理之后,按其内容逻辑关系以图表的形式编写而成。学生在总复习中使用《初中各科知识表解》,既便于从宏观上把握整个知识的结构,又便于从微观上掌握知识要点,从而在应试中取得最佳成绩。

【示例2】

《匈牙利狂想曲》解说

匈牙利作曲家费朗兹·李斯特创作有十五首《匈牙利狂想曲》,其中二首最著名,也最受人喜爱。"狂想曲"是音乐作品形式的名称,指幻想性的作品,它不拘泥于传统形式,可多可少地由一些单独的片段构成。《匈牙利狂想曲》是由吉普赛音乐的旋律构成的。吉普赛民族在历史上是一个有着悠久浪漫史的民族,因地位卑微、屡受蹂躏和迫害,饱尝颠沛流离之苦,最后在匈牙利找到避难所。他们的音乐也在匈牙利得到了

学习单元八 解说训练

真正的同情和理解,被吸纳为匈牙利的民族音乐。吉普赛音乐具有流浪民族那种放荡不羁的特点。它像风一样自由自在,并且总是洋溢着热情。吉普赛音乐多半是即兴创作的,按照演奏者的不同情绪即席发挥,有时常见由深沉的忧郁转变为狂热的放纵。

(二)解说综合训练

【训练1】

### 《清明上河图》解说词节选

《清明上河图》宽24.8厘米,长528.7厘米,绢本设色,以长卷形式,采用散点透视的构图法,将繁杂的景物纳入到统一而富有变化的画卷之中。画中主要分为两部分:第一部分是农村,第二部分是市集。画中有814人,牲畜83匹,船只29艘,房屋楼宇30多栋,车13辆,轿8顶,桥17座,树木约180棵。画中人物衣着不同,神情各异,栩栩如生,其间还穿插各种活动。画法注重情节,构图疏密有致,富有节奏感和韵律的变化,笔墨章法都很巧妙,颇见功底。

提示:

解说时,语调平稳,数字要说得清清楚楚,评论部分语气要肯定。

【训练2】

### 《话说长江》解说词节选

长江发源于唐古拉山山脉的主峰格拉丹东雪山的西南侧。它从西到东,流淌在中国大地的中部,稍稍偏南一点。……长江的实际长度是6380多公里。从长度来讲,除南美洲的亚马逊河和非洲的尼罗河以外,长江就是世界上当之无愧的第三大河。……长江的干流从青海出发,流经西藏、四川、云南、湖北、湖南、江西、安徽、江苏、上海一共10个省、市、自治区,最后注入东海。长江的支流洋洋洒洒分布在甘肃、陕西、河南、贵州、广西和浙江。整个长江流域的面积多达180万平方公里,占我国陆地面积的五分之一。……

长江滋润着九州大地,长江和黄河一道培育着中华文化。长江造就的土地,不论过去,现在,还是久远的未来,都长满着金灿灿的稻谷、香喷喷的鲜花。

长江啊,伟大的长江,你以浩瀚而甜蜜的乳汁养育着世世代代的炎黄子孙。儿女啊,伟大的中华儿女,必将以非凡的聪明才智,制定并实施治理长江的最佳规划!

不废江河万古流,不愧为世界巨川的长江,必将永远托举着一对又一对名副其实的巨轮,驶向世界五大洲、四大洋。长江,伟大的长江,你流经神圣的中华大地,你永远奔流在亿万中华儿女的心上!

提示:

这段解说词,说明、评价、赞美文字兼备。解说时,注意文字内容前后的变化和解说的情感表达。

# 学习单元九　讲故事训练

> 📖 学习重点
>
> 了解讲故事的基本概念、基本要求,掌握讲故事的基本技巧,根据训练材料和提示进行针对性训练,提高语言的感受能力、表达能力和掌控能力。

## 第一节　讲故事的基本要求

### 一、讲故事及其特点

（一）讲故事

讲故事,就是把自己读到的、听到的、改编的、创作的故事,用通俗、口语、艺术化的语言讲述给别人听。它是一种源远流长的、群众喜闻乐见的口语艺术活动形式。

（二）讲故事的特点

**1. 娱乐与教育统一**

故事的题材丰富,内容多样。讲故事,是用通俗易懂的语言,把喜、乐性很强的内容讲给听众,使听众在轻松愉快的氛围中开阔视野、活跃思维、获得知识,受到启发和教育。

**2. "讲"与"表"兼用**

讲故事要做到声情并茂,语言要有夸张性,表演要有艺术性。语音抑扬起伏,张弛有致,表情和手势配合默契,使故事里的人物栩栩如生,活灵活现,使故事情节跌宕起伏,扣人心弦,并以此获得良好的艺术效果。

**3. 趣味与传神结合**

讲故事非常重视材料的选择,注重语言表达的传神效果。重视材料的趣味性,故事情节的曲折变化性,人物形象的鲜明性和语言的生动美妙。

**4. 衍生与创造活用**

讲故事一般不囿于书面材料,不机械背诵。更多情况下,是讲述者根据对故事的理解、熟记,融入自己的再创造。为使讲述更吸引人、打动人,可对材料进行合理的增减改动,"添枝加叶"。

## 二、讲故事的基本要求

### （一）情节曲折 内容完整

讲故事要注意内容、情节、结构的完整性。无论讲什么题材的故事，都得有头有尾，前有交待，后有结局，首尾兼顾。有的结局基本明了了，可以不说明，让听众自己去猜想、思考。

"无巧不成书"中的"巧"字，就是指情节的巧妙、曲折动人。故事的内容复杂，情节多变。讲故事要围绕一个明确的中心展开情节，前后连贯，符合生活的逻辑和规律，所以对情节的发展、悬念的设置，要作精心安排与设计。力求做到：曲折惊奇，合情合理；出人意料之外，又在意料之中。

### （二）形象鲜明 关系明确

事件和人物是故事中密不可分，不可或缺的要件。人物的行为演化出事件，人物的性格又是通过事件发展表现出来。所以，讲故事主要功夫应该用在人物形象表现和人物性格刻画上。

人物形象和性格刻画可以从语言、动作、心理等几个方面入手。言为心声，人物性格表现的重要手段就是语言。处理人物语言时，要特别注意人物的个性，努力做到"闻其声如见其人"。人物的个性，可以通过语气、语调，以及一定的声音造型（音色腔调）来表现。

对于故事篇幅较长，情节较为复杂，人物也比较多的情况下，讲述者除了要把情节的脉络理清外，还要把各种人物之间的关系交待清楚。其中，每个重要人物的出现都要有个具体的介绍，给听众留下一个较深的印象。

### （三）讲演结合 绘声绘色

讲就是讲述，是指讲故事者直接叙述故事的情节和内容；演就是表演，指讲故事者运用自己的声音、表情、姿态、动作等，把故事中人物的形象、性格、思想感情等表现出来，把故事发生、发展的环境氛围恰当地渲染出来。

讲述要口语化，因为口语化的语言讲着顺口，听着顺耳，自然朴实，又不失高雅，充满生活气息。

演要做到表情动作恰当。运用表情动作应和故事内容要求相一致、相吻合，自然得体，恰如其分。这样既可形象、鲜明地表现故事内容，又能吸引听众的注意力，引起听众联想，帮助听众理解故事内容。演的声音造型要神似，摹拟要巧妙。由于故事中的人物在年龄、性别、身份、性格等方面有区别，因此在声音上也应该各有特色。讲故事要把各种人物区别开来，就要运用不同的声音来实现。声音贵在神似，不必追求逼真，更不必拿腔捏调。很多时候因故事内容和情节的需要，讲故事还需要摹拟自然界或生活现实中的各种声音,如风雨声、雷电声、水流声、动物叫声,以及汽笛声、钟声、机器声、锅碗瓢勺的碰撞声等,这种摹拟叫做"拟声"。"拟声"运用恰当,能增加故事的真实感、形象感,使人如临其境,如闻其声,还能渲染出某种特殊的气氛,拨动听众的心弦。讲和演在讲故事中,要相互配合使用,原则上以讲为主,以演为辅。

（四）语调灵活 节奏适宜

讲故事的语调要抑扬顿挫,灵活多变。语调、语气灵活多变,才能更好地叙述情节、刻画人物、再现情景、说明事理。如讲到高兴处,语调上扬、气满声高;讲到悲伤处,语调下抑、气沉声缓;讲到危急处,声音适当降低加强等。

讲故事的节奏要根据故事情节的发展和听众的接受能力确定。一般来说,故事开头要沉稳从容,以便把听众带入故事情景。然后根据内容和表达需要加快节奏,到高潮处或紧要关头,节奏应该更快些,以烘托紧张气氛。结束时适当放慢节奏,以中速为宜,有时也可根据故事情节快速推进,戛然而止。

节奏变化和语速的快慢有着密切关系,也跟停顿有关。主要情节叙述的语速应慢些,以便交待清楚;次要情节叙述的语速应快些,以便使情节快速推进。情节变化、层次转换时,要有适当的停顿,使讲述的节奏感体现出来,给听众一个思考和回味的空间。语速快慢都要坚持一个基本原则:吐字清晰,层次分明。快时,快而不乱;慢时,慢而不断。

### 三、讲故事的基本技巧

（一）语音技巧及其要求

**1. 音量控制**

要善于调节音量,音量的大小、高低、强弱控制恰当,富于变化。

**2. 音色运用**

音色运用要有角色意识,做到自然、真实,富于变化。

**3. 重音把握**

要注意把握主要重音和次要重音,同时要用重音表达的多种方法处理重音。

**4. 语气调整**

运用语气要注意感情真挚,注意语气、表情、姿态等的紧密配合。避免语气平白和一成不变。

**5. 语调调节**

讲故事曲折调是最常用的,尤其注意句末的字调,这是讲故事的特点。同时注意语调的变化要和重音的变化结合起来。

**6. 节奏控制**

节奏控制的规律:欲停先连,欲连先停;欲扬先抑,欲抑先扬;欲轻先重,欲重先轻;欲快先慢,欲慢先快。

(二)修辞技巧及其要求

**1. 比喻的运用**

运用比喻,要抓住并突出事物之间的相似点,具体形象地启发听众的联想,给听众一定的时间和空间去想象,启发听众注意两种事物在情感上的一致性。

**2. 比拟的运用**

运用比拟,要抓住事物的特征,让听众对不同事物的外形、特点有明确的认识,同时注意环境与气氛的协调。

**3. 对比的运用**

运用对比时,要目标明确,不可模棱两可,要使听众明白相互对比的事物在本质上是相反的。

**4. 夸张运用**

要明确夸张的目的是肯定的,还是否定的;是赞美的,还是贬斥的。通过夸张的运用,使听众形象地了解事物的特征,分辨是非、真伪、优劣等。夸张一定要以客观实际为基础,情感真实、夸而不过。

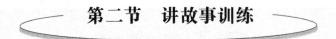

## 第二节　讲故事训练

### 一、童话故事

【训练】

驴和牛的故事

一户人家养了一头牛和一头驴,每天主人都要牵着牛去犁地,而驴却躺在窝里休息。

有一天晚上,牛对好吃懒做的驴说:"驴,你看你多懒呀!我多勤劳啊!"驴一点儿也不生气,反而骄傲地说:"干活多累呀!你看看我,每天休息,主人照样给我最鲜嫩的草吃,多好呀!"牛想了想,问到:"那你有什么好办法,让我和你一样?"驴说:"只要明天早上你装着生病,主人就不带你去干活了。"牛听了,觉得是个好办法,决定明天早上就装病。

第二天早上,牛就装病,真像病得很严重,连站也站不起来。主人看见了,心疼极了,连忙拿了些鲜嫩的青草给牛吃,也没有带牛去犁地。这时主人看见了一旁的驴,就把驴带去犁地,当沉重的犁拴在驴的身上时,驴一下子摔倒在地上,站也站不起来,主人生气地说:"你吃了那么多青草,却连一点小事都做不好,我为什么要白养你",于是,主人把驴给杀了,驴在死前想:我真不应该把这个好办法告诉牛,可是现在后悔已经来不及了。

听说驴不能干活,被主人杀了,牛吓得立刻站了起来,也不装病了,免得跟驴一样的下场。于是,牛即使再累也变得精神抖擞,每天跟着主人在地里干活,从不偷懒了。(根据成追忆《驴和牛的故事》改编)

**提示:**

讲述时,注意分清驴和牛这两个角色,角色语言要有特色;注意故事的趣味性和教育功能。

## 二、寓言故事

【训练】

### 自己救自己

某人在屋檐下躲雨,看见观音正撑伞走过。这人说:"观音菩萨,普度一下众生吧,带我一段如何?"观音说:"我在雨里,你在檐下,而檐下无雨,你不需要我度。"这人立刻跳出檐下,站在雨中:"现在我也在雨中了,该度我了吧?"观音说:"你在雨中,我也在雨中,我不被雨淋,因为有伞;你被雨淋,因为无伞。所以不是我度自己,而是伞度我。你要想度,不必找我,请自找伞去!"说完便走了。

第二天,这人遇到了难事,便去寺庙里求观音。走进庙里,才发现观音的像前也有一个人在拜,那个人长得和观音一模一样,丝毫不差。这人问:"你是观音吗?"那人答道:"我正是观音。"这人又问:"那你为何还拜自己?"观音笑道:"我也遇到了难事,但我知道,求人不如求己。"(寓言故事《自己救自己》)

**提示:**

这是一篇励志寓言故事,告诉人们一个人的成功,只有靠自己努力。讲述时,语言要突出角色特点,根据情节内容的变化设计语气语调,并辅以恰当的表情动作。

## 三、成语故事

【训练】

### 按图索骥

孙阳,春秋时秦国人,相传是我国古代最著名的相马专家,他一眼就能看出一匹马的好坏。因为传说伯乐是负责管理天上马匹的神,因此人们都把孙阳称为伯乐。

据说,伯乐把自己丰富的识马经验编写成一本《相马经》。在书上,他写了各种各样的千里马的特征,并画了不少插图,供人们作识马的参考。

伯乐有个儿子,智力很差,他看了父亲的《相马经》,也很想出去找千里马。他看到《相马经》上说:"千里马的主要特征是:高脑门,大眼睛,蹄子像撂起来的酒曲块……"边看书,边往外走去,想试试自己的眼力。

学习单元九 讲故事训练

走了不远,他看到一只大癞蛤蟆,忙捉回去告诉他父亲说:"我找到了匹好马,和你那本《相马经》上说的差不多,只是蹄子不像摞起来的酒曲块!"

伯乐看了看儿子手里的大癞蛤蟆,不由感到又好笑又好气,幽默地说:"这'马'爱跳,没办法骑呀!"(班固:《汉书·梅福传》)

提示:

故事的前半部分是叙述性的,语调要沉稳从容,语言要自然朴实;后半部分是角色性的,根据人物特征调节好语调、语气。

### 四、民间故事

【训练】

过年的传说

相传,中国古时候有一种叫"年"的怪兽,头长尖角,凶猛异常。"年"长年深居海底,每到除夕,便爬上岸来吞食牲畜伤害人命。因此,每到除夕,村村寨寨的人们扶老携幼,逃往深山,以躲避"年"的伤害。

今年的除夕,乡亲们都忙着收拾东西逃往深山,这时候村东头来了一位白发老人。老人对一户老婆婆说只要让他在她家住一晚,他定能将"年"驱走。众人不信,老婆婆劝其还是上山躲避的好,老人坚持留下,众人见劝他不住,便纷纷上山躲避去了。

当"年"像往年一样准备闯进村子肆虐的时候,突然传来白发老人燃响的爆竹声,"年"浑身颤栗,再也不敢向前。原来"年"最怕红色、火光和炸响。这时大门大开,只见院内一位身披红袍的老人哈哈大笑,"年"大惊失色,仓惶而逃。

第二天,当人们从深山回到村里时,发现村里安然无恙,这才恍然大悟,原来白发老人是帮助大家驱逐"年"的神仙,人们还发现了白发老人驱逐"年"的三件法宝。从此,每年的除夕,家家都贴红对联、燃放爆竹,户户灯火通明,守更待岁。这风俗越传越广,成了中国民间最隆重的传统节日"过年"。(《民间故事·过年的传说》)

提示:

这是一个很有趣味的故事,情节生动,耐人寻味。讲述时,注意语速和节奏把握,注意"年"和白发老人形象的刻画,注意烘托气氛。

### 五、哲理故事

【训练】

鱼与渔

从前,有两个饥饿的人得到了一位长者的恩赐:一根鱼竿和一篓鲜活硕大的鱼。其中,一个人要了一篓鱼,另一个人要了一根鱼竿。得到鱼的人原地就用干柴搭起篝火煮起了鱼,他狼吞虎咽,连鱼带汤吃了个精光。不久,他便饿死在空空的鱼篓旁。

另一个人则提着渔竿继续忍饥挨饿,一步步艰难地向海边走去,可当他已经看到不远处的海洋时,他浑身的最后一点力气也使完了,他也只能遗憾地撒手人间。(新浪博客:哲理小故事《鱼和渔》)

**提示:**

明确故事主题,把人物形象和个性表现出来。给人以下启示:一个人只顾眼前的利益,得到的终将是短暂的欢愉;一个人目标高远,但也要面对现实的生活。只有把理想和现实有机结合起来,才有可能成为一个成功之人。

## 六、人物故事

【训练】

陶渊明劝学的故事

我国晋代大诗人陶渊明辞去彭泽令退居田园后过着自耕自种,饮酒赋诗的恬淡生活。

相传有一天,有个少年前来向他求教,说:"陶先生,我十分敬佩你渊博的学识,很想知道你少年时读书的妙法,敬请传授,晚辈不胜感激。"

陶渊明听后,大笑道:"天下哪有学习妙法?只有笨法,全靠下苦功夫,勤学则进,辍学则退!"

陶渊明见少年并不懂他的意思,便拉着他的手来到种的稻田旁,指着一根苗说:"你蹲在这儿,仔细看看,告诉我它是否在长高?"那少年遵嘱注视了很久,仍不见禾苗往上长,便站起来对陶渊明说:"没见长啊!"

陶渊明反问到:"真的没见长吗?那么,矮小的禾苗是怎样变得这么高的呢?"

陶渊明见少年低头不语,便进一步引导说:"其实,它时刻都在生长,只是我们肉眼看不到罢了。读书学习,也是一样的道理,知识是一点一滴积累的,有时连自己也不易觉察到,但只要勤学不辍,就会积少成多。"

接着,陶渊明又指着溪边的一块磨刀石问少年:"那块磨刀石为何有像马鞍一样的凹面呢?""那是磨成这样的。"少年随口答道。"那它究竟是哪一天磨成这样的呢?"少年摇摇头。陶渊明说:"这是我们大家天天在上面磨刀,磨镰,日积月累,年复一年,才成为这样的,学习也是如此。如果不坚持读书,每天都会有所亏欠啊!"

少年恍然大悟,连忙再向陶渊明行了个大礼说:"多谢先生指教,学生再也不去求什么妙法了。请先生为我留几句话,我当时时刻刻记在心上。"

陶渊明欣然命笔,写道:勤学如春起之苗,不见其增,日有所长,辍学如磨刀之石,不见其损,日有所亏。(龙源期刊网:《中小企业管理与科技》中旬刊,2011年11期)

**提示:**

对话部分要突出角色区别,根据内容和情节的变化设计语气、语调,辅之以恰当的态势动作。

## 七、历史故事

【训练】

集中营里的战鼓

抗日战争时期,在哈尔滨郊外有一座日军专门关押我军战俘和抗日人士的集中营。看管集中营的日军头子是一个在战争中丢掉了双腿的日军大佐,叫田川太郎。这个田川太郎因为被中国军人打断了双腿,所以对待监狱中的中国战俘非常狠毒。在审讯和杀害战俘的过程中,田川太郎发明了许多闻所未闻的酷刑和杀人游戏。其中,最让田川太郎得意的就是他根据中国民间游戏"击鼓传花"发明的杀人游戏。

每过一段日子,田川太郎便会将集中营里全部的战俘集中起来,让他们围成一个大圆圈,围坐在地上。此时,田川太郎怀中抱一面牛皮小鼓,坐在一处由圆木搭建起来的台子上面。随后,被蒙上双眼的田川太郎将敲响牛皮小鼓,围坐在地上的那些中国战俘们要随着鼓声相互传递一朵用白布扎成的大白花。田川太郎的鼓声停下后,手中持有大白花的战俘,将被日军拉出来当众用刺刀挑死。一场"击鼓传花"下来,便会有十几个或者几十个战俘变成血肉模糊的尸体。

这天,一名不幸被捕的国民党军队上校被送进田川太郎的集中营里,这位上校名叫李国栋,被捕前是186旅的旅长。送李国栋来的日军军官对田川太郎说:"李国栋是中国军队里的高级军官,军部命令要想尽一切办法,让他说出自己所掌握的中国部队里的军事情报。"

可李国栋软硬不吃。于是,有人对田川太郎说:"这个李国栋自己视死如归,却爱兵如子。所以,我们可以……"

第二天一大早,戴着脚镣、手铐的李国栋便被日本兵押到了集中营的广场上,日本兵让他坐在田川太郎敲鼓用的那个圆木台子上,并递给他一个牛皮小鼓。

田川太郎说:"咱们来玩一个'击鼓传花'的游戏,李旅长你来敲鼓,鼓声停下来后,花传到谁的手里,就让谁死。"

李国栋举起牛皮小鼓就要砸,却被拦住了。田川太郎说:"根据游戏规则,鼓如果坏了那些战俘就会全部被杀死;如果李旅长因为生气不再敲鼓,那么每过三分钟就会有一个战俘被拉出来杀死……"李国栋脸色铁青地拿起了鼓槌。

李国栋年轻的时候,在村里的乐器班待过,所以也算是精通乐器。他舞动鼓槌,一曲接着一曲地敲打出铿锵的鼓乐。《将军令》《滚核桃》《遗风战鼓》……直把在场的官兵们听得热血沸腾、热泪盈眶,跟着李国栋的鼓点齐声高唱。田川太郎很有兴趣地说:"让他敲下去。不让他吃饭,不让他喝水,我倒要看看他能坚持敲上几天。"

一个小时过去了,鼓声没有停下来。半天过去了,鼓声没有停下来。李国栋心里已经想好了,要把自己累死在这三尺圆台上。

就这样,鼓声一直响到第二天早晨。阳光下,李国栋面如纸白,鼓声也越来越小,鼓点也越来越杂乱无章起来。坐在院子里的士兵们开始坐不住了,一个士兵突然站起来哭着喊道:"旅长,别敲啦!我们和小日本拼啦!"那个士兵的话音刚落,早已架在周围的日军机枪就用子弹把他打得血肉模糊。本来早已经精疲力竭的李国栋听到枪声猛地起身,用尽气力喊道:"大家不要冲动……不要做无谓的牺牲……中国必胜……"话没有说完,李国栋便一头从圆木台子上栽倒了下来。

也是一天一夜没有合眼的田川太郎发出狼一样的笑声。几个日本兵扑进士兵的大圆圈里,准备把拿到大白花的人拉出来杀掉的时候,却傻了眼。原来,一夜之间国军士兵们已经把那朵白布扎成的大白花撕成了上百根白布条,每个人的手里都紧紧地握着一根白布条,个个视死如归!(根据小故事网:《集中营里的战鼓》改编)

提示:

注意田川太郎、李国栋、哭喊旅长的士兵三个角色人物的描述;根据情节和内容的变化,安排好故事的层次,调控好语调、语气;高潮处,把人物形象塑造好,并注故事整个氛围的调控。

## 八、鬼怪故事

【训练】

到此一游

孙逗是位旅游爱好者,只要一有时间,他就会背上行囊,用脚步去丈量外面世界的山山水水。

这是很美妙的一件事,不过,任何美妙的事都有瑕疵。

发生在孙逗身上的瑕疵就是:他喜欢在足履所至的每一个地方,留下一句话——"孙逗到此一游。"

这就是很煞风景的一件事了。因为,被你走过的地方,并不需要记住你的名字,除了脚印,留下任何东西都是不文明的。

但是,孙逗却乐此不疲。他心想,如果不留下名字,别人怎么会知道我来过呢?

就是在这种心理的作用下,他勇敢地把自己宣传到了大江南北。

不过,有一种地方他是不去的:人太多的地方。

因为他始终坚信:人只是人,不是旅游景点。

所以,他的旅行,就在无形中多了一层探险的性质。

下一站,是一个叫作"魔鬼谷"的地方。

魔鬼谷之所以叫这个名字,并不是因为里面有很多魔鬼,而是因为它像魔鬼一样可怕。

据说,古往今来,从来没有人能活着从里面走出来。

也许,孙逗是个例外。他凭着自己坚强的毅力和丰富的经验,顺利通过了百分之九十的路程。

## 学习单元九　讲故事训练

这是很值得庆贺的一件事,于是,他决定按照自己的方式来纪念一下。

他掏出随身携带的刻刀,开始在出口处的岩壁上雕刻自己的名字。

谁知,第一个笔画还没有完成,意外便发生了。

头顶传来一声轰鸣,一块硕大的石头压了下来。

在奄奄一息的最后时刻,孙逗看到一个身着斗篷的黑影向他慢慢靠近,然后俯低身子,在自己身上刻了一行字:"死神到此一游。"(根据小故事网:《到此一游》改编)

**提示:**

故事的层次结构清楚。讲述时,前半部分语言自然朴质,语调平直,语气、语速变化不大;故事高潮部分,注意语调、语气的变化。

# 学习单元十　演讲训练

> **学习重点**
>
> 了解演讲的概念、意义、基本特征及其分类,掌握命题演讲、即兴演讲的技巧,通过示例和训练材料的反复练习掌握演讲的综合技巧,增强语言的感染力、号召力。

## 第一节　演讲的基本要求

### 一、演讲及其意义

#### (一)演讲的概念

演讲又叫讲演或演说,是指在公众场所,针对某个具体问题,鲜明、完整地发表自己的见解和主张,阐明事理或抒发情感,进行号召、鼓动的一种口语交际活动。演讲以有声语言为主要手段,以态势语言为辅助手段。

从组织结构和应用规律方面看,演讲是一门科学;从现实作用和社会效果方面看,演讲是一种工具;从表现手法和表达技巧方面看,演讲是一种艺术。

#### (二)演讲的意义

**1. 演讲是人际沟通的手段**

演讲广泛应用于多种场合,不管是各种集合,或是迎来送往的各种礼仪活动,都需要演讲。一些具有重要历史意义的著名演讲,已经成为人类最为宝贵的精神财富之一。

**2. 演讲是政治斗争的武器**

古今中外的许多政治家,都以演讲作为武器,发表自己的政治主张,批评反对者的主张。中国古谚语中说的"一言可以兴邦,一言可以亡国。"讲的就是演讲在国家治理和国家政治中的作用。

**3. 演讲是培养人才的重要途径**

演讲可以为社会培养各方面视野开阔,具有开拓意识、创新意识的人才。曾任美国总统的尼克松讲过这样一段话:"如果让我重进大学,我将修好两门课:演讲和说服。"可以说这是他对演讲在培养人才方面所发挥的重要作用的认识。

**4. 演讲是宣传教育的重要手段**

演讲可使徘徊者坚定,可使萎靡者振作,可使失望者奋起,可使成功者更进一步。

在中国特色社会主义建设和市场经济逐渐完善、发达的新形势下,演讲在培养一代新人、树立一代新风、推动社会主义物质文明和精神文明建设方面,发挥着越来越大的作用。

## 二、演讲的特征

### (一)演讲具有综合性

第一,演讲是演讲者、听众、演讲时境、演讲内容、演讲语言(包括有声语言和态势语言)等多种要素的协调配合和综合运用。

第二,演讲者必须具备多方面的知识和能力,如广博的文化科学知识、高尚的道德修养、高超的表达技巧等。只有具备思想博大精深、思路敏捷开阔、见解新颖独到的演讲者,才能使演讲的作用得到发挥,使演讲的效果得以实现;才能使演讲受到欢迎,使演讲获得成功。

### (二)演讲具有艺术性

演讲的艺术性,主要表现在演讲语言的表达技巧上。演讲具有一定的艺术魅力,能给人一种美的艺术享受。一位演讲家将其成功的秘诀总结为八个字:相声小说戏剧朗诵,即在演讲开始几分钟内,就要有相声般的幽默;在演讲过程中,贯穿着小说般的形象;讲到高潮时,必须有戏剧般的突破;演讲结束之前,要出现诗歌般的激情。演讲者如果能达到这种境界,就可以使听众受到德、智、美的熏陶,启迪和洗礼。

### (三)演讲具有现实性

演讲的现实性,是指演讲要面对社会现实,解决社会实际问题。演讲的主体,是现实社会中的人;演讲的内容,是现实社会中的事情;演讲的目的,是说服现实社会中的听众。所以,从这些意义上讲,演讲自始至终都是实实在在的现实社会的实践活动。古今中外的演讲家,莫不遵循这个原则,莫不因为遵守这个原则受到人们的喜爱与推崇。

## 三、演讲的基本要求

一般来讲,无论哪种形式的演讲,都要注意体现演讲的基本要求,以正确发挥演讲的职能或作用。其基本要求如下。

### (一)内容正确、观点鲜明、平易近人、亲切感人

演讲必须有充实的内容。那种单纯追求演技而内容空泛的演讲,只会给人留下

无病呻吟或哗众取宠的印象。演讲的内容必须是正确的：一要实事求是，二要具有科学性、真实性，三是不能出现知识性错误，更不容许宣传迷信、错误或反动的东西。演讲所阐发的各种思想，必须观点鲜明，赞成什么、反对什么、提倡什么、否定什么，都要旗帜鲜明，便于听众做出明确的选择。演讲所阐发的思想观点，要在人们现有的知识、认识水平和认识方法上有所突破，或新颖、或深刻、或独到别致，给人以启发教益。演讲最忌讳"老生常谈"，没有新意，没有个人意见。而无论多么重要，多么正确，多么先进的思想，都要平易近人，切忌拿真理吓人，或板着面孔说教，或打着名人的幌子压人。

（二）材料充实、论据确凿、论证严密、逻辑性强

演讲是靠事实来说话的，演讲所占有的材料：一是要充分，既有名人名言和在群众中广泛流传的格言警语的引用，也有情节生动、感人的故事和传说的讲述，还可以列举图表、数字、图画或实物说明问题；二是要确凿，各种用来说明问题的材料，不能总是"大概""估计"，而是要确实、肯定。各种材料，既要新鲜、有用，又要典型、有说服力。而材料能否发挥它应有的作用，在很大程度上取决于材料与观点的结合。所以，演讲要论证严密、说理透彻，要让整个材料与观点的组合产生一种不可辩驳的逻辑力量。

（三）语言要通俗明白、生动流畅，声音要清晰明亮

演讲的语言应该是典型的大众化语言。除了一些礼仪性的惯例式的演讲，讲究措辞或使用一些固定词汇、固定表达方式外，一般演讲都要做到通俗明白、深入浅出、生动活泼。具体应该做到：一是句式短、句型灵活、节奏感强；二是多用那些音节流畅、直接性和渗透性好，而又表述庄重、简洁明确的口语词汇，尽量少用专门术语；三是忌讳堆砌词藻、文白夹杂，或行文不畅、生涩难懂。同时，演讲者的声音必须清晰明亮，以适应"大庭广众"特定场合的需要。

（四）感情要真挚朴实，态势要自然得体

演讲必须"动之以情"，"晓之以理"。演讲中的感情流露，要真挚恳切，朴素自然；要随着演讲节奏、内容与进程的需要，自然而然地展现，切忌不合时宜地铺陈张扬、虚张声势，更要忌讳装腔作势，以免弄巧成拙。有些演讲，通篇慷慨激昂，一味地追求所谓高亢、铿锵，以为这就是"有情"，其实这只是另一种形式的平淡。演讲的态势语是比较丰富的，有的演讲家就是以善用态势语闻名。演讲的态势语，一定要服从内容表达的需要，切忌过多过滥。有些演讲，动作过多、喧宾夺主或举止不雅、造成失态，不仅降低了演讲的效果，也给听众留下矫揉造作的印象。

## 第二节 演讲的分类及训练

### 一、演讲的分类

演讲的分类标准不同,演讲的种类也就不同。一般分为以下四类。

(一) 按演讲内容划分

**1. 政治演讲**

内容涉及政治的演讲,包括竞选演讲、就职演讲、会议论辩、集会演讲、外交演讲等。

**2. 教育演讲**

演讲者向听众传授文化科学知识的演讲,如知识讲座、学术报告等。

**3. 宗教演讲**

宗教神职人员在教堂宣传宗教教义或进行其他宗教活动时的讲演,如神甫、牧师等面对教徒们所作的训祷等。

**4. 经济演讲**

政府或部门财经管理人员及企业家关于经济问题的演讲,如商业广告演讲、投标介绍演讲等。

**5. 军事演讲**

战备训练和战争中,将军向士兵(或者国家领导人和军队高级领导人向军人和广大民众)进行宣传鼓动和阐述战略战术问题的讲演,如诺曼底登陆前夜,巴顿将军对第三军将士的训话。

(二) 按演讲目的划分

**1. 娱乐性演讲**

在庆祝和纪念活动中,演讲者为了让听众能够心情愉快所作的幽默风趣的演讲。

**2. 传授性演讲**

或称学术演讲,演讲者只是把自己所掌握的知识传授给别人,或把某些知识信息传播给听众的演讲。

**3. 说服性演讲**

演讲者要使听众明辨事理、服从自己观点的演讲,例如各国的总统竞选演讲等。

**4. 鼓动性演讲**

用热情的语言把听众的情绪鼓动起来,使之向着既定的目标奋斗的演讲。

**5. 凭吊性演讲**

或称葬礼性演讲,在葬礼上或者在纪念某人逝世周年的大会上所作的演讲。

## （三）按演讲场所划分

**1. 游说性演讲**

或称巡回演讲，是没有固定场所的演讲，例如我国春秋战国时期，孔子、孟子、苏秦、张仪等周游列国的演讲。

**2. 街头演讲**

在街头巷尾等露天场所进行的演讲。我国近现代史上，大中学生到民众中搞普及教育，大都采用这种演讲形式，例如北京大学平民教育演讲团的演讲。

**3. 宫廷演讲**

指古代臣下在宫廷向国君或首领献计献策（奏对讽谏）的语言行为，例如"邹忌讽齐王纳谏"等。

**4. 法庭演讲**

或称司法演讲，诉讼者或被诉讼者及律师等司法人员在法庭上的演讲。一般分为诉讼演讲和辩护演讲两种。

**5. 广播演讲和电视演讲**

是演讲者凭借无线电技术所做的演讲。演讲者可以在广播电台或电视台，对成千上万的群众发表演讲。

## （四）按演讲形式划分

**1. 读稿式演讲**

演讲者事先准备好稿件，然后在大会上逐字逐句地向听众念一遍。其优点是演讲者对所讲的内容能事先加以慎重考虑，反复推敲，这样写成的演讲稿结构严谨，措词得当，因此，它适合于在比较重大的场面中运用。

**2. 背诵式演讲**

或叫脱稿演讲，要求演讲者事先写好稿子，并且反复练习，背熟后脱稿向听众演讲。它是我国演讲比赛中运用最广泛的一种方式。其好处是演讲者事先能够在演讲稿上精雕细琢，然后认真练讲，反复背诵，默记于心。

**3. 提纲式演讲**

它不要求演讲者一字一句写成完整的演讲稿，只要把演讲的层次结构按提纲形式写下来，然后借助提纲进行演讲。

**4. 即兴式演讲**

指演讲前没有充分准备而临时组织语言进行的演讲。即兴演讲可分为主动和被动两种形式。所谓主动，是指没有外力的推动和督促而发表的，演讲者一般是会议的主持人。如主持演讲会，要介绍会议内容、宗旨、介绍演讲者；如主持欢迎会、欢送会、茶话会、喜庆宴等，要做开场白和一些即兴讲话。所谓被动，是指演讲者本未打算演讲，但在外力（如主持人的敦请）推动下，不得已临时发表演讲。

**5. 论辩式演讲**

指就某个问题或某种事物进行论辩、比较，以断定其是非曲直的演讲，常用于政治界、学术界、外交界和论辩比赛。

## 二、命题演讲训练

### （一）命题演讲稿撰写要求

**1. 标题别致精当**

人们常说："题好一半文。"一个好的演讲标题，不仅能紧紧地吸引听众，而且能增强演讲者必胜的信心。如《阳光总在风雨后》，一看题目就会给人一种信心，告诉人们暂时的失败不要紧，风雨之后终会看见曙光，定会达到胜利的彼岸！这样就能深深地吸引着听众。因此，撰写命题演讲稿一定要重视标题的巧妙制作。

标题的制作，既要适合演讲者的身份，适合演讲的场景、时间，又要反映时代的声音和听众的需求。演讲稿标题的常见类型有亮明观点型、概括内容型、设置悬念型等。演讲稿标题制作的常见方法有设问型、抒情型、并列型、含蓄型、陈述型、比喻型等。演讲标题制作的原则是简练明晰、新颖别致、明朗醒目、顺口悦耳、朴实得体、有启发性等。切忌冗长拖沓、拗口深奥、苍白无力、莫名其妙、牛头不对马嘴、无新意等。

**2. 主题鲜明突出**

主题是演讲的灵魂，是贯穿演讲的纲。主题的鲜明、正确、突出与否，深度如何，是衡量演讲优劣的重要标准。因此撰写演讲稿时，要弄清演讲的类型、性质、目的。在演讲稿中要明确提出问题，解决问题，表明态度，即倡导什么？反对什么？赞成什么？否定什么？鼓励什么？鞭笞什么？这就是演讲的主题。

**3. 材料充实有力**

演讲的主题，是通过具体的材料表现出来的。因此，在撰写演讲稿时，要充分收集和占有材料，并对材料进行去粗取精，去伪存真，选择能充分表现主题的典型和新颖的材料，以及那些有针对性的材料。事实胜于雄辩，空谈道理是没有说服力的。要知道观点让听众接受，是不能强迫的，只能用具体、丰富、精彩的材料吸引打动听众。演讲稿的选材直接关系到演讲的价值大小，关系到演讲的成败。

**4. 层次清晰明朗**

演讲的层次要有统筹安排，有整体感；主次分明、详略得当，有稳定感；互相照应，过渡自然，有匀称感。做到这点，初写演讲稿者，最好先列个写作提纲，明确先写什么，后写什么，避免思路模糊不清。

### （二）命题演讲稿开头、主体和结尾的设计

**1. 开头引人入胜**

演讲的开头是演讲者和听众建立的第一座感情桥梁，是演讲者向听众传达的第

一个信息。这个信息能否吸引听众,对于整个演讲的成败往往具有决定性的意义。好的开头,能控制纷乱的演讲现场,能吸引听众的注意力,能顺利导入主题,定下演讲基调,为引入正文做好铺垫,把听众带入演讲者需要的气氛中去。"良好的开头是成功的一半。""善于始者,成功已半。"所以,演讲的开头一定要精心设计,力求引人入胜。

引人入胜开头的常用方法:

1) 说明题目式开头

如杨耀在《战士的爱》演讲中的开头:

"朋友们,听到这个题目,在座的许多同志也许会联想到爱情。是的,爱情是神圣的,也是美好的。可是,我今天所要讲的,却是一种更高意义上的具有更强生命力的爱。这,就是战士的爱!"(转引自精品范文网:《演讲开头语》)

【评析】

这种开头扼要地解释、说明了演讲题目的含义,和正文衔接非常自然。

2) 开门见山式开头

如郭沫若的《科学的春天》的开头:

"亲爱的同志们! 我们民族历史上最灿烂的科学的春天到来了。"

【评析】

这种开头开宗明义、直截了当,不转弯抹角,能为后文的展开起到引领作用。不足之处是:太平淡,不容易引起兴趣。

3) 引言式开头

如在《生命之树常青》演讲中,一位选手是这样开头的:

"朋友们,伟大的诗人歌德曾经有这样一句诗:'生命之树常青'。是的,生命对于每一个人来说,都是宝贵的,因为它只有一次;生命对于每一个人来说都是短暂的,因为它来去匆匆。珍爱生命,就是珍爱自己的青春年华;善待生命就是善待自己的美好人生。那么,我们应该怎么使自己的生命更有意义? 怎样使生命之树常青? 不同的信仰和追求会有不同的回答。我认为:生命是由阳光带来的,我们应该像对待阳光一样,不要浪费它,让它也去照耀人间。"(左英:《生命之树常青》)

【评析】

这种开头,语言简洁,通俗生动,哲理性强,富有意境。不仅饱含演讲者满腔的激情,而且给听众以启迪和昭示。

4) 展示实物式开头

如某军校举办的《珍惜时间》为主题的演讲会上,一位选手上场时,顺手在赛场窗台上捡起一片黄叶,面对手中的黄叶,开始演讲:

"亲爱的同学们,你们看我手中拿的是什么? 是一片落叶吗? 不错。然而这仅仅是一片落叶吗? 不,它是穿过时空隧道的过客,是一片凝聚的时间,是一首哀叹时间一去不回头的诗。我们读它仿佛是在与那来去无踪的时间对话。从这里,我们看到

## 学习单元十 演讲训练

了时间的力量和冷峻。绿叶婆娑,那是时间的恩典;黄叶飘零,那是时间的摧残。面对它,我们还有什么理由轻视时间呢?……"(转引自李运国:《演讲精彩开头的六种方法》)

**【评析】**

演讲者实物选取灵活自然,切合实际,用得相当巧妙。以黄叶作为"切入点",用富有朝气与活力的语言,深入浅出,形象鲜活地阐述对时间哲理性的认识思考,激起了听众心中的波澜,在听众心灵上产生了动态、立体的效应,给听众带来耳目一新的形象感受。

5)晓之以理,动之以情式开头

如一位管教员,在走访犯人家属回来以后,给犯人作了一场报告,开始就这样说:"犯过罪的人们,我见到你们的亲人啦!他们都盼望你们好好改造,争取早日回家团圆啊!"

话音刚落,会场立刻响起一阵掌声,有的犯人还流下了眼泪。接着管教员联系在部分犯人中流传的:"不能流芳百世,也要遗臭万年"的错误论调,深有感触地说:"人是唯一知道羞耻的动物。你们父母把你们带到人世间,并且给你们起了响亮的名字,就是为了叫人们像骂秦桧那样去骂你们吗?如果是这样,就不如不来到人间,免得父母跟着你们蒙受耻辱。你们在监狱觉得失去了自由,你们亲人在外面的日子也不好过啊!儿子进监狱,做父母的只能比别人矮半截地低着头做人;丈夫进了劳改队,妻子拉儿带女地伴随着泪水过生活;爸爸当了犯人,孩子在学校都活泼不起来,每当老师问起家长的时候,他们连头也抬不起来,羞愧的脸上滚动泪珠。这就是你们'遗臭万年'给亲人们带来的痛苦啊!"

**【评析】**

这种开头就晓之以理、动之以情的报告,首先就感动了听众,所以报告期间,有掌声,有抽泣,取得了激动人心,感人肺腑的良好效果。

6)故事式开头

如在《母爱,世间至纯无私的爱》主题演讲中,一位选手是这样开始的:

"这是一个真实的故事。2006年11月的一个拂晓,市郊发生了一起特大交通事故,一辆客车从数十米高的悬崖上跌下。初步勘验,全车二十余人无一幸免。突然,从尸体堆里传出一个婴儿孱弱的哭声。扒开尸体,原来是一个不满周岁的婴儿正伏在一位已经死去的年轻妇女怀里啼哭。这位妇女后被证实是婴儿的母亲。妇女双手呈拱拢状紧紧将婴儿护在怀里。为抱出孩子,民警和医护人员费了好大的劲才将她已经僵硬的手臂掰开。车祸发生时,绝大多数人都在沉睡。也许是谁的呼号惊醒了这位年轻的母亲,在客车下坠的瞬间,母爱的本能使她改变了自己的求生本能,她没有双手抱头,而是用两条柔弱的胳膊和温厚的胸脯为婴儿构筑了一个安全的'生命巢'"。(转引自李运国:《演讲精彩开头的六种方法》)

**【评析】**

这个故事惨烈惊险、扣人心弦,与主题紧密相联,使听众产生了急于听下去的强烈欲望。故事中的年轻母亲在灾难降临时舍生救儿的壮举震撼着每一位听众的心，牢牢地吸引住了在场的所有听众，为展开阐述母爱无私伟大的演讲主题做了良好的铺垫。

7）提问式开头

如曲啸的《人生·理想·追求》就是这样开头的：

"一个人应该怎样对待自己青春的时光呢？我想在这里同大家谈谈我的情况。"

【评析】

通过提问，引导听众思考一个问题，并由此造成一个悬念，引起听众欲知答案的期待。

8）抒情式开头

如《我是夜幕的一颗星》的演讲是这样开头的：

"水兵喜欢把自己比作追波逐浪的海燕，飞行员喜欢把自己比作搏击长空的雄鹰，而我们警卫战士却喜欢把自己比作夜幕上闪亮的星。不是吗？在皓月当空，万籁俱寂的夜晚，疲劳的人们已进入梦乡，祖国大地的每个角落里不都闪烁着警卫战士一双双警惕的眼睛？它就像天上的星星一样，不知困倦地注视着大地，搜寻着每一个可疑的目标……"（转引自曹丽萍：《如何写好演讲稿的开头》）

【评析】

这段类似散文诗的开头，构思巧妙，比拟得当，语言形象生动，创造出了诗一般的意境。抒情式的开头，一定要有真挚感情，不可矫揉造作。

9）悬念式开头

一位老先生在演讲开始时首先问听众："人从哪里老起？"（听众纷纷作答，有的说人从脚老起，有的说人从脑子老起，全场气氛十分活跃）。老先生最后自我作答："我看有的人从屁股老起。"全场哄堂大笑。老先生继而解释道："某些干部不深入实际，整天泡在'会海'里，坐而论道，那屁股可造孽了，又要负担上身的重压，又要与板凳摩擦，够劳累的了。如此一来，岂不是屁股先老吗？"（转引自百分网：《职场演讲稿》）

【评析】

先利用一个提问制造悬念，调动了全场听众的兴趣；然后利用一个出乎听众意料之外的自答制造另一个悬念，使听众在笑声中等待解开悬念，从而有效地控制了听众的思想和情绪。

10）幽默式开头

一位演讲者这样开头：

"不好意思，各位，你们来错地方了，今天的演讲取消了！我想我们并不需要什么演讲，我们需要的是真心的沟通，那么，我们今天真心的沟通就开始了。"（转引自百分网：《职场演讲稿》）

【评析】

上场就宣布演讲取消了，听众一定会非常惊讶，想知道到底怎么回事。吸引住听众的注意力后再告诉大家:"我们今天真心的沟通就开始了。"优点是诙谐幽默,能迅速吸引听众的注意力。

演讲开头的方式,除了上面介绍的11种外,还有其他很多方式。要注意,不管用哪种方式开头,都要因文、因时、因地灵活设计,不要生搬硬套。另外,需要防止和避免以下几种演讲开头:一是谦虚过度,二是自我吹嘘,三是虎头蛇尾,四是故弄玄虚、弄巧成拙,五是冗长啰嗦、拖泥带水,六是低级趣味,七是东拉西扯、离题万里。

**2. 主体跌宕起伏**

主体是演讲稿的躯干,是演讲稿的重点。它既要紧承开场,又要符合逻辑的层层展开,步步推向高潮。在主体部分的行文上,要在理论上一步步说服听众,在内容上一步步吸引听众,在感情上一步步感染听众。要精心安排内容的结构层次,并层层深入,环环相扣,最后水到渠成地达到高潮。

主体部分展开的方式有以下三种。

1)并列式

并列式就是围绕演讲稿的中心论点,从不同角度、不同侧面进行表达,其结构形态呈放射状四面展开,宛若车轮之轴与其辐条。而每一侧面都直接面向中心论点,证明中心论点。

2)递进式

递进式,即从表面、浅层入手,采取步步深入、层层推进的方法,最终揭示深刻的主题,犹如层层剥笋。用这种方法来安排演讲稿的结构层次,能使事物得到由表及里的深入阐述和证明。

3)并列递进结合式

这种结构,或是在并列中包含递进,或是在递进中包含并列。一些纵横捭阖、气势宏大的演讲稿常采用这种方式。

另外,还有总分式、对比式、欲擒故纵式、张弛结合式等。

**3. 结尾精彩完美**

演讲稿的结尾,是主体内容发展的必然结果。结尾或归纳,或升华,或希望,或号召等。好的结尾应收拢全篇、卒章显志、干脆利落、简洁有力,切忌画蛇添足、节外生枝。演讲结尾方法很多,结尾常用的设计和安排方式有下面10种:

1)总结式

如一篇演讲稿的结尾:

这是一个温暖和睦的家庭!这是一个积极向上的集体!这是一个充满希望的团队!我想说的话可以汇成一条大河,归结成一句话,那就是——腾飞吧,航院!

【评析】

这个结尾高屋建瓴,总揽全篇,用一个排比句总结了全文的三层意思,突出了"腾飞吧,航院!"的中心思想。字里行间流露出对航院的赞美、歌颂与祝愿,给听众留下了深刻的印象。

2）号召式

如一篇竞选演讲稿的结尾：

各位同仁，请大家助我一臂之力，投我一票吧，因为选我就等于选了你自己！

【评析】

这个结尾，演讲者用"选我就等于选了你自己！"的见解，巧妙运用谐音双关"一'笔'之力"，向听众提出要求，希望大家支持、帮助自己，为自己拉选票，既含蓄，又明朗，具有动人情、促人行的作用。

3）决心式

如一篇演讲稿的结尾：

我会在今后的工作中，刻苦学习，不断提高自己的各项能力，用自己的实际行动为实现自我价值，为航空公司树立信誉，向着星级服务员的目标奋斗、努力！

【评析】

这种结尾语言平实，言简意赅，明确了演讲者的具体目标，表达了自己朝着这一目标奋进的决心，从而突出了文章的中心。

4）余味式

如《人生的价值何在》演讲稿的结尾：

"我们的雷锋，在他短暂平凡的人生中，创造出了巨大的人生价值，给我们留下了无与伦比的精神财富，那么，亲爱的朋友们，在漫长而又短暂的人生之路上，我们将做些什么？创造些什么？留下些什么呢？"（转引自颜永平：《演讲结尾的技巧》）

【评析】

这个结尾采取对比和提问的手法，听后令人深思，发人深省，叫人不得不扪心自问，三省吾身，给听众留下了哲理性的思索和回味。

5）抒情式

如《奉献之歌》演讲稿的结尾：

"啊！奉献，这支朴实的歌，这支壮烈的歌，这支深远的歌，这支永远属于母亲——我们的祖国的歌，让我们每一个中华儿女都来唱这支歌吧！"（转引自豆丁网，马云：《演讲致词》）

【评析】

这个结尾，感慨万千，诗意浓浓，情真意切，情理俱在，给听众以极大的鼓舞和力量。

6）名言式

如《谈毅力》演讲稿的结尾：

"毅力是攀登智慧高峰的手杖；毅力是漂越苦海的舟楫；毅力是理想的春雨催出的鲜花。朋友，或许你正在向成功努力，那么，运用你的毅力吧。这法宝可以推动你不断地前进，可以扶持你渡过一切苦难。记住：'顽强的毅力可以征服世界上任何一座高峰！'"（转引自百度文库：《作文精彩片段·狄更斯语》）

【评析】

这个结尾,名言的引用非常贴切。

7)高潮式

如《改革需要我们理解,时代呼唤我们奋进》演讲稿的结尾:

"亲爱的朋友们:改革正在呼唤着我们,克服改革面临的困难,实现四化的历史重任已经责无旁贷地落在了我们的肩上。九十年代正在呼唤着我们,这将是一个挑战与机遇同在,困难与希望并存的非常时期,是我们中华民族又到了最危险的时候!起来吧!朋友们!祖国和民族考验我们的时代到了,每一个有爱国之心、民族之魂的炎黄子孙起来吧!让我们同心同德、艰苦创业,把强烈的忧患意识和爱国热情,变为强国富民的创造性劳动,把加速民主政治建设,消除腐败现象的愿望,化为维护安定团结大局的实际行动,为共渡难关振兴中华,起来吧!前进!前进!前进!"(转引自中华文本库:《组织语言》)

【评析】

这种采用高潮的方式结尾,从内容上讲,要有一定的高度,因为它是全篇演讲的概括和总结;从语言角度上讲,语言的含义要一层高过一层,语言的力度要一句比一句重。

8)祝贺式

如《在迎新茶话会上的演讲》的结尾:

"最后,在春节即将到来之际,我借此机会向全市的父老兄弟、姐妹们拜个早年。祝老年人春节愉快、身体健康、寿比南山!祝中年人春节快乐、家庭幸福、事业成功!祝年轻人春节欢乐、爱情甜蜜、前程无量!祝大家年年幸福年年富,岁岁平安岁岁欢!谢谢大家!"(转引自颜永平:《演讲结尾的技巧》)

【评析】

通过这些赞颂的话,会场活跃的气氛可达到一个新高潮,演讲者和听者的关系变得更融洽了。这样,演讲者的思想便给听者留下了一个满意的印象。但要注意,演讲者在说这些赞颂的话时,不要过分的夸张和庸俗,否则会有哗众取宠之嫌。

9)点题式

如《我爱长城,我爱中华》演讲稿的结尾:

"雄伟啊长城,伟大啊中华!我登上崇山峻岭的高峰之巅,我站在万里长城耸入云端的城楼之上,我昂首挺立在世界的东方,在祖国的山川大地,向世界的大洲、大洋,向天外的星球宇宙,纵声呼喊:'我爱长城!我爱中华!'"(转引自范文大全:《演讲艺术系列讲座之十八》)

【评析】

这种结尾方式,既表达了主题的需要,同时又对听众产生振聋发聩的冲击力。

10)幽默式

如有一次林语堂先生和一些社会名流到某大学演讲:

轮到林语堂先生时,已经是中午十一点半了。林先生走上台后,只说了一句话:"绅士的演说应该像女人穿的迷你裙,越短越吸引人。"话一出口,笑浪乍起,掌声如潮。

【评析】

有时,适当使用幽默诙谐,不仅可以强调自己的主张,增加听众的兴趣,加深听众对语言的理解,还可以缓解气氛。演讲者利用幽默结束演讲时,要做到自然、真实,使幽默的动作或语言符合演讲的内容和自己的个性,绝不要矫揉造作、装腔作势,否则只会引起听者的反感。

演讲结尾的方式除了上面提到的常用的 10 种方式外,还有不少。如可以用歌声、动作(无声的语言)、讲故事、提问题、诗歌朗诵甚至舞蹈表演等方式结尾。

【训练】

以《我选择了"叶的事业"》为题,写一篇 1000 字左右的演讲稿。

提示:

(1)开头:引用泰戈尔的名言:"花的事业是甜蜜的,果的事业是珍贵的,但让我干叶的事业吧!因为叶总是谦逊地垂着它的绿荫。"

(2)主题:我选择"叶的事业"是为了报答"叶";演讲内容安排中要有驳斥对"叶的事业"的种种奇谈怪论。

(3)结尾:根据所学内容,巧妙设计结尾。

### (三)命题演讲试讲技巧

演讲稿写好之后,要通过试讲,对演讲稿进行加工,使之转化为口头语言。试讲过程中,可随时修改、润色,以丰富演讲内容。试讲的水平和效果,直接影响着演讲的水平和效果。演讲的才能,是靠反复试讲获得的。试讲,是演讲训练最基本的一环。美国现代成人教育之父卡耐基说:"只要按照正常的方法,做周密的准备,任何人都能成为杰出的演讲家,反之,无论年龄多大或者经验多么丰富,如果没有适当的准备,都有可能在演讲中露出窘态。"因此,要想演讲好,必须付出艰辛的劳动和心血。

**1. 精通讲稿**

演讲者一定要对演讲稿的内容十分熟悉,深刻理解。弄清讲题的含义,中心论点,论据有哪些,层次怎么安排,开头和结尾的方式等,甚至熟记关键字词、字词的读音、字词的含义等。掌握了以上的内容后,对讲稿达到熟记能诵的程度。

**2. 巧妙设计**

1)感情表达设计

演讲者要随着演讲内容的变化,把感情充分、自然、真挚地表达出来,使听众为之兴奋,为之感动。

2)演讲的结构设计

主要指设计好"前言"(包括称呼语)和"后语"、开头和结尾、主体结构方式和高潮、层次衔接等方面的技巧。

3）演讲时间设计

根据演讲的时间要求，从开始到结束，控制好演讲的时间。做到不紧张、不松散、不冗长。

4）演讲语言设计

试讲过程中，一是要反复推敲，力求做到语言发音规范、吐字清晰、准确贴切、简洁明快、生动形象、通俗易懂、言之有据、言之有理、言之有物、言之有味；二是要反复练习、琢磨、感悟语言的发声技巧，声音宏亮，音色优美；三是要重视不同段落的语速、节奏，做到语速适中、节奏鲜明，有层次感；四是语调跌宕、升降恰当，重音、停连运用巧妙，讲着顺口，听着入耳，有律动感；五是语气亲切自然，语势豪迈，鼓动性强，有感染力。

5）着装设计

郭沫若曾经说过："衣裳是文化的象征，衣裳是思想的形象。"演讲着装的基本要求是朴素得体、庄重大方、整洁美观、轻便协调、色彩和谐，既能满足听众的审美要求，又不至于影响演讲效果。

在着装方面，应杜绝两种错误倾向：一是不修边幅，着装邋遢；二是追求时髦，穿得花里胡哨，影响演讲的形象美，甚至会引来人们的非议和嘲笑。

6）态势语设计

态势语设计应自然、真实，动作的幅度不宜过大或生硬、呆板；应简洁明了，不要手舞足蹈，尤其应避免一些毫无意义的小动作；应适度、适宜，不要故弄玄虚、故作姿态，甚至演、说不一；应生动活泼，富有变化，不要单调重复，甚至一成不变。

**3. 精心排练**

1）情绪稳定训练

登台之前，紧张慌乱属于正常的心理反应。消除紧张慌乱心理，首先要调节好自己的情绪，快速置身于演讲内容的特定情景中。在情绪完全镇定下来后，多给自己一些自信。卡耐基讲过的一句话对于克服紧张慌乱心理很有启发，他说："你要假设听众都欠你的钱，听众只要求你多宽限几天，你是个神气的债主，根本不用怕他们。"

2）优雅风度训练

风度是演讲者思想修养、道德品质、精神气质、情操禀赋、知识学识、心理情绪等因素的外在表现，是演讲者的仪表、举止、礼貌、表情、谈吐等的综合反映。

演讲者上场时，务必要大方自然、精神饱满、步履稳健、举止从容、文雅端庄，给人一种沉稳冷静、镇定自若、胸有成竹之感。

演讲者上讲台后，要面对听众站好。对主持人及观众的掌声应给以礼貌回答，或点头或招呼表示致意，或以掌声表示感谢。神态自然，挺胸收腹，气沉丹田；两肩放松，脊椎、后背挺直，腿绷直，重心稳定。不要低头弯腰，不要过于笔直。双手自然下垂。女士可双手相握，放小腹处。站立方法一般有两种：一种是前进式，即一脚稍前，一脚在后,两脚成45°左右,身躯稍微向前倾,给人一种精神振奋的积极向上的感觉;一种是自然式,即两脚左右微开成"八"字形,与肩同宽,给人一种注意力集中、稳定亲切的印象。上台后,不要急于开始演讲,而应面带微笑,用亲切的目光平视在场听众,表示打招呼之意,同时,也起到组织、安定听众的情绪作用。然后深吸一口气,平静一下自己的心情,待掌声停下,听众的注意力集中,会场安静下来后,加一个"前言",以此拉开序幕。这样,可以拉近与听众的距离,创造出与听众进行交流的亲切氛围,然后进行演讲。

演讲完后,稍微停顿一下,一般应加一个礼貌性的"后语"。然后从容自然地走下讲台。切不可如释重负,匆匆跑下,更不要漫不经心、大摇大摆地离开。

3)表情训练

演讲者,要重视表情训练,充分发挥面部表情的辅助作用。切忌面无表情、不可一世,或眼珠乱转,不敢正视听众;或两眼看着桌面、天花板,盯着某个地方只顾想词或背词。

4)声音训练

声音宏亮时,能激起听众感情的波澜,声震大地;声音绵绵时,微微动情,清澈流畅,似涓涓小溪;悲伤时,音色低沉,凄婉哀怨,令人潸然泪下。注意演讲场所空间的大小和扬声器的使用,根据自己的音量、音色,适当调整与话筒的距离、话筒的高低,控制好自己的音量。音量不可盲目加大,大吼大叫;也不可声音太小,让听众听着费力。

(四)命题演讲应变技巧训练

初练演讲的人,往往容易怯场、卡壳,或忘记内容等。这就要求演讲者要有当机立断、随机应变、巧妙处置、化险为夷等的应变技巧。应变技巧训练可以借助以下方法。

**1. 专心致志法**

演讲者临场时,要牢记演讲第一,"悠悠万事,唯此为大",不管会场或听众中发生什么事情,都不要分心。

**2. "跳跃"法**

演讲中,如果忘掉了一句或一段话,不要再去想,干脆"跳跃"过去,随机讲记住的内容,或干脆从讲稿中解脱出来,紧扣主题,即兴表达下去,这样就不会出洋相或冷场。

**3. 持稿备用法**

如果稿件不熟,没有脱稿的把握,可持稿上台,万一忘词,可瞥上一眼,做到有备无患。如果实在讲不下去了,就在听众听得津津有味时结束演讲,来个"见好就收"。

【训练】

(1)熟悉林肯《在葛底斯堡国家烈士公墓落成典礼上的演说》演讲稿,根据演讲的方法及其要求进行模拟演讲。

（2）就大学生关心的社会热点问题自拟题目,写一篇1000字左右的演讲稿,按命题演讲试讲训练的过程,进行训练,然后在班上演讲。

### 三、即兴演讲训练

#### （一）即兴演讲的基本要求

即兴演讲,具有少而精、小而活、快而准等基本特点,符合时代潮流,迎合人们快节奏的生活方式。即兴演讲的个性特点与特殊功能,决定了即兴演讲的特殊要求。

**1. 即兴演讲的能力要求**

即兴演讲能力是一种高级的演讲能力,是最能反映演讲者综合修养和演讲功底的演讲。因为即兴演讲场合复杂,听众的职业、年龄、生活阅历和文化素养也不尽一致。即使是在一次演讲会上,也常常会产生各种预想不到的情况。即兴演讲能力强的人,能在各种复杂的场合泰然自若,侃侃而谈;能从当时、当地听众的实际情况出发,及时调节演讲内容和演讲方式,从而提高演讲的效果。即兴演讲能力弱的人,随机变通性就差,或者拘泥于原有的讲稿,脱离变化了的实际;或者随机变化了,但词不达意,语无伦次,纰漏百出,降低或损害了实际效益;或者不能临场发挥,无法讲下去。

一个人的即兴演讲能力,要达到缘事而发、应付自如的程度;能达到天衣无缝、出口成章的水平有一定难度,不下一番苦功夫不行。因为,即兴演讲面临的问题具体多变,要求演讲者必须有真才实学和较高的才情禀赋;即兴演讲面临的情况复杂,要求演讲者必须有很好的心理素质,有良好的意志品质,有极强的情绪控制力,并能及时调节自己的心境,集中精力完成演讲。即兴演讲的触发性、临时性、短暂性特点,要求演讲者必须头脑清醒、机智、思维敏捷、词汇丰富,能够迅速捕捉话题的精义、要害,理出头绪、列出提纲、快速组织语言。

总之,即兴演讲能力的形成,要有一定的功底,要反复地实践锻炼。否则,即使勉强演讲,也难以收到良好的效果。所以,成为一个优秀的演讲者,必须十分注重即兴演讲能力的锻炼和培养。

**2. 即兴演讲的内容要求**

即兴演讲内容的要求,主要有以下两点。

一是材料必须新颖。即兴演讲如果没能给人留下印象的原因,多是因为内容缺乏新意。不"新"就无吸引力,不"新"就没有魅力。如果老调重弹,人云亦云,拾人牙慧,就会令人生厌。要讲出新东西,就讲别人想说而说不出,或者没有想到的道理;就讲大家正在思索,还没有形成完整观点的问题;就讲人们想脱口欲出,还没有找到合适语言的东西。这既能缩短演讲者和听众的距离,又能使听众产生共鸣。

二是立意必须深刻。即兴演讲的立意深刻,是指演讲的认识要深、意义要深、体会要深、挖掘要深。要使立意深刻,必须选择一个合适的角度,因为同样的一件事情,它可以包含几个意义,演讲者可以根据不同的目的来确定演讲的立意;要使立意深,演讲者确定中心论点的角度要少而集中,要小中见大。少而集中,是指演讲者从生活的平凡现象出发,由此及彼,以点带面,抓住最本质的一点,触类旁通,引申扩展,使之上升到理论层次的高度,使之小而实、短而精、细而宏、博而深,令人回味无穷。小中见大,是指演讲者力求说出点新意,哪怕是说出一星半点的思想火花,灵感闪光,也能使所讲的道理增色生辉。

**3. 即兴演讲的方法要求**

即兴演讲方法的要求,主要有以下几点。

1) 及早准备

参加集会前,估计一下自己被安排即兴演讲的可能性,根据集会内容及早准备。可从两个方面去筹备:一是知道讲些什么,该怎么讲;二是打好腹稿,必要时列出提纲,主动要求即兴演讲。

2) 构思敏捷

即兴演讲在更多的情况下,是临时构思发表演讲,所以构思要敏捷。要做到"构思敏捷"是不容易的。陆游说:"汝果欲学诗,功夫在诗外。"构思敏捷是以智慧和常识为基础,进行即兴演讲的快速思考、结构布局。构思时,一是要充分发挥敏锐的观察能力和分析、归纳、概括能力;二是要选取熟悉的人、事、物、景为话题,只有熟悉的事物,大脑反应才迅速、快捷;三是要选取听众熟悉的、感兴趣的事物和听众关心的热门话题,这样才能使听众产生共鸣。做到这些,即兴演讲时才能文思如泉涌,话语滔滔而不绝。

3) 贴近现场

贴近现场,是指即兴演讲必须跟现场的内容、情景、时境、听众密切联系在一起。如闻一多先生在一次即兴演讲中,触景生情,指着月亮说:"朋友们,你们看,月亮升起来了,黑暗过去了,光明在望了。但是乌云还待在旁边,随时会把月亮盖住。"语言生动形象,寓意深刻,情景交融。

4) 多用例证

即兴演讲中,只要不是故弄玄虚或引用那些众所周知的老掉牙的例证,多用例证,对即兴演讲的成功是非常有益的。它可以吸引听众的注意力,消除演讲者的紧张情绪,增强演讲者的自信心;可以使理论观点具体化、形象化,更易于听众接受。例证的讲述要具体、生动,让听众听了入迷、入情、入境。

5) 语言简洁

即兴演讲,本来篇幅就不长,而短短的几分钟演讲,要给听众留下深刻的印象,就应语言简洁,不能说废话、空话、套话,不能冗长啰嗦。并且,句子不能过长,修饰语不宜用得过多。如果在句子中修饰语用得过多,就会使句子变得冗长累赘。即兴演讲的语言稍纵即逝,句子太长,后半句还没说完,前半句子就可能被淡忘了,听众就会觉得抓不住句子的主干,迫使听众把心思用在理解长句子的意义上,从而影响整个演讲的效果。所以,即兴演讲宜用短句,少用修饰语。要使即兴演讲的语言简洁,不是单纯地把长句换成短句,而是要锤炼词句,要杜绝一切空话和废话,要节省话语,含而不露,留有余地,力求达到言简意赅的意境。

### (二) 即兴演讲的模式

即兴演讲的常用模式主要有"要言不烦"式、"扩句成篇"式、"三部曲"式、"借题发挥"式、"散点连缀"式等。运用这些模式反复练习,就可逐步把握即兴演讲的规律。

**1. "要言不烦"式**

"要言不烦"式,又称"一句话演讲"法。这种方式的运用要做到"一言以蔽之",就是要用一句话简明扼要地表明观点。这种观点不需要烦琐论证,因为它极易为听众理解和接受。

【示例】

一位大学一年级的学生,在入校后的第一次班会上的即兴演讲:

"同学们,我认为作为一名大学生,最重要的是明白自己该做些什么,而不是要学校、老师、家长、社会为我们做些什么。"

【评析】

演讲话语虽然不多,但有破有立,内涵丰富,发人深思。

**2. "扩句成篇"式**

这种方式,应该说是"要言不烦"式的扩展。扩展"句"是演讲的中心意思或者说是核心句。"扩句成篇"式运用时,首先要开门见山,展现核心句的意思,然后进行扩展,对核心句进行阐发,引用适当事例、依据或名言加以论证。

【示例】

句子"当前的形势需要徐洪刚那样的英雄人物"的扩展:

"当前的形势需要徐洪刚那样的英雄人物,需要大力提倡革命英雄主义。改革开放是前无古人的事业,有困难,有曲折,也有风险,没有超人的勇气是进行不下去的。同大自然的斗争也不会一帆风顺,在自然中有许多我们未知的东西,凶恶难料,有险阻,有困难,因而也就有流血、有牺牲。例如,外空探险,可能有去无回;海底探秘,可能葬身鱼腹;开山放炮、地下采煤、高空作业、科学实验、机械操作等,无不带有一定的危险,没有革命英雄主义,没有勇于献身的精神,是根本做不好的。更何况改革开放,难免会泥沙俱下,造成某些腐朽的东西有所抬头,国内外邪恶势力和敌对势力正在虎视眈眈伺机而动,这样就更需要我们像徐洪刚那样敢于在关键时刻挺身而出,随时准备为保卫改革开放的成果而英勇献身。所以,在改革开放的形势下,在向四化进军的征程中,不是不需要革命英雄主义,不是不需要徐洪刚那样的英雄人物,而是更加急需;不是没有表现的机会,而是提供了更广阔的天地。"

【评析】

上面这段演讲内容,就是对开头核心句"当前的形势需要徐洪刚那样的英雄人物,需要大力提倡革命英雄主义。"的扩展,扩展部分有深层次的论述,有事例的论证。足以说明,我们这个时代为什么需要徐洪刚这样的英雄。话语不短,但结构简单、严密,证论结合,很是巧妙。

### 3."三部曲"式

"三部曲"式即兴演讲的结构分为开头、主体、结尾三部分。一般的要求是:开头抓现场,中间谈观点,结尾表希望。

【示例】

我是来自××的×××,大家所看到的我的内在就像我的外表一样,敦厚和实在是我对自己最好的概括。

我不飘,不浮,不躁,不懒。我内心充实,物质享乐和精神刺激都不是我的嗜好。我待人诚实,从没有花言巧语,但真诚和厚道使我总能赢得朋友的信赖。我专业扎实,看书是我最大的享受,钻研电脑让我感觉其乐无穷。我做事踏实,再小的事情我也要一丝不苟地完成。我会修电脑,能管网络,网络经营和网上销售也没问题。重要的是,我有一种执著钻研的精神,一种不弄明白绝不罢休的劲头。

我叫春雨,春天的雨润物细无声,我希望我能默默无闻地、悄无声息地给我的团队装一点点绿色。给我一个机会,我会给您一个惊喜。谢谢!

【评析】

短短三段话把即兴演讲的三部曲结构表达得非常完整。开头部分抓住现场——"大家所看到的我的内在就像我的外表一样,敦厚和实在是我对自己最好的概括。"中间部分,也就是主体部分阐述观点:我不飘,不浮,不躁,不懒。结尾谈自己的希望——"我希望我能默默无闻地、悄无声息地给我的团队装一点点绿色。"结构非常完整,语言非常动人。

### 4."借题发挥"式

"借题发挥"式即兴演讲,通常是借用与演讲有关的某句话、某个词或听众的心态、议论焦点、会场布置、有新意的插话等触发灵感,再抓住这个触发点进行发挥而引出另一番新意。

【示例】

某村长在村长大会选举中得了80%的票,再次当选村长的演讲:

"不要笑,这里头80%是大家投给我的票,最少可以说明三点:一是大家对我任上一届村长不够满意;二是有部分村民对我能再当好村长持有怀疑;三是多数村民没有把我看死,对我还有信心和希望。老实讲,我也投了自己的票,大家看得出我还想当这个'官'。不怕笑话,我是基于三方面考虑,一是因为家祖祖辈辈都在这个村,带领大家改变管区贫穷面貌我有一份义不容辞的责任,不能因为有困难而退却;二是我……决心在这一届任期内'将功补过';三是因为有了上一届的实践锻炼,我积累了一些经验,比较有把握在这一届干好。"

【评析】

这段演讲,开场白出人意料,独特新颖,以选票票数的结果作了借题发挥,妙趣横生,人情人理。对80%的得票率作了三点分析,恰如其分,声声入理。接下去对"我还想当这个官"的三个有利条件作了简述,语言十分幽默诙谐,又令人觉得他诚实、可信、可敬。

### 5. "散点连缀"式

"散点连缀"式即兴演讲,即将表面上看似没有关联的,甚至毫不相干的景物、词语——即思维的"散点",通过一定的语言表达方式,巧妙地连缀起来,组合成一篇意思完整的演讲。

【示例】

"校友、咖啡、遭遇"这三个看似毫不相干的词语,通过散点连缀方式,组成的一段即兴演讲词:

"在一次校友会上,我们几个老同学聚在一起聊天,主人问我喝什么饮料,我说来杯咖啡吧,咖啡加点糖,甜中有苦,苦中有甜,二者混在一起有股令人回味无穷的滋味,我想这正好与我们这代人的经历遭遇相似,分别几年了,我们都已经走上了不同的岗位,回想起来,真是有苦有甜啊!"

【评析】

通过这段演讲,可以看出无论多么散的事物,只要认真研究事物之间的关系,给它一个恰当的联想,总能把它们结合起来,表达出一个观点。

【训练】

(1) 请分别用"口才"和"人才"这两个话题,进行"要言不烦"式即兴演讲练习。

(2) 将下面的两句话"扩句成篇"。

① 校园内禁止吸烟;② 谁说女子不如男?

(3) 根据下面的情景,进行"三部曲"式即兴演讲。

假定你在学校的一次乒乓球比赛中获得了第一名,在颁奖仪式上,主持人让你代表全体获奖选手发言。

(4) 根据下面的情景,进行"借题发挥"式即兴演讲。

① 以"金子"为题,谈谈"21世纪青年人的形象"。(提示:可从"金子"如果蒙上尘土则无法发出耀眼的光泽谈起,引出"21世纪青年应具备的形象"。)

② 以"树"为题,谈谈青年人要重视学习。(提示:可从一棵枝叶茂盛、果实累累的树木,如果树根烂了,也就无法继续生长下去(树根理论),引出"人才的竞争关键是学习力的竞争"的道理。)

(5) 从下列词语中选择一些词语(最少包括三个词语)进行"散点连缀"式即兴演讲。

蜜蜂 旭日 春雨 路标 酷暑 严寒 荷花 路 松 竹 桥 灯 蜘蛛 大雁 梅 黄河 长城

# 学习单元十一  论辩训练

📖 **学习重点**

了解论辩的含义及其特征,理解论辩的意义,分清论辩的种类,把握论辩的基本要求,掌握论辩的基本技巧。大胆运用论辩技巧,以班委的形式认真组织好一场高质量的赛场辩论。

## 第一节  论辩概述

### 一、论辩的含义及其特征

#### (一)论辩的含义

论辩,又称辩论,是指观点对立的双方针对同一个论题探求真理、明辨是非,借以说服或驳倒对方的语言交际活动。其主要含义有下面三层:一是论辩由论题、立论者和驳论者三个要素组成,缺一即不能产生论辩;二是论辩双方就同一个辩题展开论争,在论争的过程中,彼此所持的意见正好完全对立,对同一个问题持有相互对立的思想或观点是形成论辩的前提;三是论辩包括提出论点、分析论证和得出结论等步骤,有开始、展开、终结三个阶段,缺少任何一个阶段都不是完整的论辩。独立的某一句话或一个论断不能称为论辩。

#### (二)论辩的特征

**1. 针锋相对性**

对抗性是论辩的基本特点。论辩的对抗性主要表现在论辩双方观点矛盾、冲突或论辩内容的对立上。

**2. 逻辑严密性**

逻辑是论辩的核心,遵循逻辑规律是论辩取胜的法宝。论辩必须遵循形式逻辑和辩证逻辑的思维规律来分析和论证问题,构建起严密的逻辑框架。

**3. 反应机敏性**

反应机敏性是论辩的突出特点。反应机敏指应对要快捷。论辩艺术也因此称为最富于智慧的艺术。

**4. 语言精炼性**

论辩最终表现为语言的较量。它要求双方在表达自己观点、批驳对方观点时简洁明快、一语中的、一针见血,使对方猝不及防或无法躲闪。

**5. 广泛存在性**

论辩在日常生活中几乎无处不在,小到家庭成员,大至社会各集团之间。有人说,论辩术是文明社会谋生和争取成功的一项有效武器。因为在愚昧的原始社会,人们靠的是体格、身体力量称雄;在现代文明社会,人们靠的是大脑、智慧称霸,论辩是智者之术。

## 二、论辩的意义

### (一)研究事物,探求真理

"公说公有理,婆说婆有理。"在人们的认知活动中,经常发生论辩,论辩的结果使得事物的原理得到显现,真理得到阐明,或者获得新的认识。社会是不断发展和进步的,人类对事物的认识不断向广度和深度进展,此时此地认为是真理的,彼时彼地则认为是谬误,即使是同时同地,由于个人的思想、知识水平、认识角度、所处地位的不同,对于同事物也会产生不同的见解和主张,甚至形成不同的政治、学术派别和思想体系。正是由于论辩的存在,许多我们自身无法考虑周全的学说或者观念才得以传播。

### (二)明辨是非,捍卫真理

孟子说"予岂好辩哉?予不得已也。"意思是说,当邪说异端损害到正道时,不能不起来做一种攻击的防卫。科学物理学的奠基人伽利略遭受宗教裁判所的迫害,以异教徒的罪名被判处死刑,他却坚信他所信奉的科学真理,满怀信心地争辩道:地球仍然在转动。论辩可以明辨是非、捍卫真理,是由于社会中确实存在着是非混淆、真谬不分的现象。正是由于对错误或者偏差观点的反驳、回击,人们才能澄清迷雾,看清事物的本来面目。

### (三)锻炼思维,培养口才

研究论辩之道,总结论辩规律,掌握论辩技巧,对于每一个人来说,都是大有益处的。在论辩活动中,锻炼思维是第一位的。因为,丰富深刻的思想是论辩取得成功的"基石"。论辩对思维的锻炼可以从四个方面体现出来:

一是锻炼思维的敏捷性。凡擅长论辩者,无一不是善于观察、勤于思考、思维敏捷的高手。只有这样,面对咄咄逼人的进攻和一连串的提问,才能成竹在胸、反应敏捷,迅速调动日常积累的知识,一一予以回答和辩驳。

二是锻炼思维的清晰性。想不清楚的问题,是说不清楚的。语言的不准确和混乱,源于思想的不准确和混乱。在论辩过程中,要求双方以明白无误、有条不紊的语言来表达自己的思想观点,做到这一点的前提就是思路清晰、有层次。

三是锻炼思维的准确性。法国作家福楼拜曾精辟地指出:"思想准确是表达准确的先决条件。"论辩就是要求论辩双方同时对所论辩的问题进行深入思考,对事物的认识越接近事物的本质,就越能准确地把握事物的根本属性。

四是锻炼思维的完整性。一个人独自思考,或者发表个人观点,往往具有很大的局限性。通过论辩才能相互补充、丰富思想,获得对事物比较全面完整的认识。

### 三、论辩的类型

论辩一般可分为日常论辩、专题论辩和赛场论辩。

#### (一) 日常论辩

日常论辩,是指人们在日常生活、工作和学习中,随时随地进行的论辩。生活中,每个人都会因自己的思想与他人相异而发生论辩,都会不可避免地遇到论辩。论辩体现着人类社会的民主和自由,反映着人类社会的文明和进步。生活中,社会群体中的每个成员,都应该正确地掌握和运用论辩这种方式,以适应社会群体生活的需要。

#### (二) 专题论辩

专题论辩,是指在专门场合下进行的有特定议题的论辩。专题论辩包括法庭论辩、会议决策论辩、外交论辩、谈判论辩、毕业论辩、竞选论辩和座谈论辩等。

#### (三) 赛场论辩

赛场论辩,又称模拟论辩、竞赛论辩。它是有组织、有准备、有规划、有评判、有观众的论辩演习。它的特点主要表现在以下几个方面:

一是从论辩的组织程序看,赛场论辩属于一种竞赛,竞赛的的公正性要求有一套严密的组织形式和竞赛规则,论辩时必须严格遵守这些规则。论辩双方的人员组成结构,每一个人什么时候发言,发言的时间有多长等,都有严格的规定。

二是从论辩的评判看,赛场论辩的胜负,取决于评判员的评判,以及现场观众的心理倾向对评判员的影响。因此,赛场论辩的双方,既要考虑以充分的论据和有力的反驳使对方失利,又要注意自己的语言美和仪态美,以争取听众和评判员的好感,最终取得论辩赛的胜利。

三是从论辩的内容范围看,赛场论辩奉行对事不对人的论辩原则,只针对对方辩友的观点展开论辩,而不涉及对方个人的品质、能力和行为。在论辩内容上,只要能"自圆其说",驳倒对方就可以取胜。因此,论辩的结果,胜方的观点不一定代表真理,而败方的观点并非一定是谬误。

四是从论辩的目的看,赛场论辩的主要目的不仅仅是达到真理性的认识,而是要通过比赛来训练论辩的能力和技巧。因此,它以击败对方为主要目的,双方都力求说服对方,力争不被对方说服。被对方说服就意味着比赛的失败。所以,论辩赛对广大青少年智力开发、论辩技能、口才水平提高等方面具有积极的意义。

五是从论辩的表达方式来看,赛场论辩不考虑心理相容的表达方式,不怕刺激对方,对方越失态、越过分激动,对本方越有利。

### 四、论辩的基本要求

**1. 不跑题**

论辩中,双方都必须围绕论题进行论辩,不能跑题。如果双方都离开论题,互不交锋,就不是论辩了。

**2. 善攻守**

论辩中,所谓攻,就是驳论;所谓守,就是立论。攻,就是集中力量攻击对方的基本观点;守,就是坚定不移地坚守自己的观点,确保本方引用的事实、数据、典故准确无误,并且逻辑严密、论证有力、滴水不漏,不给对方以可乘之机。论辩中要攻守统一、攻守兼备。只守不攻,论辩无力,对对方不能构成威胁,显得过于怯懦;只攻不守,气势咄人,始终回避对方提出的问题,会给人色厉内荏的感觉。

**3. 重风度**

重风度,是从道德的层面对论辩提出的要求。论辩中,要尊重对方的人格,不进行人身攻击,不辱骂和恐吓,做到讲理不伤人,否则会丧失人们的信赖,也会降低自己的人格。

## 第二节  论辩技巧及其训练

论辩获得胜利的前提条件有两个:一是占有真理正义,为真理而论,为正义而辩;二是掌握技巧,并在实际论辩中自如运用。占有真理是辩德的基本要求,掌握技巧是辩才的主要表现。论辩的技巧主要有战术技巧、战略技巧和语言技巧。

### 一、战术技巧

论辩的战术技巧主要包括论、驳、护、接、问五个方面。

#### (一) 论

论,就是运用演绎论证、归纳论证和类比论证三种基本的逻辑方法,论述、阐明自己的命题。

**1. 演绎论证**

演绎论证,是先总说后分说的方法。就是在总说部分提出命题,然后在分说部分论证总说部分提出的命题。这种方法要求论据和命题之间存在必然的联系,而且要求论据具有普遍性和真理性。

**2. 归纳论证**

归纳论证,是先分说后总说的方法。就是先在分说部分列出多个论据(包括事实、理论论据)来证明某个命题,然后在总说部分归纳出正确结论。这种方法要求广泛占有材料,充分掌握论据,论据越多越能说清道理,让人信服。

**3. 类比论证**

类比论证是通过已知事物(或事例)与跟它有某些相同特点的事物(或事例)进行比较类推,从而证明论点的论证方法。"相同特点"是这种论证方法能够成立的前提,没有它,就无法进行类推;"比较类推"是这种论证方法的根本标志,没有这个推理过程,就达不到证明论点的目的;"已知事物"是这种论证方法的一个重要条件,它是为所要论述的主体事物服务的客体事物,没有这个条件,不能使类推的道理明显化,不易为听众接受,在某些情况下也不能达到证明论点的目的。

上述三种方法中,演绎论证最直接,归纳论证次之,类比论证相对较为委婉。论辩过程中,根据具体需要恰当选用,有时也可兼而用之。

(二)驳

驳,就是反驳对方的观点。在反驳中,运用反驳命题、反驳论据、反驳论证三种方法来体现。

**1. 反驳命题**

反驳命题,就是针对对方的命题,运用事实论据或理论论据进行驳斥,揭示其命题的错误性、荒谬性和不实性,使其命题不能成立。

**2. 反驳论据**

反驳论据,就是直接反驳对方的论据,用事实或理论证明对方的论据是错误的、不实的、虚假的或片面的,使对方的命题失去支撑,从而驳倒对方。

**3. 反驳论证**

反驳论证,就是揭露对方命题与论据之间缺乏内在的必然联系,论据证明不了命题,从而使对方的命题不能让人信服。

(三)护

护,就是对己方遭到对方驳斥的命题进行辩护。辩护过程中,要提出理由,用事实证明己方命题的正确合理,或者通过阐释来澄清己方的命题。假如说反驳是进攻的长矛,辩护就是护身盾甲。驳、护兼顾,驳之有力,护之有法,才能让人信服。

(四)接

接,就是对对方言论的接对。接对包括包容性接对、排斥性接对、回避性接对三种类型。接对的要求是迅速、利落。

**1. 包容性接对**

这种接对就是先承认对方命题的合理性,然后在更加宏观的领域提出一个新命题,将对方的论述包容其中,使对方的命题相形见绌而被否定。

**2. 排斥性接对**

这种接对是全盘否定对方命题。常用的方法有借题发挥、以牙还牙等。借题发挥,就是借用对方的命题进行发挥,然后得出错误的结论,从而达到驳斥对方的目的;以牙还牙,就是针锋相对,直截了当地驳斥对方命题。

**3. 回避性接对**

这种接对是在不愿、不宜,又不能不接对对方的言论的情况下,以答非所问,或避而不答等技法与之周旋。如:

一名汽车司机在法庭上说:"我只是喝了一些酒,并没有像指控书说的那样喝醉了。"法官一听,微微一笑,说:"正因为如此,我才没有判处你七天监禁,而只判你拘留一星期。"听完后,众人都很赞赏法官的机敏。

(五)问

问,就是直接向对方发问。论辩中问的目的最终是把对方难倒,迫其降服。问主要有追问、逼问、套问、回问等。

**1. 追问**

这种问是在对方回避我方提问时,紧紧抓住已提出的问题和线索,连续问下去,使对方在回答问题时无法自圆其说。

**2. 逼问**

这种问是利用十分肯定、自信的语气表现出我方对全部问题已了如指掌,对全部真相已明确在心,逼迫对方和盘托出。

**3. 套问**

这种问是为使对方说出实情而隐瞒我方意图,拐弯抹角地进行查问。

**4. 回问**

这种问是在正面接对有困难或者效果不理想的情况下,以攻为守,反过来诘问对方,既回避了对方咄咄逼人的攻势,又给对方重重一击。

## 二、战略技巧

古人曾说:"君子避三端:武士之剑端,文士之笔端,辩士之舌端。"由此可见剑、笔、舌对人具有的杀伤力和威慑力。论辩可谓舌战,如果把舌战比作战争,那么论辩中战略技巧运用就显得无比重要。

(一)射人先射马

在论辩中,首先驳斥对方支撑命题的论据。驳斥论据要针对论据虚假、论据与论点无关、论据不充足等进行。例如：

苏东坡的《志林·记与欧公语》一文里，记载了苏东坡与其师欧阳修的一段辩论：

欧阳修：有一个病人，因为在乘船时遇上大风，受惊吓而得病。医生就拿来舵工用了多年、浸透了手心汗的舵把，刮下细木屑，加上丹砂、茯神等药，为他治病，喝下去就好了。《本草注·别药性论》上也说：止汗用麻黄根节，以及旧的竹扇子刮末入药。可见，中医以意用药，初看很像儿戏，但也很灵验。苏东坡反驳道：照这样说来，用笔墨烧灰给读书人喝下去，不是可以治昏惰的病了吗？推此而广之，那么喝一口伯夷的洗手水，就可以治疗贪心病了；吃一口比干的残羹剩汁，就可以治好拍马屁的毛病，舔一舔刘邦的勇将樊哙的盾牌，可以治疗胆怯病；闻一闻古代美女西施的耳环，可以除掉严重的皮肤病？欧阳修听后哈哈大笑。（引自沪江职业技能网《论辩获胜技巧，射人先射马》）

（二）擒贼先擒王

在论辩中，将主攻目标对准对方的命题，分析其错误实质，击中要害。例如：

一次，某大学请刘绍棠去作报告。当刘绍棠讲到文学创作时说："每个作家都是有所为有所不为，即使是真实的东西，也是有所写，有所不写的。"有个女同学听后，反问道："刘老师，您说作家要有所为有所不为，我不能苟同。请问：既然是真实的，就是存在的，存在着的，就应该给予表现，就可以写。"

刘绍棠微笑着对这位女同学说："我想看看你学生证，上面是不是贴着脸上长疮的照片？"

女同学迷惑不解地问："把长疮的照片贴在学生证上多么难看呀，我怎么会去拍这样的照片呢？"

"漂亮的小姐啊，你不在长疮时去拍照片，这说明你对自己是看本质的。你知道长疮时不漂亮是暂时的，它不是你的最真实的面目，所以你不想在长疮的时候照相，更不会把长疮的照片贴在学生证上，你说对吗？"那位漂亮的女学生脸红了。（引自沪江职业技能网《论辩获胜技巧，射人先射马》）

（三）破立结合

论辩都应当破立结合，攻守兼备。破，就是反驳；立，就是辩护、证明。从论辩的全局看，立是破的前提基础，应该首先凭借充足有力的证据和逻辑严密的论证立稳己方命题，同时还要借助于强烈进攻来反击对方，维护己方的命题；破又是立的必然目的，把与己方矛盾对立的对方命题攻破，才能最终守住己方的命题。有时，以立为主，以破为辅。例如：

有位社会心理学教授在讲台上告诉他的学生们："奋斗通常是指一种强硬的人生态度，主张不屈不挠，勇往直前。但事实上，人面对社会乃至整个自然界，是极其渺小的。因此，不要因为年轻的激情而被'奋斗'这个词误导。"

学生们对教授的话感到吃惊,没有想到这样的话竟然由他们敬爱的老师讲出来。

教授接着说:"在我看来,奋斗包含两个层面——积极斗争和消极适应。请大家随我走一趟。"

教授带学生来到他家门前的草坪上,指着一棵老槐树说:"这里有一窝蚂蚁,与我相伴多年。近些日子,我常常想办法堵截它们,但未能取胜。它们总是能从别处找到出路。我甚至动用樟脑丸、胶水,但它们都成功地躲过了劫难。有一段时间,我发现它们唯一的进出口在树顶,这是很不方便的;但一周后,我发现它们重新在树腰的空虚处开辟了一个新洞口。蚂蚁们的生存环境不比你们广阔,它们的奋斗舞台实在很狭窄,更重要的是,它们深深理解自己的力量。因此,它们没有与我这个'命运之神'对抗,而是忍让与适应。当它们知道自己无法改变洞口被堵死这一事实时,它们就很快地适应了。而自然界中那些善于拼搏、厮杀的猛兽,如狮子、老虎、熊,目前的生存境况大多岌岌可危,因为它们与蚂蚁相比,似乎不太懂得奋斗的另一层力量——适应。适应环境本身就是奋斗的组成部分,只有在此基础上开辟战场去对抗,生活才有胜算的光明。好了,祝你们奋斗成功。"

教授先立,后破,立破结合,所讲的道理非常让人信服。

(四)诱敌深入

在论辩中,面对强大的对手时,应采用避其锋芒,巧设圈套,投以诱饵,引诱其上钩,寻找有利时机反驳、攻击对方的战略。例如:

一天,一位面容娇羞的女青年在马路上行走。突然发现身后一个"摩登"男青年在其背后紧追不舍,这可怎么办?当男青年走近时,她突然对男青年说:"你为什么老跟着我?"男青年说:"您太美了,真让人着迷,我真心爱您,让我们交个朋友吧!"女青年嫣然一笑,说:"谢谢您的夸奖,在我们后面走的那位姑娘是我妹妹,她比我还美。""真的吗?"男青年非常高兴,马上回头去看身后,再转过头看刚才那位女青年时,却不见了她的身影。他知道自己上当了,于是顺路快速追赶女青年,追上后他质问:"您为什么骗我?"女青年说:"不,是你骗了我,如果你真心爱我,为什么会去追另一个女孩,经不起考验,还想跟我交朋友?请你走开!""摩登"男青年被说得面红耳赤,灰溜溜地走了。女青年的妙招就是抓住对方贪图美色的心理,"投其所好",设计诱之。男青年不知是计,去追更美的姑娘,就使其丑恶嘴脸暴露无遗。女青年这招,就是诱敌深入,顺势反击,让对方自暴其丑,地自容,不得不逃之夭夭。

(五)金蝉脱壳

在论辩中,发现自己的处境不利,巧妙地转移对方的注意力,避开己方不便回答或难以回答的问题。例如:

中国近现代史上著名外交家顾维钧驻美期间,有一次参加各国使节团的舞会,一位与他共舞的美国小姐突然问他:"请问大使先生,您喜欢中国小姐还是美国小姐?"

顾维钧从容地回答说:"不论中国人还是美国人,只要是喜欢我的人,我就喜欢她(他)。"(转引自安龙励志教育机构网,演讲技巧:《口才加油站:金蝉脱壳》)

作为一个大使,对于"喜欢中国小姐还是美国小姐"的问题,不管怎么回答,都有失偏颇。假如回答喜欢中国小姐,在那样的场合显得没有礼貌;若回答喜欢美国小姐,有失民族尊严。而且问题只能选择其一。顾维钧巧妙地回答:"只要是喜欢我的人,我就喜欢她(他)。"他运用金蝉脱壳之法巧妙脱身,好像在回答提出的问题,其实内容已经发生了根本的变化。"壳"还在,"蝉"已"飞"。既避免了自身的尴尬,又赢得了对方尊重。

### (六) 假言归谬

假言归谬是指在论辩中,论辩者为反驳某一观点,利用充分条件假言判断进行引申归谬,达到反驳目的的论辩方法。这个推理过程是:先假定对方的论点是正确的,以对方论点为前因,构成一个充分条件的假言判断,然后由对方论点这个前提引申出一个荒谬的结论,最后以这个结论的荒谬推演出前因的荒谬。例如:

一位小姐与一位先生在聊天,小姐认为世界上最锋利的是这位先生的胡子。这位先生不解,小姐说:"你的脸皮已经够厚的了,但你的胡子居然还能破皮而出。"

当这位先生明白过来这位小姐在嘲弄他时,他将谬就谬,予以反击。他笑嘻嘻地反问小姐:"小姐,你知道吗?你为什么不生胡子?"小姐自然不知道。

"因为你脸皮更厚的缘故,连尖锐、锋利的胡子都无法钻破。"

这位先生反攻小姐的根据并不是另行构思的,而是从小姐攻击他的逻辑中引申出来根据后将谬就谬,并向更谬处演进。既然我有胡子是因为胡子尖利钻透了"厚脸皮",而你没有胡子则是因为脸皮更厚钻不透。将谬就谬,使同样的前提得出相反的结论,使否定的结果得出更彻底的否定。

### (七) 正话反说

在论辩中,不从正面,而从反面说出与本意正好相反的话语。例如:

1985年6月,德国外长根舍在与我国外长吴学谦会谈后说:"我认为这次讨论是有成果的,我只对一点感到失望。"在场的人都吃惊地等着他的下文。根舍接着幽默地说:"我感到失望的是,根本没有一个问题是我同我的中国同事可以为之争论的。"根舍与吴学谦两位外长的会谈,其实双方意见完全一致,如果直说也未尝不可,但根舍外长却别出心裁,先以"有一点失望"来引发在场者的惊愕,卖个"关子",然后才出人意料地道出所谓的"失望"正是最理想的。由于正话反说,不但显得幽默风趣,而且烘托和增添了会谈的友好融洽气氛。(转引自《小故事大道理》:《用一根手指建成的大桥》)

## 三、语言技巧

论辩是一种双向或多项语言活动中,最能体现语言技巧的形式。从一定意义上

## 学习单元十一 论辩训练

讲,论辩就是一种语言竞技活动。同其他语言技巧比较,论辩的语言技巧具有准而有度、快而不乱、险而不凶、尖而不散、美而不浮等特点。

### (一) 词句精炼

**1. 语气词得当**

论辩中,语气词"啊、呢、呀"等使用得当,能增强语言的表现力。但一定要加以控制不可用得过多、过乱。否则,会给人一种松散、凌乱和拖沓的印象,削弱语言的表现力。习惯性、周期性地在一句话中间或结尾都用语气词"啊"的现象是不可取的。

**2. 语言无杂音**

语言杂音,是指在论辩过程中不该出现、不应出现的多余的声音。如哼鼻子、喉咙不畅、轻轻咳嗽,或在每句开头常用一个"唉"等。

**3. 语言无垃圾**

语言垃圾,是指在论辩中常出现的废话,如口头禅、客套话等。如有的人开口就是"我以为""这个""那个""就是说",或是在句末带上"对不对""是不是啊"等,这都属于口头禅类的废话。"当然了""坦白地说""你们明白吗""你说是不是"这类词句属于套话。

**4. 夸张词适度**

夸张词有引人注意的作用,但用得太滥,或者失当,反而让人反感。如有些人喜欢用"伟大""最""极""非常"等字眼,用得适度很好,但用得太滥,只会给人留下夸张的印象。

**5. 叠句要慎用**

叠句,就是同一句话重叠使用。叠句使用的目的是要引起特别注意,或增强语句的力量。如要说"明天会"不要一律说成"明天会明天会"。别人让你办一件事情,你说"行"就可以了,不要习惯地说成"行行行"。

**6. 谐音要巧用**

谐音是一种修辞法,谐音的使用在于使思想表达含蓄、曲折,使语言妙趣横生。论辩中可借用谐音偷换概念。但运用要慎而又慎,否则会弄巧成拙。如清朝末年,李鸿章有个远房亲戚,不学无术,胸无点墨,却想着凭李鸿章的关系,参加科举弄个一官半职。但试卷到手,竟然有一多半的字不认识,无法完成试卷,急得像热锅上的蚂蚁。焦急之中,他便在试卷上写了一句话:"我乃当朝中堂大人李鸿章之亲戚。"无奈"戚"字又不会写,竟写成"妻"。主考官阅卷时,看到"我乃当朝中堂大人李鸿章之亲妻"时,不禁捋须矜笑,提笔在考卷上批道:"所以本官不敢娶(取)你。"这里,"取"与"娶"同音,就把两件风马牛不相干的概念扯到了一起。通过两次谐音连锁递进的演绎,"戚"与"妻"谐音,产生词义反差;"取"与"娶"谐音,又派生出另一个词义反差。不"娶"正好与草包考生希望相反。这种由于谐音而产生的双重复合误差,就使这则故事极富讽刺和幽默感,更显出考官的机敏与诙谐。(青年文摘:《我不敢娶》)

## （二）词句巧换

有经验的论辩者，通常根据语境的需要，运用更换词语或调换词序的方法，摆脱困境，变被动为主动。更换词语，是把对方辩词中的某个词语换成另外一个词语，从而产生新的含义，收到风趣、幽默、批驳、讽刺的效果，但要注意，更换词语时替代词应是定型的术语、习惯语、常用词，并且是听众所熟悉的。

调换词序，是根据论辩需要改变同一词语、词组的顺序，使之发生一定的变化，产生一种新的含义，给人以新的感受。例如：

清朝的曾国藩曾多次率领湘军同太平军打仗，可总是打一仗败一仗，特别是在鄱阳湖口一役中，连自己的老命也险些送掉，他不得不上疏皇上表示自责之意。在上疏里有一句是"臣屡战屡败，请求处罚。"有个幕僚建议他把"屡战屡败"改为"屡败屡战"。这一改，果然成效显著，皇上不仅没有责备他屡打败仗，反而还表扬了他。"屡战屡败"强调每次战斗都失败，成了常败将军；"屡败屡战"却强调自己对皇上的忠心和作战的勇气，虽败犹荣。词序调换后，意义完全不同。（转引自百度百科：《屡败屡战·闻诸先辈云》）

再如：

一对情侣外出旅行，在车上和一位老人相邻而坐。老人风趣健谈，姑娘和他谈得很投机，有说有笑。她的男友不高兴了，小声对她说："小心点，他是醉翁之意不在酒。"

女友安慰地说："放心好了，我是醉酒之意不在翁。"

老人听完他们的对话，自言自语地说："我是醉酒之翁不在意啊！"

老人把语序一改，显示出老人的风趣，既展示出自己的大度，也传达了对小伙子的批评。

## （三）文字妙拆

汉字中的合体字，如会意字、形声字等，大都可以分成独立的几个组成部分，各部分也可以表示一定的意义。论辩中，对汉字内部结构进行分析、拆合，也是致胜的一种方法。例如：

北京语言学院曾经举行过一场由外国学生参加的论辩会。论辩的主题是：男女平等——女性的出路。

正方认为，参加社会工作是女性的最佳选择，女性应在各方面同男子竞争。而家务劳动束缚了女性的才能，因此，家务劳动是男女不平等的一个重要原因。

反方则认为，"男主外女主内"是女性最佳方案。妇女主持家务有助家庭和睦。"男主外女主内"更有利于社会的安定。

论辩快速地向纵深发展。正当双方唇枪舌剑、论辩激烈时，反方队员桑佐兰从容辩道："汉字的'安'字，既意味着女人应在家里，'男'字则意味着男人做户外工作。

中国文化是很古老的,如果中国人错了,那我们今天还有什么可论辩的呢?

在古文字中,"安"字是指女人居于室内,而"男"字指在田中劳动。桑佐兰通过对"安""男"两字的拆合,有力地反驳了对方,论证了己方的"男主外女主内"的观点,收到意想不到论辩效果,博得了满堂的赞誉和喝彩。

### (四)语义别解

语义别解,分为别解词义和别解语义两层意义,在论辩中能起到转防守为攻击、摆脱困境、诙谐幽默等作用。例如:

某公司经理是有名的"妻管严",可在外面总是摆出一副大男子主义的模样。有天,经理与办公室同事闲聊。

经理:"在公司里,我是'头'。"

同事:"在家里呢?"

经理:"在家里,我当然也是'头'。"

这话被经理的儿子听见了,儿子回家把爸爸的话说给了妈妈。经理回到家后,夫人冷冷地问经理:"你和别人说,在公司你是'头',在家里你还是'头',那我呢?"

"你是脖子。"经理笑嘻嘻地说。

"为什么?"妻子问。

经理解释道:"因为'头'想动的话,得听从脖子。脖子扭向哪儿,'头'就对向哪儿!"

经理对"头"的解释可以说是非常精彩,承认了妻子在家里的权威地位,化解了矛盾。

### (五)比喻出奇

比喻,一般分为明喻、暗喻和借喻。论辩中,运用比喻技巧,可使抽象的东西具体化,生僻的东西通俗化,深奥的东西浅显化,还能以小喻大,以浅喻深,增强逻辑和说服力等。例如:

德国女数学家爱米·诺德获得博士学位以后,还不能立即进入大学讲课,因为她还没有获得讲师资格。但她的学术水平和才华得到了从事广义相对论研究权威教授稀尔伯的赏识。在一次会议上,爱米·诺德能否成为讲师的问题引发了一场争论。一位教授激动地说:"怎么能让女人当讲师呢?如果她做了讲师,以后就要成为教授,甚至进入大学评议会。难道能允许一个女人进入大学最高学术机构吗?"稀尔伯教授反驳道:"先生们,候选人的性别绝对不应该成为反对她当讲师的理由,我请先生们注意:大学评议会,毕竟不是澡堂!"这一句话,采用了明喻的技巧,驳得对方哑口无言。(转引自精品学习网:《德国女数学家爱米线·诺德的故事》)

### (六)排比增势

排比组句形成的语言,直接影响内容表达的效果、语言的强烈感情、语言的气势,能更好地烘托现场气氛。例如：

"沿途中,壮观的瀑布,会刷净你的头脑;平静的湖水,会使你冷静思考;雄伟的山峰,会唤起你的激情;名胜古迹的内容,会引发你无限的遐想。"

四层排比,热情奔放,层层推进,立意高远,振奋人心。祖国的美好景致历历在目,对大好河山的赞美之情呼之欲出。(谢伦浩:《演讲写作技巧》)

### (七) 一语双关

一语双关,是指在一定的语言环境中,利用词语的多义性或谐音,使语句具有双重意义。表面上说的是这个意思,实际上有另外的意思。双关语在运用技巧方面,常采用借用语境、谐音、语义、对象等方法。在论辩中,使用一语双关可以帮助辩手委婉表情达意,使语言生动活泼、耐人寻味,还可帮助辩手摆脱困境。例如：

美国现代著名航空大师西莫多·冯卡门,八十岁时获得美国政府授予他的美国第一枚"国家科学勋章"。在授勋仪式结束后,冯卡门走下台阶时,因其年岁已高,又患有严重的关节炎,显得步履艰难,美国总统急忙上去搀扶她。冯卡门在向他表示感谢之后,轻轻地推开总统的手,说:"总统先生,下坡而行者,毋须搀扶,唯独举足攀登者,方求一臂之力。"(李元秀:《说话的资本》)

冯卡门在这里借用语境,巧设双关语,表面上说的是上、下坡之事,实际上暗指总统平时多多关注在困难条件下向科学高峰攀登的科研工作者,含意深刻,表达得体。

### (八) 对联生辉

对联短小精悍,节奏鲜明,格律严格,具有较强的艺术特色。论辩中,对联的巧妙运用,能使论辩生辉。对联在运用方面,常采用双关式、谐音式、仿拟式、反方式等。例如：

唐玄宗的宠臣杨国忠,嫉恨李白之才,总想奚落李白一番。一日,杨国忠想出一个办法,约李白去对三步句。

李白一进门,杨国忠便道:"两猿截木山中,问猴儿如何对锯?"(这里"锯"谐"句","猴儿"暗指李白。)

李白听了,微微一笑,说:"请宰相起步,三步内对不上,算我输。"

杨国忠想快速走完三步,但跨出第一步时,李白便指着杨国忠的脚喊道:"匹马陷身泥里,看畜生怎样出蹄。"(这里"蹄"谐"题",与上联对得很工整。)杨国忠本想占便宜,却反被李白羞辱了一通,刚抬脚就被讥为"畜生出蹄",弄得十分尴尬。(转引自免费阅读期刊论文网:《智慧小囊·七则》)

### (九) 寓理于事

寓理于事,指论辩时借用寓言或故事,说明自己讲的道理。这既便于人们接受,又能增强论辩者的气势。例如：

战国时期,楚国大将昭阳率领军队攻打魏国,连夺八座城,继而挥军向齐。在大兵压境的紧急关头,陈轸受齐王之命拜见昭阳。在祝贺昭阳取得了赫赫战功之后,陈轸问:"根据楚国的法令,大败敌人的人可以获得什么官爵?"昭阳说:"官为上柱国,爵为上执珪。"陈轸说:"比这更高贵的是什么呢?答道:"只有令尹了。"陈轸说:"令尹是很高贵的,可是国王不会设置两个令尹。你愿听我讲一段故事吗?"于是陈轸讲了起来:

"楚国有一贵族在祭神之后,赏赐给门客一壶酒,门客们说:'几个人喝它不够喝,一个人喝它又有余,这样吧,请大家在地上画蛇,先画成的先喝。'有一个人画好了蛇,拿起酒准备喝,见别人还没有画好,说:'我再给蛇添上几只脚。'脚还没有画好,人家就画好了,夺过他的酒说:'蛇本来是没有脚的,先生怎么给蛇添上脚?',结果,那个先画好蛇的没喝上酒。"

接着陈轸又对昭阳说:"你攻打魏国大获全胜,做个大官足够了。如果你认为自己战无不胜而不适可而止,那你还没有得到官爵就有可能战死沙场了。这和那画蛇添足的人差不多。"

昭阳认为陈轸讲得有道理,于是领楚军而去。齐国之急得解。(原文出自:《战国策·齐策二》)

这则故事对于日常论辩至少有两点启发:一是寓言的力量是不可低估的;二是什么寓言对什么人说。

(十) 含蓄委婉

含蓄委婉,指论辩时把不便明说的话隐藏在别的话中。这种隐语比直接说明更加具有说服力。这种技巧,能使对方在自我认识不到的情况下,受到心理上的控制,从而达到操纵和控制对方言行的目的。例如:

清代有位亲王让一个戏班子演武打戏。王爷说:"你们到台下来打!"台下是石阶,铺满锦石,一翻筋斗,腰骨就会受伤。演员们瞻前顾后,不寒而栗。亲王仍不停地催,还命令手下取出银两作为赏钱。可演员你看我,我看你,都不敢下去。这时,老资格的武打演员孙菊仙正站在亲王身边,他审时度势,成竹在胸,笑嘻嘻地说:"你们好好打吧,打完了,王爷不但给你们一人一个银镙子,还要赏你们每人一贴膏药呢!"(李伯元:《南亭笔记》)

孙菊仙用含蓄的语言,表达出对事态结果的暗示,起到了应有的效果。

(十一) 模棱两可

模棱两可,指论辩时故意不把话说清楚,模模糊糊,处于两可之间。这种方法,是在不便或不能把意思照直说出来的情况下,让听者自己去揣度。既可解窘,又可反驳,可收到一箭双雕的效果。例如:

在首届中国名校大学生论辩赛中有道辩题是"流动人口的增加有利于城市的发

展",反方北京师范大学队与正方复旦大学队有这么一段辩词:

反方:请对方辩友正面回答,你们为城市的发展选择了何种模式?

正方:健康的发展模式,而这个健康的模式就离不开流动人口的增加。我请问对方辩友,你们既不让流动人口增加,又不让流动人口减少,你们到底让流动人口怎么办呢?(笑声、掌声)

复旦大学队若老老实实地回答自己对城市发展模式的选择,那就正中反方的下怀,不但费时费力,还得受制于人。于是辩手选择用"健康的发展模式"这一模糊语言,巧妙地过关,而后又顺势向对方提出诘难。

(十二) 旁敲侧击

旁敲侧击,指在论辩时正面攻击难以见效的情况下,采取侧面反击的技巧。论辩中,旁敲侧击时,话不说透,让对方去思考。例如:

有位客人见主人招待他没有菜肴,于是跟主人说视力不好,向主人要来副眼镜,戴好眼镜后,大谢主人,称赞主人太破费,弄这么多菜。主人说:"没有什么菜呀?怎么说太破费?"客人说:"满桌都是,为何还说没有?"主人说:"菜在哪里?"客人指着盘内:"这不是菜,难道是肉不成?"

这则笑话,一波三折,客人嘲讽主人,手段高明,让人叫绝。

(十三) 激将妙用

激将妙用,指在论辩时通过一定的言行刺激对方,激发对方的某种情感,引起对方情绪波动、心态变化,使对方朝着自己期望的目标发展。例如:

英国陆军反间谍部队的高级军官伯尼·费德曼不幸被德军抓获。德军为获取情报,对他软硬兼施,威逼利诱,毫无结果。于是德军想出一个办法。

德军把他送到德国的一所初级间谍学校,让一个错误百出的人当他的教官。在一窍不通的"老师"面前,他开始忍俊不禁,尔后是忍无可忍,他一再站出来纠正"老师"的错误,结果让德军巧妙地掌握了美英的谍报情况。(转引自搜狐新闻:《巧说圈套骗取情报》)

德军正是在"正面审讯"无计可施的情况下,狡诈地开展"心理攻势",运用激将法,刺激费德曼的自尊,使他解除了自身的戒备,开始"自炫",泄漏了谍报机密。

(十四) 适时沉默

在论辩过程中,适时沉默,有时胜于雄辩。例如:

三国时,才能非凡的庞统,因相貌丑陋,不被刘备看好。开始时,刘备只安排他做个县令。在县令任上,他不理正事,终日饮酒作乐。张飞奉命去追究,庞统也不去迎接。在县衙见张飞时,衣冠不整,醉步而出。直到张飞盛怒,责怪他身为县令,荒废公事时,他才张口说:"一个小县里的公事有什么难以决断的呢!"随即喊出听差,把一百

学习单元十一　论辩训练

多天所累积的公务取出来处理了,做到了曲直分明,并无差错,民众都是叩首拜伏,然后对张飞说:"荒废之事何在?曹操、孙权,我看他们就像掌上观文,这个小县何足介意!"

庞统的行动和言语令张飞大惊,张飞表示向刘备极力举荐。这时庞统才拿出鲁肃的荐书复见刘备,把孔明的信一并交出。整个过程,庞统的沉默是对刘备的蔑视,他以行动为荐书,沉默抵御与自荐结合,终被刘备所理解,官拜副军师中郎将,与孔明共谋方略,教练军士,听候征伐。(原文出自:《三国演义》第 59 回)

### (十五) 假话应对

在论辩中,根据语言环境用假话表明立场,或者去试探对方,能取得真话难以获得的雄辩效果。

1928 年 2 月,一位姓夏的同志因叛徒出卖被捕。在刑堂上,敌人满脸杀气地问:"你姓什么?"这位同志回答:"我姓冬。"敌人怒问:"胡说,你明明姓夏,为什么说姓冬?"这位同志答道:"你们把黑说成白,把天说成地,把杀人说成慈悲,把卖国说成爱国。我姓夏,自然姓冬了。"敌人受到极大的蔑视,气焰顿时被打掉几分。

### (十六) 声东击西

声东击西,指在论辩时,制造要攻击对方某个观点的声势,其实是要攻击别的观点。使对方产生错觉,以达到出奇制胜的目的。例如:

一位年轻的军官来到战舰上,向老舰长报到。老舰长一见这位年轻人,就怪声怪气地问:"小子,你父母是否和多数人一样,想把家里最没有出息的傻子送到海上来见识见识?"老舰长是话中有话,目的是想羞辱前来报到的年轻军官。这是一个难题,军官想了想,计上心来,恭恭敬敬地答道:"长官,如果过去是那样的话,那么现在的情况已经与你们那个年代不一样了。"

年轻军官的回答暗含着你老舰长当年就是作为傻小子被父母送到海上来长见识的,这是较为含蓄的声东击西方法的运用,回答很是精妙。既给对方"人不可辱"的见面礼,又避免了不必要的麻烦。

### (十七) 语留半句

语留半句,指论辩中要说的话,只说几分,留下部分。此法的运用要因人制宜,因事制宜。例如:

有一次,著名主持人崔永元宣布,其历时三年制作的大型历史纪录片《我的抗战》在搜狐网独家开播。发布会准备期间,崔永元多次邀请导演姜文前来捧场。姜文正忙于拍摄电影《让子弹飞》,一时抽不出时间,不得不多次推辞。

崔永元和姜文是河北唐山老乡,又是多年的朋友,多次邀请姜文都遭到拒绝,崔永元的一些朋友都责怪姜文没情义,不够朋友,劝崔永元去责问姜文。

发布会前一天,崔永元再次联系姜文。在电话里,他调侃道:"老兄,《我的抗战》发布会你无论如何得来!"姜文故意说:"我要是不来呢?"

崔永元说:"你要是不来,我就'让子弹飞'!"崔永元用对方的新片名善意"威胁"。姜文被他的热情和诚意打动,欣然同意出席发布会。

面对姜文的多次拒绝,崔永元没有直言姜文不够朋友,而是说了短短的一句"我就'让子弹飞'!"后立即打住,既表明了自己的立场,又给对方留下了尊严和余地,自然让对方欣然接受。(摘自http://y.3edu.net/zlgs/95601.html,《话留三分见睿智》)

### (十八)讲述技巧

讲述技巧,包括讲述方式和语调、停连、重音等的安排。讲述方式,与论辩要达到的目的密切相关。如果直截了当,不能说服对方,可改用迂回曲折的方式说。例如:

某女士,是一家广告公司的业务员,每天到处拉广告。有天,她到某厂去揽业务,因为她和这个厂办公室主任过去曾有过业务往来,就伪装路过,顺便来看老朋友。见到厂办公室主任后,先是寒暄,把谈话气氛搞得很活跃,尔后神秘地说:"主任没忘了我这个小人物朋友,我很感激,怎么报答呢?我没有钱,你也不会要钱。不过,我可以透露一条信息,它可价值连城啊!"说到这,故意压低声音:"我们公司在省城最繁华的地段争到一块显眼的广告区,地方不大,公司怕客户太多,发生争抢不好办,所以始终没有敢公开张扬,贵厂如有兴趣,我当然会帮忙。倘若你们不打算要,我也拜托千万别走漏消息。"这种亲近的窃窃私语,深深打动了厂办公室主任,他倍感亲切可信,两天后,这位主任陪同经营厂长来拜访某女士,做成了一笔生意,以两万元的价格做一路牌广告。这就是选择说话方式的效应。

语调、停连、重音等表达技巧,在前面的相关章节已有不同程度的阐释,论辩中根据论辩内容,巧妙处理好,能使论辩获得更佳的效果。

**【训练】**

结合本节所讲的论辩战术技巧、战略技巧和语言技巧的理论及其实例,理解并尝试运用,尤其重视在日常生活中的运用,以提高自己的论辩能力。

## 第三节 赛场论辩及其训练

### 一、赛场论辩的组织

论辩赛也叫辩论赛、论辩会或辩论会。它在形式上是参赛双方就某一问题进行论辩的一种竞赛活动,实际上是围绕论辩的问题而展开的一种知识的竞赛、思维反映能力的竞赛、语言表达能力的竞赛,也是综合能力的竞赛。

论辩比赛的组织,一般包括赛制、规则、评分方式、评分标准、辩题等。

## （一）赛制

比赛双方,有1对1式、2对2式、3对3式、4对4式。近年来流行的大型论辩赛,最常见的是4对4式。每个参赛队由4人组成,4名成员分为一辩手、二辩手、三辩手、四辩手;亦有分为一辩手、二辩手、三辩手及自由发言人等,并按此顺序,由论辩场的中央往旁边排列座位。其中,一辩手具有演讲能力和感染能力,主要阐述本方观点,阐述时应有开门见山的技巧和深入探究的能力,能把观众带入一种论辩的氛围中;二辩手、三辩手主要是针对本方观点,与对方辩手展开激烈角逐,要具有较强的逻辑思维能力和非凡的反应能力,要能抓住对方纰漏,加以揭露并反为己用,要灵活善辩、幽默诙谐,能带动场上气氛;四辩手要有很强的总结、概括能力,能很好总结本方观点,并能加以发挥和提升,要激情满怀,铿锵有力,把气氛引入另一高潮。

## （二）规则

赛场论辩的规则一般遵循三个原则:第一,多支参赛队参加的论辩淘汰赛,经过初赛、半决赛、决赛,决定优胜者;第二,对正反双方辩手的发言次序有明确规定;第三,对正反双方选手的发言时间有明确规定。具体细则如下:

**1. 时间提示**

当辩手发言时间剩余30秒时,计时员以一次短促的铃声提示,用时满时,以两次铃声终止发言。否则,作超时处理(每次超时,减去此队总分3分)。

**2. 盘问规则**

（1）每个队员回答应简洁,提问应明了(每次提问只限一个问题)。

（2）对方选手提出问题时,被问一方必须回答,不得回避,也不得反问。

**3. 自由论辩规则**

（1）自由论辩发言必须在两队之间交替进行,首先由正方一名队员发言,发言队员坐下后,由反方一名队员发言,双方轮流,直到时间用完为止。

（2）各队耗时累计,当一方发言结束即发言队员坐下后,即开始计算另一方用时。

（3）在总时间内,各队队员的发言次序、次数和用时不限。

（4）如果一队的时间已经用完,另一队可以继续发言,直到时间用完为止。也可以放弃发言,放弃发言不影响打分。

**4. 其他要求**

（1）辩手不可以宣读预先准备好的稿件,或展示准备好的图表或大字报,但可以带小卡片,出示或引述书本、报刊的摘要,以加强论据。

（2）比赛中,辩手不得离开座位,不得打扰对方或本方辩手发言,论辩时不得进行人身攻击。

## (三)评分方式

(1)每场比赛有5~7名专家组成评判团。

(2)评判办法(比赛采取打分方法,团体和个人分别记分)。

① 比赛的胜方由5~7位评委打分数总和决定,或去掉最高分和最低分后的分数总和决定,得分高的一队为取胜方。

② 每场优秀辩手由得分最高者获得,该总分为各评委打分数之和。

③ 辩手个人得分只作为个人奖项的评审依据。

## (四)评分标准

### 1. 辩手个人评分标准

以总分50分计算,比赛的评分标准可参考以下标准制定。

(1)辩手气质、风度和精神面貌(10分)。

(2)辩手的辩词论据紧扣主题,充实准确,逻辑合理(10分)。

(3)辩手思维机敏,判析透彻,推理正确,临场反应良好(15分)。

(4)辩手语言熟练准确,表达清楚,语速恰当(15分)。

(5)辩手在某一方面有突出表现的,可酌情给予加分,但累计加分不得超过5分,加分后总分不得超过50分。

(6)辩手有以下表现的,应当给予适当的减分,但累计减分不得超过5分。

违反比赛规程的;

有过激语言或人身攻击性语言的;

其他不应有的行为。

### 2. 团体总分评分标准

以总分200分计算,比赛的评分标准可参考以下标准制定。

1)立论环节(20分)

(1)逻辑性、观点合理性(15分)。

审题:对所持立场是否从逻辑、理论、事实等多层次进行阐述;对辩题是否有多角度的理解;论辩过程中是否紧扣辩题,并始终坚持己方立场。

论证:语言是否流畅、逻辑性强;论据是否充分且有说服力;事实引用是否得当;推理过程是否明晰且合乎逻辑;说理是否透彻。

(2)语言表达、风度(5分)。

语言是否流畅、逻辑性强,仪表风度是否自然大方、尊重对方、尊重评委与观众,表情、手势是否恰当。

2)盘问环节(20分)

(1)提问(10分)。

提问是否合适,能否抓住对方的要害,问题是否简单明了。在规定时间内没有提出问题或提问不清楚的评委应适当扣分。

(2) 回答(10分)。

是否正面回答对方的问题,回答是否中肯,能否给人以有理有据的感觉,不回答或不正面回答问题或答非所问的评委应相应扣分。

3) 驳论环节(20分)

反驳是否有力、有理,反应是否机敏;用词是否恰当;能否迅速抓住对方观点及陈词失误,驳论精到,切中要害;是否紧扣辩题,并始终坚持已方立场。

4) 攻辩环节(20分)

反驳是否有力、有理,反应是否机敏,用词是否恰当,对对方的纠缠是否有有效的处理方法。

5) 评委提问(10分)

反应是否机敏;用词是否恰当,语言是否流畅、逻辑性强;论据是否充分且有说服力;事实引用是否得当;推理过程是否明晰且合乎逻辑;说理是否透彻。

6) 自由论辩环节(40分)

论点是否明晰,理解深刻,论据充足、合理、有力,引证恰当,有层次,多角度,分析透彻;是否迅速抓住对方观点及陈词失误,驳论精到,切中要害;思路敏捷,应对能力强;言语是否清楚达意,陈述条理性强,措辞造句逻辑严密;是否紧扣辩题,并始终坚持已方立场;团队是否分工良好,默契配合;时间、人员安排是否合理。

7) 总结陈词(20分)

(1) 逻辑性、观点合理性(15分)。

审题,对所持立场是否从逻辑、理论、事实等多层次进行阐述;对辩题是否有多角度的理解;论辩过程中是否紧扣辩题,并始终坚持已方立场。

论证:语言是否流畅、逻辑性强;论据是否充分且有说服力;事实引用是否得当;推理过程是否明晰且合乎逻辑;说理是否透彻。

(2) 语言表达、风度(5分)

语言是否流畅、逻辑性强,仪表风度是否自然大方、尊重对方、尊重评委与观众,表情、手势是否恰当。

8) 总体印象(50分)

(1) 逻辑性(10分)。

是否自相矛盾、偏离主题、不合正常思维方式。

(2) 观点合理性(10分)。

审题:对所持立场是否从逻辑、理论、事实等多层次进行阐述;对辩题是否有多角度的理解;论辩过程中是否紧扣辩题,并始终坚持已方立场。

论证:语言是否流畅、逻辑性强;论据是否充分且有说服力;事实引用是否得当;推理过程是否明晰且合乎逻辑;说理是否透彻。

(3) 语言、风度(语态、语速、仪态)(10分)

语言是否流畅,用词是否恰当,语调是否抑扬顿挫,语速是否适中。

辩风:是否尊重评委,尊重观众,尊重对方辩友;是否对对方辩友有攻击性言语;个人表演是否得当、落落大方,且有幽默感。

(4)团队配合(10分)。

是否有团队精神,队友之间能否相互支持;论辩衔接是否流畅;自由论辩时发言是否错落有致;问答是否形成一个有机整体,给对方以有力打击。

(5)临场感(脱稿度等)(10分)。

脱稿程度与脱稿后语言流畅度等。

(四)辩题与论点的确定

**1. 辩题**

确定什么样的论辩题,对论辩赛影响很大。论辩内容、范围,论辩的展开等,都是由辩题决定的。从论辩赛的实际情况看,选择辩题,要着重把握两点。第一,辩题要有现实意义。辩题本身应该是人们关注的现实问题,通过论辩能给人们思想启迪。这既影响听众对论辩赛的热心程度,也影响参赛人员的热心程度,甚至直接影响论辩赛的气氛和效果。第二,辩题要有可辨性。辩题规定的一方观点明显是正确的,另一方观点明显是错误的,这就缺乏可辨性。观点明显错误的一方不管怎么反驳对方观点都显得无力,怎么辩也缺乏说服力,难以说服人。这样双方都很难深入地论证自己的观点,都很难深入地展开论辩,直接影响论辩效果。

**2. 论点**

论辩题确定之后,参赛双方分为正方和反方,正方持辩题的正面观点,反方持辩题的反对观点,并由此展开论辩。参赛双方,谁为正方,谁为反方,由双方抽签决定。正、反方决定后,参赛人员经过一段时间的准备,论辩竞赛就可以进行。

## 二、赛场论辩的准备

参加论辩赛的队员,在赛前准备阶段主要应注意四个方面:认识准备、核对准备、立论准备和试辩准备。

(一)认识准备

认识准备,是指参赛队员在赛前对"论辩赛"的性质和特点要有所认识。论辩赛实际上就是一种模拟论辩(即论辩演习)。这种论辩侧重于论辩技巧的较量,比赛双方在观点上都很难说服对方,因此要以论辩技巧驳倒对方、争取评委的裁决和听众的支持获得论辩比赛的胜利。

(二)核对准备

论辩赛是近年来发展起来的一个比赛项目,目前虽然有"国际雄辩赛"这样大型的论辩赛,比赛规则尚未统一。从比赛的规模上讲,论辩赛有大有小,层次有高有低,主办单位的要求也不尽相同,所以论辩赛的规则很难统一。参赛者在接到比赛通知后,要设法找到主办单位仔细核对比赛规定和要求,包括辩题的确切表述,正、反方所属,论辩程序细则,参赛队员的分工和发言时间等,都要核对无误。

### (三) 立论准备

辩题明确无误后,参赛队员根据辩题,共同商量,确立一个最有利于本方论证的具体的总论点。这个总论点观点正确,旗帜鲜明,用之攻能破对方任何的立论,用之守能抵挡对方的任何攻击。总论点的确定是论辩赛准备成败的关键。

确定总论点,首先要对辩题进行严格的审题,要对辩题的字、词或词组逐个进行概念分析,也就是常说的"破题"。分析时,要站在双方的立场上去审视,不能顾此失彼。分析出哪些词或词组对对方立论具有潜在的有利因素,可能成为双方首先争论的焦点,因为论辩赛双方都有可能从辩题中的某个词项解释入手开始论辩,甚至会出现整个论辩赛始终围绕这种解释来进行。所以,尽量设法站在一定理论高度,对辩题作出有利于本方观点的界定,以获得大多数听众的"公认",这是极为重要的一环。

确定能攻能守的总论点,是论辩赛准备的关键,但不等于在实际论辩中就一定能获胜。要想在论辩赛中获胜,还要讲求战略战术与总论点的配合。战略,是论辩中用以争取胜利的带有全局性的总的论战方法;战术,是指论战中的一些具体的技术方法。

总之,立论准备包括三个过程:审题、确立总论点、设计匹配的战略战术。可以说这三个过程是整个论辩赛准备的灵魂。

在立论准备完了后,各辩手分头撰写自己分工的辩词。在撰写辩词过程中,要围绕总论点,设计好战略战术。

### (四) 试辩准备

论辩队要想在正式比赛中获胜,一定要在正式比赛前搞一次或多次尝试性的试赛。试赛的目的有两点:一是检验赛前的准备能否经得起实际的考验;二是让参赛队员进入角色,体验比赛实境,获得比赛经验。

最后一次试辩一般宜在正式比赛前一两天举行,这相当于赛前的热身赛,使参赛队员保持最佳竞技状态。试辩的程序应严格按照正式比赛的程序进行,试辩赛一定要有听众提问。参赛队员在试辩中要完整讲出主要观点和战略战术。

试辩结束后,参赛队员要与假设对方共同进行总结,对原先准备的辩词和论辩技巧作相应的调整、修正和补充,这样赛前所有的准备便完备了。

### 三、赛场论辩的技巧

论辩赛中,被动是致命的劣势,是败北的先兆。变被动为主动的论辩技巧,是最后赢得比赛胜利的关键问题。

### （一）借力打力

"借力打力"，就是凭借对方攻击的力量反击对方。例如：

"知难行易"的论辩中,有这么一个回合：

正方：对啊！那些人正是因为上了刑场死到临头才知道法律的威力、法律的尊严,可谓"知难"啊,对方辩友！（热烈掌声）

当对方以"知法容易守法难"的实例论证"知易行难"时,正方马上转而化之从"知法不易"的角度强化已方观点,给对方以有力的回击。扭转了被动局势。

这里,正方之所以能借反方的例证反治其身,是因为他有一系列并没有表现在口头上的、重新解释字词的理论作为坚强的后盾：辩题中的"知",不仅仅是"知道"的"知",更应该是建立在人类理性基础上的"知"；守法并不难,作为一个行为过程,杀人也不难,但是要懂得保持人的理性,克制内心滋生出恶毒的杀人欲望,却是很难。这样,正方宽广、高位定义的"知难"和"行易"借反方狭隘、低位定义的"知易"和"行难"的攻击之力,有效地回击了反方,使反方构建在"知"和"行"浅表层面上的立论框架崩溃了。

### （二）移花接木

移花接木,就是剔除对方论据中存在缺陷的部分,换上有利本方的观点或材料,往往可以收到"四两拨千斤"的奇效。例如：

"知难行易"的论辩中曾出现过这样一例：

反方：古人说"蜀道难,难于上青天",是说蜀道难走,"走"就是"行"嘛！要是行不难,孙行者为什么不叫孙知者？

正方：孙大圣的小名是叫孙行者,可对方辩友知不知道,他的法名叫孙悟空,"悟"是不是"知"？

这是一个非常漂亮的"移花接木"的辩例。反方的例证看似有板有眼,实际上有些牵强附会：以"孙行者为什么不叫孙知者"为驳证,虽然是一种近乎强词夺理的主动,但毕竟在气势上占了上风。正方敏锐地发现了对方论据的片面性,果断地从"孙悟空"这一面着手,以"悟"就是"知"反诘对方,使对方提出关于"孙大圣"的引证成为抱薪救火、引火烧身。

### （三）顺水推舟

表面上认同对方观点,顺应对方的逻辑进行推论,并在推论中根据本方需要,设置某些符合情理的障碍,使对方观点在所增设的条件下不能成立,或得出与对方观点截然相反的结论。例如：

"愚公应该移山还是应该搬家"的论辩中：

反方：……我们要请教对方辩友，愚公搬家解决了困难，保护了资源，节省了人力、财力，这究竟有什么不应该？

正方：愚公搬家不失为一种解决问题的好办法，可愚公所处的地方连门都难出去，家又怎么搬？……可见，搬家姑且可以考虑，也得在移完山之后再搬呀！

从上面的辩词来看，反方的就事论事，论据充分，根基扎实，正方先顺势肯定"搬家不失为一种解决问题的好办法"，接着从"愚公所处的地方连门都难出去"这一条件，自然而然地导出"家又怎么搬"的诘问，最后水到渠成，得出"先移山，后搬家"的结论，真可谓精彩绝伦！

（四）正本清源

正本清源，就是指出对方论据与论题的关联不紧或者背道而驰，从根本上矫正对方论据的立足点，使其恰好为本方观点服务。例如：

"跳槽是否有利于人才发挥作用"的论辩中：

正方：张勇，全国乒乓球锦标赛的冠军，就是从江苏跳槽到陕西，对方辩友还说他没有为陕西人民作出贡献，真叫人心寒啊！（掌声）

反方：请问到体工队可能是跳槽去的吗？这恰恰是我们这里提倡的合理流动啊！（掌声）对方辩友戴着跳槽眼镜看问题，当然天下乌鸦一般黑，所有的流动都是跳槽了。（掌声）

正方以张勇从江苏队到陕西队后，获得了更好地发展自己的空间为例，这是事实。反方马上指出对方例证引用的失误：张勇到体工队，不可能是通过"跳槽"这种不规范的人才流动方式去的，而恰恰是在"公平、平等、竞争、择优"的原则下"合理流动"去的，可信度高、说服力强、震撼力大，收到明显的反客为主的效果。

（五）攻其要害

论辩赛的大忌是，双方在一些细枝末节的问题上纠缠不休，看上去辩得很热闹，实际上已离题万里。取胜的关键是，看清对方一辩手、二辩手陈词后，迅速判明对方立论中的要害问题，抓住这一问题一攻到底，从理论上彻底地击败对方。如"温饱是谈道德的必要条件"这一辩题的要害是"在不温饱的状况下，是否能谈道德？"论辩中，只要始终抓住这个要害问题，就能给对方以致命的打击。

（六）利用矛盾

论辩双方各由四位队员组成，四位队员在论辩过程中难免会出现矛盾，即使是同一位队员在自由论辩中，因为语言表达很快，也有出现矛盾的可能。一旦这种情况出现，要立即抓住矛盾问题，并竭力扩大对方的矛盾，使对方自顾不暇，无力进攻。如在论辩中，某队三辩手认为法律不是道德，二辩手则认为法律是基本的道德。显然这是相互矛盾的，另一方乘机扩大对方两位辩手之间的观点裂痕，迫使对方陷入窘境。

### （七）引蛇出洞

论辩中，当一方死死守住其立论，不管另一方如何进攻，其只用几句话来应付时，进攻的一方要尽快调整进攻手段，从看来并不重要的问题入手，诱使对方离开阵地，从而打击对方，取得论辩的主动权。如甲、乙两个比赛队论辩"艾滋病是医学问题，不是社会问题"，甲方死守着"艾滋病是由 HIV 病毒引起的，只能是医学问题"的见解不为乙方的进攻所动。乙方采取"引蛇出洞"的战术，由二辩手突然发问："请问对方，今年世界艾滋病日的口号是什么？"此时，甲方四位辩手面面相觑，为不致于在赛场上失分太多，甲方一辩站起来乱答一通，乙方立即予以纠正，指出今年的口号是"时不我待，行动起来"，这就等于甲方的阵地上被打开了一个缺口，从而瓦解了甲方的坚固的阵线。

### （八）李代桃僵

论辩中，如果遇到一些逻辑上或理论上都比较难辩的辩题时，应采用"李代桃僵"的方法，引入新的概念来化解困难。如"艾滋病是医学问题，不是社会问题"这一辩题是很难辩的，其实艾滋病既是医学问题，又是社会问题。从常识上看，是很难把这两个问题截然分开的。假如一方按照预先的设想，把辩题引入"社会影响"这一新概念，肯定艾滋病有一定的"社会影响"，但不是"社会问题"，并严格地确定"社会影响"的含义，这样对方就很难攻进。

### （九）缓兵之计

在某些特定的论辩局势下，速战速决是不利的，缓进慢动反而能制胜。例如：

一位顾客气势汹汹来到某鞋店，喋喋不休地说："这双鞋鞋跟太高了，样式也不好……"鞋店营业员一声不吭，耐心地听顾客把话说完，一直没打断。等这位顾客不再说了，营业员才冷静地说："您的意见很直爽，我很欣赏您的个性。这样吧，我到里面去，再另行挑选一双，好让您称心。""如果您不满意的话，我愿再为您服务。"这位顾客的不满情绪发泄完了，同时觉得自己也有些太过分了，见营业员如此耐心地回答自己的问题，很不好意思。结果顾客来了个 180°的大转弯，称赞营业员给他新换的实际上并无太大差别的鞋，说："嘿，这双鞋好，就像是为我订做的一样。"营业员以慢对快，以冷对热，让顾客把怒气宣泄出来，达到了心理平衡，化解了这一场纠纷。

## 四、赛场论辩的流程

### （一）比赛流程

（1）主席开场白：介绍比赛规程、参赛队及所持观点、评判团成员，然后宣布比赛开始。

(2) 参赛双方进行论辩。
(3) 论辩结束,现场互动,观众就辩题发表观点。
(4) 评判团成员商议比赛结果。
(5) 评判团代表点评赛况。(在论辩结束后,评判团推选一名代表,综合所有评委的意见,发表对该场论辩的评语。分析两队的表现及优缺点,提出双方需要改进的地方,评语应言简意赅。)
(6) 主席宣布结果,比赛结束。

(二) 论辩流程

**1. 第一阶段(陈词阶段)**

(1) 立论陈词:正方一辩手陈词3分钟,反方一辩手陈词3分钟。
(2) 立证陈词(进一步阐述本方观点):正方二辩手陈词3分钟,反方二辩手陈词3分钟。

**2. 第二阶段(盘问阶段)**

(1) 正方三辩手提问,反方任何选手(只限一名)回答。
(2) 反方三辩手提问,正方任何选手(只限一名)回答。
(3) 提问用时累计1分钟,回答用时累计3分钟。

**3. 第三阶段(自由论辩阶段)**

由正方首先发言,然后反方发言,正、反方轮流发言。共用时10分钟,每方用时5分钟。

**4. 第四阶段(总结陈词阶段)**

反方四辩手总结陈词,用时4分钟。正方四辩手总结陈词,用时4分钟。

**5. 观众提问**

观众可分别向正反方提问1~2个问题。观众提问不影响得分。

【训练】

1. 观看一次国际大专论辩会决赛的录像,然后分组进行讨论,讨论时注意几个问题:

① 对论辩会的总体感觉怎么样? ② 胜方获胜原因及其主要表现? ③ 正反双方论辩队员中,哪几位表现出色,并说出理由? ④ 哪些论辩技巧和谋略值得学习?

2. 按照论辩赛的要求,组织全班同学进行一场论辩比赛:

① 由班委和团支部,组织学生讨论制定赛制、规则、评分方式、评分标准。② 在全班征集辩题。③ 根据辩题,按照4对4的赛制,把全班同学分成若干论辩队。④ 推选主席和评委。⑤ 由团支部组织抽题确定正反方。⑥ 参考赛场论辩的准备过程做好赛前准备。⑦ 进行比赛。

# 学习单元十二　普通话水平测试训练

> **学习重点**
> 了解普通话水平测试的规章制度,尤其要熟练掌握普通话水平测试大纲的基本内容;通过普通话测试用朗诵作品的训练,提高应试能力;通过普通话测试命题范文的学习训练,扩大命题说话的视野,提高语言表达能力。

## 第一节　普通话水平测试的主要规章

### 一、普通话水平测试管理规定

（中华人民共和国教育部令第 16 号）

**第一条**　为加强普通话水平测试管理,促其规范、健康发展,根据《中华人民共和国国家通用语言文字法》,制定本规定。

**第二条**　普通话水平测试(以下简称测试)是对应试人运用普通话的规范程度的口语考试。开展测试是促进普通话普及和应用水平提高的基本措施之一。

**第三条**　国家语言文字工作部门颁布测试等级标准、测试大纲、测试规程和测试工作评估办法。

**第四条**　国家语言文字工作部门对测试工作进行宏观管理,制定测试的政策、规划,对测试工作进行组织协调、指导监督和检查评估。

**第五条**　国家测试机构在国家语言文字工作部门的领导下组织实施测试,对测试业务工作进行指导,对测试质量进行监督和检查,开展测试科学研究和业务培训。

**第六条**　省、自治区、直辖市语言文字工作部门(以下简称省级语言文字工作部门)对本辖区测试工作进行宏观管理,制定测试工作规划、计划,对测试工作进行组织协调、指导监督和检查评估。

**第七条**　省级语言文字工作部门可根据需要设立地方测试机构。

省、自治区、直辖市测试机构(以下简称省级测试机构)接受省级语言文字工作部门及其办事机构的行政管理和国家测试机构的业务指导,对本地区测试业务工作进行指导,组织实施测试,对测试质量进行监督和检查,开展测试科学研究和业务培训。

省级以下测试机构的职责由省级语言文字工作部门确定。

各级测试机构的设立须经同级编制部门批准。

**第八条** 测试工作原则上实行属地管理。国家部委直属单位的测试工作,原则上由所在地区省级语言文字工作部门组织实施。

**第九条** 在测试机构的组织下,测试由测试员依照测试规程执行。测试员应遵守测试工作各项规定和纪律,保证测试质量,并接受国家和省级测试机构的业务培训。

**第十条** 测试员分省级测试员和国家级测试员。测试员须取得相应的测试员证书。

申请省级测试员证书者,应具有大专以上学历,熟悉推广普通话工作方针政策和普通语言学理论,熟悉方言与普通话的一般对应规律,熟练掌握《汉语拼音方案》和常用国际音标,有较强的听辨音能力,普通话水平达到一级。申请国家级测试员证书者,一般应具有中级以上专业技术职务和两年以上省级测试员资历,具有一定的测试科研能力和较强的普通话教学能力。

**第十一条** 申请省级测试员证书者,通过省级测试机构的培训考核后,由省级语言文字工作部门颁发省级测试员证书;经省级语言文字工作部门推荐的申请国家级测试员证书者,通过国家测试机构的培训考核后,由国家语言文字工作部门颁发国家级测试员证书。

**第十二条** 测试机构根据工作需要聘任测试员并颁发有一定期限的聘书。

**第十三条** 在同级语言文字工作办事机构指导下,各级测试机构定期考查测试员的业务能力和工作表现,并给予奖惩。

**第十四条** 省级语言文字工作部门根据工作需要聘任测试视导员并颁发有一定期限的聘书。测试视导员一般应具有语言学或相关专业的高级专业技术职务,熟悉普通语言学理论,有相关的学术研究成果,有较丰富的普通话教学经验和测试经验。测试视导员在省级语言文字工作部门领导下,检查、监督测试质量,参与和指导测试管理和测试业务工作。

**第十五条** 应接受测试的人员为:

1. 教师和申请教师资格的人员;

2. 广播电台、电视台的播音员、节目主持人;

3. 影视话剧演员;

4. 国家机关工作人员;

5. 师范类专业、播音与主持艺术专业、影视话剧表演专业以及其他与口语表达密切相关专业的学生;

6. 行业主管部门规定的其他应该接受测试的人员。

**第十六条** 应接受测试的人员的普通话达标等级,由国家行业主管部门规定。

**第十七条** 社会其他人员可自愿申请接受测试。

**第十八条** 在高等学校注册的港澳台学生和外国留学生可随所在校学生接受测试。

测试机构对其他港澳台人士和外籍人士开展测试工作,须经国家语言文字工作部门授权。

**第十九条** 测试成绩由执行测试的测试机构认定。

**第二十条** 测试等级证书由国家语言文字工作部门统一印制,由省级语言文字工作办事机构编号并加盖印章后颁发。

**第二十一条** 普通话水平测试等级证书全国通用。等级证书遗失,可向原发证单位申请补发。伪造或变造的普通话水平测试等级证书无效。

**第二十二条** 应试人再次申请接受测试同前次接受测试的间隔应不少于3个月。

**第二十三条** 应试人对测试程序和测试结果有异议,可向执行测试的测试机构或上级测试机构提出申诉。

**第二十四条** 测试工作人员违反测试规定的,视情节予以批评教育、暂停测试工作、解除聘任或宣布测试员证书作废等处理,情节严重的提请其所在单位给予行政处分。

**第二十五条** 应试人违反测试规定的,取消其测试成绩,情节严重的提请其所在单位给予行政处分。

**第二十六条** 测试收费标准须经当地价格部门核准。

**第二十七条** 各级测试机构须严格执行收费标准,遵守国家财务制度,并接受当地有关部门的监督和审计。

**第二十八条** 本《规定》自 2003 年 6 月 15 日起施行。

## 二、普通话水平测试规程

### (一) 报名

1. 申请接受普通话水平测试(以下简称测试)的人员,持有效身份证件在指定测试机构报名(亦可由所在单位集体报名)。

2. 接受报名的测试机构负责安排测试的时间和地点。

### (二) 考场

3. 测试机构负责安排考场。每个考场应有专人负责。考场应具备测试室、备测室、候测室以及必要的工作条件,整洁肃静,标志明显,在醒目处应张贴应试须知事项。

4. 每间测试室只能安排1个测试组进行测试,每个测试组配备测试员 2 – 3 人,每组日测试量以不超过 30 人次为宜。

### (三) 试卷

5. 试卷由国家语言文字工作部门指定的测试题库提供。
6. 试卷由专人负责,各环节经手人均应签字。
7. 试卷为一次性使用,按照考场预定人数封装。严格保管多余试卷。
8. 当日测试结束后,测试员应回收和清点试卷,统一封存或销毁。

### (四) 测试

9. 测试员和考场工作人员佩戴印有姓名、编号和本人照片的胸卡,认真履行职责。
10. 应试人持准考证和有效身份证件按时到达指定考场,经查验无误后,按顺序抽取考题备测。应试人备测时间应不少于10分钟。
11. 执行测试时,测试室内只允许1名应试人在场。
12. 测试员对应试人身份核对无误后,引导应试人进入测试程序。
13. 测试全程录音。完整的测试录音包括:姓名、考号、单位以及全部测试内容。录音应声音清晰,音量适中,以利复查。
14. 测试录音标签应写明考场、测试组别、应试人姓名、测试日期、录音人签名等项内容;录音内容应与标签相符。
15. 测试员评分记录使用钢笔或签字笔,符号清晰、明了,填写应试人成绩及等级应准确(测试最后成绩均保留一位小数)。
16. 测试结束时,测试员应及时收回应试人使用的试卷。
17. 同组测试员对同一应试人的评定成绩出现等差时由该测试组复议,出现级差时由考场负责人主持再议。
18. 测试评分记录表和应试人成绩单均签署测试员全名和测试日期。
19 测试结束,考场负责人填写测试情况记录。

## 三、国家普通话水平测试大纲

(教育部、国家语委发教语用[2003]2号文件)

根据教育部、国家语言文字工作委员会发布的《普通话水平测试管理规定》《普通话水平测试等级标准》,制定本大纲。

(一) 测试的名称、性质、方式

本测试定名为"普通话水平测试"(PUTONGHUA SHUIPING CESHI,缩写为PSC)。

普通话水平测试测查应试人的普通话规范程度、熟练程度,认定其普通话水平等级,属于标准参照性考试。本大纲规定测试的内容、范围、题型及评分系统。

普通话水平测试以口试方式进行。

(二)测试内容和范围

普通话水平测试的内容包括普通话语音、词汇和语法。

普通话水平测试的范围是国家测试机构编制的《普通话水平测试用普通话词语表》《普通话水平测试用普通话与方言词语对照表》《普通话水平测试用普通话与方言常见语法差异对照表》《普通话水平测试用朗读作品》《普通话水平测试用话题》。

(三)试卷构成和评分

试卷包括5个组成部分,满分为100分。

1. 读单音节字词(100个音节,不含轻声、儿化音节),限时3.5分钟,共10分。

1)目的:测查应试人声母、韵母、声调读音的标准程度。

2)要求:

(1)100个音节中,70%选自《普通话水平测试用普通话词语表》"表一",30%选自"表二"。

(2)100个音节中,每个声母出现次数一般不少于3次,每个韵母出现次数一般不少于2次,4个声调出现次数大致均衡。

(3)音节的排列要避免同一测试要素连续出现。

3)评分:

(1)语音错误,每个音节扣0.1分。

(2)语音缺陷,每个音节扣0.05分。

(3)超时1分钟以内,扣0.5分;超时1分钟以上(含1分钟),扣1分。

2. 读多音节词语(100个音节),限时2.5分钟,共20分。

1)目的:测查应试人声母、韵母、声调和变调、轻声、儿化读音的标准程度。

2)要求:

(1)词语的70%选自《普通话水平测试用普通话词语表》"表一",30%选自"表二"。

(2)声母、韵母、声调出现的次数与读单音节字词的要求相同。

(3)上声与上声相连的词语不少于3个,上声与非上声相连的词语不少于4个,轻声不少于3个,儿化不少于4个(应为不同的儿化韵母)。

(4)词语的排列要避免同一测试要素连续出现。

3)评分:

(1)语音错误,每个音节扣0.2分。

(2)语音缺陷,每个音节扣0.1分。

(3)超时1分钟以内,扣0.5分;超时1分钟以上(含1分钟),扣1分。

3. 选择判断,限时3分钟,共10分。

1)词语判断(10组)

（1）目的：测查应试人掌握普通话词语的规范程度。

（2）要求：根据《普通话水平测试用普通话与方言词语对照表》，列举10组普通话与方言意义相对应但说法不同的词语，由应试人判断并读出普通话的词语。

（3）评分：判断错误，每组扣0.25分。

2）量词、名词搭配（10组）

（1）目的：测查应试人掌握普通话量词和名词搭配的规范程度。

（2）要求：根据《普通话水平测试用普通话与方言常见语法差异对照表》，列举10个名词和若干量词，由应试人搭配并读出符合普通话规范的10组名量短语。

（3）评分：搭配错误，每组扣0.5分。

3）语序或表达形式判断（5组）

（1）目的：测查应试人掌握普通话语法的规范程度。

（2）要求：根据《普通话水平测试用普通话与方言常见语法差异对照表》，列举5组普通话和方言意义相对应，但语序或表达习惯不同的短语或短句，由应试人判断并读出符合普通话语法规范的表达形式。

（3）评分：判断错误，每组扣0.5分。

选择判断合计超时1分钟以内，扣0.5分；超时1分钟以上（含1分钟），扣1分。答题时语音错误，每个错误音节扣0.1分；如判断错误已经扣分，不重复扣分。

4. 朗读短文（1篇，400个音节），限时4分钟，共30分。

1）目的：测查应试人使用普通话朗读书面作品的水平。在测查声母、韵母、声调读音标准程度的同时，重点测查连读音变、停连、语调以及流畅程度。

2）要求：

（1）短文从《普通话水平测试用朗读作品》中选取。

（2）评分以朗读作品的前400个音节（不含标点符号和括注的音节）为限。

3）评分：

（1）每错1个音节，扣0.1分；漏读或增读1个音节，扣0.1分。

（2）声母或韵母的系统性语音缺陷，视程度扣0.5分、1分。

（3）语调偏误，视程度扣0.5分、1分、2分。

（4）停连不当，视程度扣0.5分、1分、2分。

（5）朗读不流畅（包括回读），视程度扣0.5分、1分、2分。

（6）超时扣1分。

5. 命题说话，限时3分钟，共30分。

1）目的：测查应试人在无文字凭借的情况下说普通话的水平，重点测查语音标准程度、词汇语法规范程度和自然流畅程度。

2）要求：

（1）说话话题从《普通话水平测试用话题》中选取，由应试人从给定的两个话题中选定1个话题，连续说一段话。

(2) 应试人单向说话。如发现应试人有明显背稿、离题、说话难以继续等表现时,主试人应及时提示或引导。

3) 评分:

(1) 语音标准程度,共 20 分。分六档:

一档:语音标准,或极少有失误。扣 0 分、0.5 分、1 分。

二档:语音错误在 10 次以下,有方音但不明显。扣 1.5 分、2 分。

三档:语音错误在 10 次以下,但方音比较明显;或语音错误在 10 次 – 15 次之间,有方音但不明显。扣 3 分、4 分。

四档:语音错误在 10 次 – 15 次之间,方音比较明显。扣 5 分、6 分。

五档:语音错误超过 15 次,方音明显。扣 7 分、8 分、9 分。

六档:语音错误多,方音重。扣 10 分、11 分、12 分。

(2) 词汇语法规范程度,共 5 分。分三档:

一档:词汇、语法规范。扣 0 分。

二档:词汇、语法偶有不规范的情况。扣 0.5 分、1 分。

三档:词汇、语法屡有不规范的情况。扣 2 分、3 分。

(3) 自然流畅程度,共 5 分。分三档:

一档:语言自然流畅。扣 0 分。

二档:语言基本流畅,口语化较差,有背稿子的表现。扣 0.5 分、1 分。

三档:语言不连贯,语调生硬。扣 2 分、3 分。

说话不足 3 分钟,酌情扣分:缺时 1 分钟以内(含 1 分钟),扣 1 分、2 分、3 分;缺时 1 分钟以上,扣 4 分、5 分、6 分;说话不满 30 秒(含 30 秒),本测试项成绩计为 0 分。

(四) 应试人普通话水平等级的确定

国家语言文字工作部门发布的《普通话水平测试等级标准》是确定应试人普通话水平等级的依据。测试机构根据应试人的测试成绩确定其普通话水平等级,由省、自治区、直辖市以上语言文字工作部门颁发相应的普通话水平测试等级证书。

普通话水平划分为三个级别,每个级别内划分两个等次。其中:

97 分及其以上,为一级甲等;

92 分及其以上但不足 97 分,为一级乙等;

87 分及其以上但不足 92 分,为二级甲等;

80 分及其以上但不足 87 分,为二级乙等;

70 分及其以上但不足 80 分,为三级甲等;

60 分及其以上但不足 70 分,为三级乙等。

各省、自治区、直辖市语言文字工作部门可以根据测试对象或本地区的实际情况,决定是否免测"选择判断"测试项。如免测此项,"命题说话"测试项的分值由 30 分调整为 40 分。评分档次不变,具体分值调整如下:

(1) 语音标准程度的分值,由 20 分调整为 25 分。

一档:扣 0 分、1 分、2 分。

二档:扣 3 分、4 分。

三档:扣 5 分、6 分。

四档:扣 7 分、8 分。

五档:扣 9 分、10 分、11 分。

六档:扣 12 分、13 分、14 分。

(2) 词汇语法规范程度的分值,由 5 分调整为 10 分。

一档:扣 0 分。

二档:扣 1 分、2 分。

三档:扣 3 分、4 分。

(3) 自然流畅程度,仍为 5 分,各档分值不变。

### 四、普通话水平测试模拟试题

一、读单音节字词(100 个音节,共 10 分,限时 3.5 分钟)

吵 北 爱 词 岸 半 加 读 埠 菜
灯 脆 动 兵 春 洗 鱼 下 炸 质
热 自 破 蛇 我 鞋 坐 助 杂 足
思 沙 许 芽 抓 跃 嘴 咬 税 头
搜 天 完 味 幼 腿 小 暂 元 战
尊 专 香 庄 厅 翁 兄 争 损 真
弱 略 内 猫 所 驴 苗 流 门 老
您 乱 穷 金 矿 容 亲 胖 泉 评
青 让 群 君 枪 空 瓜 风 会 耕
黑 根 口 火 接 快 二 分 富 记

二、读多音节词语(100 个音节,共 20 分,限时 2.5 分钟)

皮肤 报纸 女儿 玻璃 罪恶 哀悼 烹调
名字 通商 大学 木匠 的确 年头儿 旅游
萝卜 天真 光荣 灵魂 功夫 开会 选举
家伙 小孩儿 敏捷 所以 教师 权限 率领
人质 群众 内脏 响应 完整 英雄 阐述
乘客 处理 玩意儿 愉快 政策 音乐 委员
有用 云彩 写作 参照 纤维 一会儿 挖掘
金鱼儿

三、朗读短文(400个音节,共30分,限时4分钟)

一个大问题一直盘踞在我脑袋里:

世界杯怎么会有如此巨大的吸引力?除去足球本身的魅力之外,还有什么超乎其上而更伟大的东西?

近来观看世界杯,忽然从中得到了答案:是由于一种无上崇高的精神情感——国家荣誉感!

地球上的人都会有国家的概念,但未必时时都有国家的感情。往往人到异国思念家乡,心怀故国,这国家概念就变得有血有肉,爱国之情来得非常具体。而现代社会,科技畅达,信息快捷,事事上网,世界真是太小太小,国家的界限似乎也不那么清晰了。再说足球正在快速世界化,平日里各国球员频繁转会,往来随意,致使越来越多的国家联赛都具有国际的因素。球员们不论国籍,只效力于自己的俱乐部,他们比赛时的激情中完全没有爱国主义的因子。

然而,到了世界杯大赛,天下大变。各国球员都回国效力,穿上与光荣的国旗同样色彩的服装。在每一场比赛前,还高唱国歌以宣誓对自己祖国的挚爱与忠诚。一种血缘情感开始在全身的血管里燃烧起来,而且立刻热血沸腾。

在历史时代,国家间经常发生对抗,好男儿戎装卫国。国家的荣誉往往需要以自己的生命//去换取。但在和平时代,惟有这种国家之间大规模对抗性的大赛,才可以唤起那种遥远而神圣的情感,那就是:为祖国而战!

四、命题说话(请在下列话题中任选一个,共40分,限时3分钟)

1. 我最尊敬的人

2. 谈谈服饰


一、读单音节字词(100个音节,共10分,限时3.5分钟)

| 披 | 饿 | 街 | 歌 | 日 | 坡 | 雪 | 科 | 缩 | 册 |
| 麻 | 旅 | 季 | 池 | 利 | 思 | 砸 | 租 | 撒 | 奶 |
| 蛆 | 漱 | 碑 | 藕 | 镖 | 勺 | 雁 | 瞟 | 剜 | 臊 |
| 月 | 套 | 歪 | 跳 | 位 | 摔 | 药 | 岁 | 篮 | 桥 |
| 爹 | 怀 | 财 | 袄 | 拽 | 否 | 暂 | 沟 | 串 | 蚌 |
| 癣 | 闩 | 秦 | 碱 | 档 | 邢 | 晕 | 脓 | 润 | 凝 |
| 电 | 夏 | 矿 | 软 | 先 | 准 | 信 | 人 | 花 | 群 |
| 罐 | 嫩 | 权 | 狂 | 翁 | 坑 | 巷 | 荒 | 绒 | 增 |
| 鲵 | 哑 | 哇 | 铐 | 釉 | 淌 | 庸 | 舔 | 迥 | 佛 |
| 奖 | 跟 | 寸 | 脏 | 冬 | 山 | 走 | 二 | 上 | 牛 |

212

## 学习单元十二  普通话水平测试训练

二、读双音节词语(100个音节,共20分,限时2.5分钟)

存在　窗户　抽象　尾巴　老板　同盟　聘请
恳切　扰乱　绿化　耳朵　苹果　纠正　承认
庄稼　耍弄　蘑菇　角色　暴虐　会计　大伙儿
非常　美好　否则　解放　隧道　快餐　脉搏
墨水儿　落选　左右　突击　批准　蜜蜂　有点儿
喧嚷　时光　小曲儿　司法　善良　边卡　汤圆
凉爽　俊俏　王冠　拥戴　琼脂　迥然　讹诈
昂首

三、朗读(400个音节,共30分,限时4分钟)

　　地球上是否真的存在"无底洞"？按说地球是圆的,由地壳、地幔和地核三层组成,真正的"无底洞"是不应存在的,我们所看到的各种山洞、裂口、裂缝,甚至火山口也都只是地壳浅部的一种现象。然而,中国一些古籍却多次提到海外有个深奥莫测的"无底洞"。事实上地球上确实有这样一个"无底洞"。

　　它位于希腊亚各斯古城的海滨。由于濒临大海,大涨潮时,汹涌的海水便会排山倒海般地涌入洞中,形成一股湍湍的急流。据测,每天流入洞内的海水量达三万多吨。奇怪的是,如此大量的海水灌入洞中,却从来没有把洞灌满。曾有人怀疑,这个"无底洞"会不会就像石灰岩地区的漏斗、竖井、落水洞一类的地形。然而,从二十世纪三十年代以来,人们就做了多种努力企图寻找它的出口,却都是枉费心机。

　　为了揭开这个秘密,一九五八年美国地理学会派出一支考察队,他们把一种经久不变的带色染料溶解在海水中,观察染料是如何随着海水一起沉下去。接着又察看了附近海面以及岛上的各条河、湖,满怀希望地寻找这种带颜色的水,结果令人失望。难道是海水量太大把有色水稀释得太淡,以致无法发现？//

　　至今,谁也不知道为什么这里的海水会没完没了地"漏"下去,这个"无底洞"的出口又在哪里,每天大量的海水究竟都流到哪里去了？

四、说话(请在下列话题中任选一个,共40分,限时3分钟)

1. 我做过的一件傻事
2. 谈全民健身

## 第二节　普通话水平测试用朗读作品训练

### 一、朗读作品训练说明

　　普通话水平测试用朗读作品,总共有60篇。这里分别给每篇作品中容易读错的字词作了注音,目的是熟练掌握作品,避免错读字发生,提高朗读质量。

## 二、60 篇朗读作品训练

那是力争上游的一种树,笔直的干(gàn),笔直的枝。它的干呢,通常是丈把高,像是加以人工似的(shìde),一丈以内,绝无旁枝;它所有的丫枝呢,一律向上,而且紧紧靠拢,也像是加以人工似的,成为一束(yíshù),绝无横斜逸出(héngxié - yìchū);它的宽大的叶子(yèzi)也是片片向上,几乎没有斜生的,更不用说倒垂了;它的皮,光滑而有银色的晕圈(yùnquān),微微泛出淡青色。这是虽在北方的风雪的压迫下却保持着倔强(juéjiàng)挺立的一种树!哪怕只有碗来粗细罢,它却努力向上发展,高到丈许,二丈,参天耸立(cāntiān - sǒnglì),不折不挠(bùzhé - bùnáo),对抗着西北风。

这就是白杨树,西北极普通的一种树,然而(ránér)决不是平凡的树!

它没有婆娑(pósuō)的姿态,没有屈曲(qūqū)盘旋的虬枝(qiúzhī),也许你要说它不美丽,——如果美是专指"婆娑"或"横斜逸出"之类而言,那么白杨树算不得树中的好女子(hǎonǚzǐ);但是它却是伟岸,正直,朴质,严肃,也不缺乏温和,更不用提它的坚强不屈与挺拔,它是树中的伟丈夫(zhàngfu)!当你在积雪(jīxuě)初融的高原上走过,看见平坦的大地上傲然挺立这么一株或一排白杨树,难道你就觉得树只是树,难道你就不想到它的朴质,严肃,坚强不屈,至少也象征了北方的农民;难道你竟一点儿(yìdiǎnr)也不联想到,在敌后的广大土//地上,到处有坚强不屈,就像这白杨树一样傲然挺立的守卫他们家乡的哨兵!难道你又不更远一点想到这样枝枝叶叶靠紧团结,力求上进的白杨树,宛然象征了今天在华北平原纵横(zònghéng)决荡用血(xiě)写出新中国历史的那种精神和意志。


两个同龄(líng)的年轻人同时受雇于一家店铺(pù),并且拿同样的薪水。可是一段时间后,叫阿诺德的那个小伙子(xiǎohuǒzi)青云直上,而那个叫布鲁诺的小伙子却仍在原地踏步。布鲁诺很不满意老板的不公正待遇。终于有一天他到老板那儿(nàr)发牢骚(sāo)了。老板一边耐心地听着他的抱怨,一边在心里盘算(pánsuan)着怎样向他解释清楚他和阿诺德之间的差别(chābié)。

"布鲁诺先生(xiānsheng),"老板开口说话了,"您现在到集市上去一下,看看(kànkan)今天早上(zǎoshang)有什么(shénme)卖的。"

布鲁诺从集市上回来向老板汇报说,今早集市上只有一个农民拉了一车土豆在卖。

"有多少?"老板问。

布鲁诺赶快戴上帽子又跑到集上,然后回来告诉老板一共四十袋土豆。

"价格是多少?"

布鲁诺又第三次跑到集上问来了价格。

"好吧,"老板对他说,"现在请您坐到这把椅子上一句话也不要说,看看阿诺德怎么(zěnme)说。"

阿诺德很快就从集市上回来了。向老板汇报说到现在为止只有一个农民在卖土豆,一共四十口袋(kǒudɑi),价格是多少多少;土豆质量很不错,他带回来一个让老板看看。这个农民一个钟头以后还会弄来几箱西红柿,据他看价格非常公道。昨天他们铺子的西红柿卖得很快,库存已经不//多了。他想这么便宜(piányi)的西红柿,老板肯定会要进一些的,所以他不仅带回了一个西红柿做样品,而且把那个农民也带来了,他现在正在外面等回话呢。

此时老板转向了布鲁诺,说:"现在您肯定知道为什么阿诺德的薪水比您高了吧!"


我常常遗憾我家门前的那块丑石。它黑黝黝(yǒuyǒu)地卧在那里,牛似的模样(múyàng);谁也不知道是什么时候留在这里的,谁也不去理会它。只是麦收时节,门前摊了麦子,奶奶总是说:这块丑石,多碍地面啊(nɑ),抽空把它搬走吧。

它不像汉白玉那样的细腻,可以刻字雕花,也不像大青石那样的光滑,可以供(gōng)来浣纱捶布;它静静地卧在那里,院边的槐荫没有庇覆(bìfù)它,花儿(huā'ér)也不再在它身边生长。荒草便繁衍(fányǎn)出来,枝蔓(wàn)上下,慢慢地,竟锈上了绿苔(lùtái)、黑斑。我们这些做孩子的,也讨厌起它来,曾合伙要搬走它,但力气(lìqi)又不足;虽时时咒骂(zhòumà)它,嫌弃它,也无可奈何,只好任它留在那里去了。

终有一日,村子里来了一个天文学家。他在我家门前路过,突然发现了这块石头(shítou),眼光立即(lìjí)就拉直了。他再没有离开,就住了下来;以后又来了好些人,说这是一块陨石(yǔnshí),从天上落下来已经有二(èr)三百年了,是一件了不起的东西(dōngxi)。不久便来了车,小心翼翼地将它运走了。

这使我们都很惊奇!这又怪又丑的石头,原来是天上的啊(yɑ)!它补过天,在天上发过热,闪过光,我们的先祖或许仰望过它,它给了他们光明,向往,憧憬(chōngjǐng);而它落下来了,在污土里,荒草里,一躺就//是几百年了!

我感到自己的无知,也感到了丑石的伟大;我甚至怨恨它这么多年竟会默默地忍受着这一切?而我又立即深深地感到它那种不屈于误解、寂寞的生存的伟大。


在达瑞八岁的时候,有一天他想去看电影。因为(yīn.wèi)没有钱,他想是向爹妈要钱,还是自己挣钱。最后他选择了后者。他自己调制了一种汽水儿(qìshuǐr),向过路的行人出售。可那时正是寒冷的冬天,没有人买,只有两个人例外——他的爸爸和妈妈。

他偶然有一个和非常成功的商人谈话的机会。当他对商人讲述了自己的"破产史"后，商人给了他两个重要的建议：一是尝试为别人解决一个难题；二是把精力集中在你知道(zhīdao)的、你会的和你拥有的东西(dōngxi)上。

这两个建议很关键。因为对于一个八岁的孩子而言，他不会做的事情很多。于是他穿过大街小巷，不停地思考：人们会有什么难题，他又如何利用这个机会？

一天，吃早饭时父亲(fù.qīn)让达瑞去取报纸。美国的送报员总是把报纸从花园篱笆(líba)的一个特制的管子里塞进来。假如你想穿着睡衣舒舒服服地吃早饭和看报纸，就必须离开温暖的房间，冒着寒风，到花园去取。虽然路短，但十分麻烦(máfan)。

当达瑞为父亲取报纸的时候，一个主意(zhǔyi)诞生了。当天(dàngtiān)他就按响邻居的门铃，对他们说，每个月只需付给他一美元，他就每天早上把报纸塞到他们的房门底下。大多数人都同意了，很快他有//了七十多个顾客。一个月后，当他拿到自己赚的钱时，觉得自己简直是飞上了天。

很快他又有了新的机会，他让他的顾客每天把垃圾袋放在门前，然后由他早上运到垃圾(lājī)桶里，每个月加一美元。之后他还想出了许多孩子赚钱的办法，并把它集结(jíjié)成书，书名为(wéi)《儿童挣钱的二百五十个主意》。为(wèi)此，达瑞十二岁时就成了畅销书作家，十五岁有了自己的谈话节目，十七岁就拥有了几百万美元。

这是入冬以来，胶东半岛上第一场(dìyīcháng)雪。

雪纷纷扬扬，下得很大。开始还伴着一阵儿(yízhènr)小雨，不久就只见大片大片的雪花，从彤云(tóngyún)密布的天空中飘落下来。地面上一会儿(yíhuìr)就白了。冬天的山村，到了夜里就万籁俱寂(wànlài—jùjì)，只听得雪花簌簌地(sùsùde)不断往下落，树木的枯枝被雪压断了，偶尔咯吱(gēzhī)一声响。

大雪整整下了一夜。今天早晨，天放晴了，太阳出来了。推开门一看，嗬！好大的雪啊(ya)！山川、河流、树木、房屋，全都罩(zhào)上了一层厚厚的雪，万里江山，变成了粉妆玉砌(qì)的世界。落光了叶子的柳树上挂满了毛茸茸(róngróng)亮晶晶的银条儿；而那些冬夏常青的松树和柏(bǎi)树上，则挂满了蓬松松沉甸甸(diàndiàn)的雪球儿(xuěqiúr)。一阵风吹来，树枝轻轻地摇晃，美丽的银条儿和雪球儿簌簌地落下来，玉屑(xiè)似的(shìde)雪末儿(xuěmòr)随风飘扬，映着清晨的阳光，显出一道道五光十色的彩虹。

大街上的积雪(jīxuě)足有一尺多深，人踩上去，脚底下发出咯吱咯吱的响声。一群群孩子在雪地里堆雪人，掷(zhì)雪球，那欢乐的叫喊声，把树枝上的雪都震落下来了。

俗话说，"瑞雪兆丰年"。这个话有充分(chōngfèn)的科学根据，并不是一句迷信的成语。寒冬大雪，可以冻死一部分越冬的害虫；融化了的水渗(shèn)进土层深处，

## 学习单元十二　普通话水平测试训练

又能供应(gōngyìng)//庄稼(zhuāngjia)生长的需要。

我相信这一场(yìcháng)十分及时的大雪,一定会促进明年春季作物,尤其是小麦的丰收。有经验的老农把雪比做是"麦子的棉被"。冬天"棉被"盖得越厚,明春麦子就长得越好,所以又有这样一句谚语(yànyǔ):"冬天麦盖三层被,来年枕着馒头(mántou)睡。"

我想,这就是人们为什么把(bǎ)及时的大雪称为"瑞雪"的道理吧。

我常想,读书人是世间幸福(xìngfú)人,因为(wèi)他除了拥有现实的世界之外,还拥有另一个更为(wéi)浩瀚(hàn)也更为丰富的世界。现实的世界是人人都有的,而后一个世界却为(wéi)读书人所独有。由此我想,那些失去或不能阅读的人是多么的不幸,他们的丧失是不可补偿的。世间有诸多的不平等,财富的不平等,权力的不平等,而阅读能力的拥有或丧失却体现为精神的不平等。

一个人的一生,只能经历自己拥有的那一份欣悦,那一份苦难,也许再加上他亲自闻知的那一些关于自身以外的经历的经验。然而,人们通过阅读,却能进入不同时空的诸多他人的世界。这样,具有阅读能力的人,无形间获得了超越有限生命的无限可能性。阅读不仅使他多识了草木虫鱼之名,而且可以上溯(sù)远古下及未来,饱览存在的与非存在的奇风异俗。

更为重要的是,读书加惠于人们的不仅是知识(zhīshi)的增广,而且还在于精神的感化与陶冶(táoyě)。人们从读书学做人,从那些往哲先贤以及当代才俊的著述中学得(xuédé)他们的人格。人们从《论语》(lúnyǔ)中学得智慧的思考,从《史记》中学得严肃的历史精神,从《正气歌》中学得人格的刚烈,从马克思学得人世//的激情,从鲁迅学得批判精神,从托尔斯泰学得道德的执着(zhízhuó)。歌德的诗句刻写着睿智(ruìzhì)的人生,拜伦的诗句呼唤着奋斗的热情。一个读书人,一个有机会拥有超乎个人生命体验的幸运人。

一天,爸爸下班回到家已经很晚了,他很累也有点儿(yǒudiǎnr)烦,他发现五岁的儿子(érzi)靠在门旁正等着他。

"爸,我可以问您一个问题吗?

"什么(shénme)问题?""爸,您一小时可以赚多少钱?""这与你无关,你为什么问这个问题?"父亲生气地说。

"我只是想知道(zhīdao),请告诉(gàosu)我,您一小时赚多少钱?"小孩儿(xiǎoháir)哀求道。"假如你一定要知道的话,我一小时赚二十美金。"

"哦,"小孩儿低下了头,接着又说,"爸,可以借我十美金吗?"父亲发怒了:"如果你只是要去买无意义的玩具的话,给我回到你的房间睡觉去。好好想想为什么你会那么(nàme)自私。我每天辛苦工作,没时间和你玩儿(wánr)小孩子的游戏。"

小孩儿默默地回到自己的房间关上门。

父亲坐下来还在生气。后来,他平静下来了。心想他可能对孩子太凶了——或许孩子真的很想买什么东西(dōngxi),再说他平时很少要过钱。

父亲走进孩子的房间:"你睡了吗?""爸,还没有,我还醒着(xǐngzhe)。"孩子回答。

"我刚才可能对你太凶了,"父亲说。"我不应该(yīnggāi)发那么大的火儿(huǒr)——这是你要的十美金。""爸,谢谢您。"孩子高兴地从枕头(zhěntou)下拿出一些被弄皱(nòngzhòu)的钞票,慢慢地数着。

"为什么你已经有钱了还要?"父亲不解地问。

"因为(yīn.wèi)原来不够,但现在凑(còu)够了。"孩子回答:"爸,我现在有//二十美金了,我可以向您买一个小时的时间吗?明天请早一点儿回家——我想和您一起吃晚餐。"


我爱月夜,但我也爱星天。从前在家乡七八月的夜晚在庭院里纳凉的时候(shíhou),我最爱看天上密密麻麻的繁星。望着星天,我就会忘记一切,仿佛回到了母亲的怀里似的(shìde)。

三年前在南京我住的地方(dìfang)有一道后门,每晚我打开后门,便看见一个静寂的夜。下面是一片菜园,上面是星群密布的蓝天。星光在我们的肉眼里虽然微小,然而它使我们觉得光明无处不在。那时候我正在读一些天文学的书,也认得一些星星(xīngxing),好像它们就是我的朋友(péngyou),它们常常在和我谈话一样。

如今在海上,每晚和繁星相对,我把它们认得很熟了。我躺在舱面上,仰望天空。深蓝色的天空里悬着无数半明半昧(mèi)的星。船在动,星也在动,它们是这样低,真是摇摇欲坠呢!渐渐地我的眼睛(yǎnjing)模糊(móhu)了,我好像看见无数萤(yíng)火虫在我的周围飞舞。海上的夜是柔和的,是静寂的,是梦幻的。我望着许多认识的星,我仿佛看见它们在对我眨眼(zhǎyǎn),我仿佛听见它们在小声说话。这时我忘记了一切。在星的怀抱中我微笑着,我沉睡着。我觉得自己是一个小孩子,现在睡在母亲的怀里了。

有一夜,那个在哥伦波上船的英国人指给我看天上的巨人。他用手指着://那四颗明亮的星是头,下面的几颗是身子,这几颗是手,那几颗是腿和脚,还有三颗星算是腰带。经他这一番指点。我果然看清楚(qīngchu)了那个天上的巨人。看,那个巨人还在跑呢!


假日到河滩上转转(zhuànzhuan),看见许多孩子(háizi)在放风筝(fēngzheng)。

学习单元十二　普通话水平测试训练

一根根长长的引线,一头系(jì)在天上,一头系在地上,孩子同风筝都在天与地之间悠荡,连心也被悠荡得恍恍惚惚(huǎnghuǎn-hūhū)了,好像又回到了童年。

儿时放的风筝,大多是自己的长辈或家人编扎(zā)的,几根削得(xiāode)很薄(báo)的篾(miè),用细纱线扎成各种鸟兽的造型,糊上雪白的纸片,再用彩笔勾勒(gōulè)出面孔与翅膀的图案。通常扎得最多的是"老雕""美人儿""花蝴蝶"等。

我们家前院就有位叔叔,擅扎风筝,远近闻名。他扎的风筝不只体型好看,色彩艳丽,放飞得高远,还在风筝上绷(bēng)一叶用蒲苇(púwěi)削成的膜片,经风一吹,发出"嗡嗡"(wēng)的声响,仿佛是风筝的歌唱,在蓝天下播扬,给开阔的天地增添了无尽的韵味,给驰荡的童心带来几分疯狂。

我们那条胡同(hútòngr)的左邻右舍(shè)的孩子们放的风筝几乎都是叔叔编扎的。他的风筝不卖钱,谁上门去要,就给谁,他乐意自己贴钱买材料。

后来,这位叔叔去了海外,放风筝也渐与孩子们远离了。不过年年叔叔给家乡写信,总不忘提起儿时的放风筝。香港回归之后,他的家信中说到,他这只被故乡放飞到海外的风筝,尽管飘荡游弋(yì),经沐(mù)风雨,可那线头儿(xiàntóur)一直在故乡和//亲人手中牵着,如今飘得太累了,也该要回归到家乡和亲人身边来了。是的。我想,不光是叔叔,我们每个人都是风筝,在妈妈手中牵着,从小放到大,再从家乡放到祖国最需要的地方(dìfang)去啊(ya)!


爸不懂得(dǒngdé)怎样表达爱,使我们一家人融洽相处(chǔ)的是我妈。他只是每天上班下班,而妈则把我们做过的错事开列清单,然后由他来责骂我们。

有一次,我偷了一块糖果,他要我把它送回去,告诉卖糖的说是我偷来的,说我愿意替他拆箱卸货(chāixiāng-xièhuò)作为赔偿。但妈妈却明白(míngbai)我只是个孩子。

我在运动场打秋千(qiūqiān)跌断了腿,在前往医院途中一直抱着我的,是我妈。爸把汽车停在急诊室(jízhěnshì)门口,他们叫他驶开,说那空(kòng)位是留给紧急车辆停放的。爸听了便叫嚷道:"你以为这是什么车?旅游车?"

在我生日会上,爸总是显得有些不大相称(chèn)。他只是忙于吹气球,布置餐桌,做杂务。把插着蜡烛的蛋糕推过来让我吹的,是我妈。

我翻阅照相册时,人们总是问:"你爸爸是什么样子的?"天晓得(dé)!他老是忙着替别人拍照。妈和我笑容可掬(jū)地一起拍的照片,多得不可胜数(shǔ)。

我记得妈有一次让他教(jiāo)我骑自行车。我叫他别放手,但他却说是应该放手的时候了。我摔倒之后,妈跑过来扶我,爸却挥手要她走开。我当时生气极了,决心要给他点颜色看。于是我马上爬上自行车,而且自己骑给他看。他只是微笑。

我念大学时,所有的家信都是妈写的。他除//了寄支票外,还寄过一封短柬(jiǎn)给我,说因为我不在草坪上踢足球了,所以他的草坪长得很美。

每次我打电话回家,他似乎(sìhū)都想跟我说话,但结果总是说:"我叫你妈来接。"

我结婚时,掉眼泪的是我妈。他只是大声擤(xǐng)了一下鼻子,便走出房间。

我从小到大都听他说:"你到哪里去?什么时候回家?汽车有没有汽油?不,不准去。"爸完全不知道怎样表达爱。除非……

会不会是他已经表达了而我却未能察觉?


一个大问题一直盘踞(pánjù)在我脑袋(nǎodai)里:

世界杯怎么会有如此巨大的吸引力?除去足球本身的魅力之外,还有什么(shénme)超乎其上而更伟大的东西(dōngxi)?

近来观看世界杯,忽然从中得到了答案:是由于一种无上崇高的精神情感——国家荣誉感!

地球上的人都会有国家的概念,但未必时时都有国家的感情。往往人到异国思念家乡,心怀故国,这国家概念就变得有血(xiě)有肉,爱国之情来得非常具体。而现代社会,科技畅达,信息快捷,事事上网,世界真是太小太小,国家的界限似乎(sìhū)也不那么清晰(qīngxī)了。再说足球正在快速世界化,平日里各国球员频繁转会,往来随意,致使越来越多的国家联赛都具有国际的因素。球员们不论国籍(guójí),只效力于自己的俱乐部(jùlèbù),他们比赛时的激情中完全没有爱国主义的因子(yīnzǐ)。

然而,到了世界杯大赛,天下大变。各国球员都回国效力,穿上与光荣的国旗同样色彩的服装。在每一场比赛前,还高唱国歌以宣誓对自己祖国的挚爱(zhì'ài)与忠诚。一种血(xuè)缘情感开始在全身的血(xuè)管里燃烧起来,而且立刻热血(xuè)沸腾。

在历史时代,国家间经常发生对抗,好男儿(nán'ér)戎装(róngzhuāng)卫国。国家的荣誉往往需要以自己的生命//去换取。但在和平时代,惟有这种国家之间大规模对抗性的大赛,才可以唤起那种遥远而神圣的情感,那就是:为祖国而战!


夕阳落山不久,西方的天空,还燃烧着一片橘红色(júhóngsè)的晚霞。大海,也被这霞光染成了红色,而且比天空的景色更要壮观。因为它是活动的,每当一排排波浪涌起的时候,那映照在浪峰上的霞光,又红又亮,简直就像一片片霍霍(huòhuò)燃烧着的火焰(huǒyàn),闪烁(shǎnshuò)着,消失了。而后面的一排,又闪烁着,滚动着,涌了过来。

天空的霞光渐渐地淡下去了,深红的颜色变成了绯(fēi)红,绯红又变成浅红。最后,当这一切红光都消失了的时候,那突然(tūrán)显得高而远了的天空,则呈现(chéngxiàn)出一片肃穆(sùmù)的神色。最早出现的启明星,在这蓝色的天幕上闪烁起来了。它是那么大,那么亮,整个广漠(guǎngmò)的天幕上只有它在那里放射着令人注目的光辉,活像一盏(yìzhǎn)悬挂在高空的明灯。

夜色加浓,苍空中的"明灯"越来越多了。而城市各处的真的灯火也次第亮了起来,尤其是围绕(wéirào)在海港周围山坡上的那一片灯光,从半空倒映(dàoyìng)在乌蓝的海面上,随着波(bō)浪,晃动(huàngdòng)着,闪烁着,像一串流动着的珍珠,和那一片片密布在苍穹(cāngqióng)里的星斗(xīngdǒu)互相辉映,煞(shà)是好看。

在这幽美的夜色中,我踏着(tàzhe)软绵绵的沙滩,沿着海边,慢慢地向前走去。海水,轻轻地抚摸(fǔmō)着细软的沙滩,发出温柔的//刷刷声。晚来的海风,清新而又凉爽。我的心里,有着说不出的兴奋(xīngfèn)和愉快。

夜风轻飘飘地吹拂(fú)着,空气中飘荡着一种大海和田禾相混合(hùnhé)的香味儿,柔软的沙滩上还残留着白天太阳炙晒(zhìshài)的余温。那些在各个工作岗位上劳动了一天的人们,三三两两地来到这软绵绵的沙滩上,他们浴着凉爽的海风,望着那缀(zhuì)满了星星的夜空,尽情地说笑,尽情地休憩(qì)。


生命在海洋里诞生绝不是偶然的,海洋的物理和化学性质(xìngzhì),使它成为孕育(yùnyù)原始生命的摇篮。

我们知道,水是生物的重要组成部分,许多动物组织的含水量在百分之八十以上,而一些海洋生物的含水量高达百分之九十五。水是新陈代谢的重要媒介,没有它,体内的一系列生理和生物化学反应(fǎnyìng)就无法进行,生命也就停止。因此,在短时期内动物缺水要比缺少食物更加危险。水对今天的生命是如此重要,它对脆弱的原始生命,更是举足(zú)轻重了。生命在海洋里诞生,就不会有缺水之忧。

水是一种良好的溶剂。海洋中含有许多生命所必需的无机盐,如氯化钠(lǜhuànà)、氯化钾、碳酸盐、磷酸盐,还有溶解氧,原始生命可以毫不费力地从中吸取它所需要的元素。

水具有很高的热容量,加之海洋浩大,任凭烈日曝晒(pùshài),冬季寒风扫荡,它的温度变化却比较小。因此,巨大的海洋就像是天然的"温箱",是孕育原始生命的温床。

阳光虽然为(wéi)生命所必需,但是阳光中的紫外线却有扼(è)杀原始生命的危险。水能有效地吸收紫外线,因而又为(wèi)原始生命提供(tígōng)了天然的"屏障(píngzhàng)"。这一切都是原始生命得以产生和发展的必要条件。//


读小学的时候(shíhou),我的外祖母去世了。外祖母生前最疼爱我,我无法排除自己的忧伤,每天在学校的操场上一圈儿(yìquānr)又一圈儿地跑着,跑得累倒在地上,扑在草坪(cǎopíng)上痛哭。

那哀痛的日子,断断续续地持续了很久,爸爸妈妈也不知道(bùzhīdao)如何安慰我。他们知道与其骗我说外祖母睡着(shuìzháo)了,还不如对我说实话:外祖母永远不会回来(huí.lái)了。

"什么(shénme)是永远不会回来呢?"我问着。

"所有时间里的事物,都永远不会回来了。你的昨天过去,它就永远变成昨天,你不能再回到昨天。爸爸以前也和你一样小,现在也不能回到你这么(zhème)小的童年了;有一天你会长大,你会像外祖母一样老;有一天你度过了你的时间,就永远不会回来了。"爸爸说。

爸爸等于给我一个谜语(míyǔ),这谜语比课本上的"日历(rìlì)挂在墙壁,一天撕去一页,使我心里着急(zháojí)"和"一寸光阴一寸金,寸金难买寸光阴"还让我感到可怕;也比作文本上的"光阴似(sì)箭,日月如梭(suō)"更让我觉得有一种说不出的滋味。

时间过得那么飞快,使我的小心眼儿(xīnyǎnr)里不只是着急,还有悲伤。有一天我放学回家,看到太阳(tài.yáng)快落山了,就下决心说:"我要比太阳更快地回家。"我狂奔回去,站在庭(tíng)院前喘气的时候,看到太阳//还露着(lòuzhe)半边脸,我高兴地跳跃起来,那一天我跑赢了太阳。以后我就时常做那样的游戏,有时和太阳赛跑,有时和西北风比快,有时一个暑假才能做完的作业,我十天就做完了;那时我三年级,常常把哥哥五年级的作业拿来做。每一次比赛胜过时间,我就快乐得不知道怎么形容。

如果将来我有什么要教(jiāo)给我的孩子,我会告诉(gàosu)他:假若你一直和时间比赛,你就可以成功!

三十年代初,胡适(Hú Shì)在北京大学任教授。讲课时他常常对白话文大加称赞,引起一些只喜欢(xǐhuan)文言文而不喜欢白话文的学生(xuésheng)的不满。

一次,胡适正讲得(jiǎngde)得意的时候(shíhou),一位姓魏的学生突然站了起来,生气地问:"胡先生(xiānsheng),难道说白话文就毫无缺点吗?"胡适微笑着回答说:"没有。"那位学生更加激动了:"肯定有!白话文废话大多,打电报用字多,花钱多。"胡适的目光顿时变亮了。轻声地解释说:"不一定吧!前几天有位朋友(péngyou)给我打来电报,请我去政府部门工作,我决定不去,就回电拒绝了。复(fù)电是用白话写的,看来也很省字。请同学们根据我这个意思(yìsi),用文言文写一个回电,看看(kànkan)究竟(jiūjìng)是白话文省字,还是文言文省字?"胡教授刚说完,同学们立刻认真地写了起来。

十五分钟过去,胡适让同学举手,报告用字的数目,然后挑了一份用字最少的文言电报稿,电文是这样写的:

## 学习单元十二 普通话水平测试训练

"才疏(shū)学浅,恐难胜任,不堪(kān)从命。"白话文的意思是:学问不深,恐怕很难担任这个工作,不能服从安排。

胡适说,这份写得确实不错,仅用了十二个字。但我的白话电报却只用了五个字:

"干不了(liǎo),谢谢!"

胡适又解释说:"干不了"就有才疏学浅、恐难胜任的意思;"谢谢"既//对朋友的介绍表示感谢,又有拒绝的意思。所以,废话多不多,并不看它是文言文还是白话文,只要注意选用字词,白话文是可以比文言文更省字的。


很久以前,在一个漆黑(qīhēi)的秋天的夜晚,我泛舟(fànzhōu)在西伯利亚一条阴森森的河上。船到一个转弯处,只见前面黑魆魆(qūqū)的山峰下面一星火光蓦地(mòdì)一闪。

火光又明又亮,好像就在眼前……

"好啦,谢天谢地!"我高兴地说,"马上就到过夜的地方(dìfang)啦!"

船夫扭头朝身后的火光望了一眼,又不以为然地划起桨(jiǎng)来。

"远着呢!"

我不相信他的话,因为火光冲破朦胧(ménglóng)的夜色,明明在那儿(nàr)闪烁(shǎnshuò)。不过船夫是对的,事实上,火光的确还远着呢。

这些黑夜的火光的特点是:驱散(qūsàn)黑暗,闪闪发亮,近在眼前,令人神往。乍(zhà)一看,再划几下就到了……其实却还远着呢!……

我们在漆黑如墨的河上又划了很久。一个个峡谷(xiágǔ)和悬崖(xuányá),迎面驶来,又向后移去,仿佛消失在茫茫的远方,而火光却依然停在前头,闪闪发亮,令人神往——依然是这么近,又依然是那么远……

现在,无论是这条被悬崖峭壁(xuányá-qiàobì)的阴影笼罩(lǒngzhào)的漆黑的河流,还是那一星明亮的火光,都经常浮现(fúxiàn)在我的脑际,在这以前和在这以后,曾有许多火光,似乎(sìhū)近在咫尺(zhǐchǐ),不止使我一人心驰神往(xīnchí-shénwǎng)。可是生活之河却仍然(réngrán)在那阴森森的两岸之间流着,而火光也依旧非常遥远。因此,必须加劲划桨……

然而,火光啊(nga)……毕竟(bìjìng)……毕竟就//在前头!


对于一个在北平住惯的人,像我,冬天要是不刮风,便觉得(juéde)是奇迹(qíjì);济(jǐ)南的冬天是没有风声的。对于一个刚由伦敦回来的人,像我,冬天要能看得见日光,便觉得是怪事;济南的冬天是响晴的。自然,在热带的地方(dìfang),日光永远是那么毒,响亮的天气,反有点叫人害怕。可是,在北方的冬天,而能有温晴的天气,济南真得(děi)算个宝地。

设若单单是有阳光,那也算不了出奇。请闭上眼睛(yǎnjing)想:一个老城,有山有水,全在天底下晒着(shàizhe)阳光,暖和(nuǎnhuo)安适地睡着(shuìzhe),只等春风来把它们唤醒,这是不是理想的境界?小山整把济南围了个圈儿(quānr),只有北边缺着点口儿(kǒur)。这一圈儿小山在冬天特别可爱,好像是把济南放在一个小摇篮里,它们安静不动地低声地说:"你们放心吧,这儿(zhèr)准保暖和。"真的,济南的人们在冬天是面上含笑的。他们一看那些小山,心中便觉得有了着落(zhuóluò),有了依靠。他们由天上看到山上,便不知不觉地想起:"明天也许就是春天了吧?这样的温暖,今天夜里山草也许就绿起来了吧?"就是这点儿(zhèdiǎnr)幻想不能一时实现,他们也并不着急(zháojí),因为(yīn.wèi)这样慈善的冬天,干什么(shénme)还希望别的呢!

最妙的是下点儿小雪呀。看吧,山上的矮松越发(yuèfā)的青黑,树尖上//顶着一髻儿(jìr)白花,好像日本看护妇(kānhùfù)。山尖全白了,给蓝天镶上一道银边。山坡上,有的地方雪厚点,有的地方草色还露着(lòuzhe);这样,一道儿(yídàor)白,一道儿暗黄,给山们穿上一件带水纹儿(shuǐwénr)的花衣;看着看着,这件花衣好像被风儿(fēng'ér)吹动,叫你希望看见一点更美的山的肌肤。等到快日落的时候,微黄的阳光斜射在山腰上,那点薄雪(báoxuě)好像忽然害羞,微微露出(lòuchū)点粉色。就是下小雪吧,济南是受不住大雪的,那些小山太秀气(xiùqi)。

纯朴的家乡村边有一条河,曲曲弯弯(qūqū-wānwān),河中架一弯石桥,弓样的小桥横跨(héngkuà)两岸。

每天,不管是鸡鸣晓月,日丽中天,还是月华泻地,小桥都印下串串(chuànchuàn)足迹(zújì),洒落串串汗珠。那是乡亲(xiāngqin)为了追求多棱(duōléng)的希望,兑(duì)现美好的遐想(xiáxiǎng)。弯弯小桥,不时荡过轻吟(yín)低唱,不时露出(lùchū)舒心的笑容。

因而,我稚小(zhìxiǎo)的心灵,曾将心声献给小桥:你是一弯银色的新月,给人间普照光辉;你是一把闪亮的镰刀,割刈(gēyì)着欢笑的花果;你是一根晃悠悠的扁担(biǎndan),挑起了(tiāoqǐle)彩色的明天!哦,小桥走进我的梦中。

我在飘泊(piāobó)他乡的岁月,心中总涌(yǒng)动着故乡的河水,梦中总看到弓样的小桥。当我访南疆探北国,眼帘闯进座座雄伟的长桥时,我的梦变得丰满了,增添了赤橙(chéng)黄绿青蓝紫。

三十多年过去,我带着满头霜花回到故乡,第一紧要的便是去看望小桥。

啊!小桥呢?它躲起来?河中一道长虹,浴着朝霞熠熠(yìyì)闪光。哦,雄浑的大桥敞开胸怀,汽车的呼啸(hūxiào)、摩托的笛音、自行车的叮铃(dīnglíng),合奏着进行交响乐;南来的钢筋、花布,北往的柑橙、家禽,绘出交流欢跃图……

啊！蜕(tuì)变的桥,传递了家乡进步的消息(xiāoxi),透露(tòulù)了家乡富裕的声音。时代的春风,美好的追求,我蓦地(mòdì)记起儿时唱//给小桥的歌,哦,明艳艳的太阳照耀了,芳香甜蜜的花果捧来了,五彩斑斓的岁月拉开了!

我心中涌动的河水,激荡起甜美的浪花。我仰望一碧蓝天,心底轻声呼喊:家乡的桥啊(wa),我梦中的桥!


三百多年前,建筑(jiànzhù)设计师莱伊恩(Láiyī'ēn)受命设计了英国温泽市政府大厅。他运用工程力学的知识(zhīshi),依据自己多年的实践,巧妙地设计了只用一根柱子支撑的大厅天花板。一年以后,市政府权威人士进行工程验收时,却说只用一根柱子支撑天花板太危险(wēixiǎn),要求莱伊恩再多加几根柱子。

莱伊恩自信只要一根紧固的柱子足以保证大厅安全,他的"固执(gùzhi)"惹恼了市政官员,险些被送上法庭(fǎtíng)。他非常苦恼,坚持自己原先的主张吧,市政官员肯定会另找人修改设计;不坚持吧,又有悖(bèi)自己为人的准则。矛盾了很长一段时间,莱伊恩终于想出了一条妙计,他在大厅里增加了四根柱子,不过这些柱子并未与天花板接触,只不过是装装样子。

三百年过去了,这个秘密始终没有被人发现。直到前两年,市政府准备修缮(xiūshàn)大厅的天花板,才发现莱伊恩当年的"弄虚作假(nòngxū-zuòjiǎ)"。消息(xiāoxi)传出后,世界各国的建筑专家和游客云集,当地政府对此也不加掩饰(yǎnshì),在新世纪到来之际,特意将大厅作为一个旅游景点对外开放,旨(zhǐ)在引导人们崇尚和相信科学。

作为一名建筑师,莱伊恩并不是最出色的。但作为一个人,他无疑非常伟大,这种//伟大表现在他始终恪(kè)守着自己的原则,给高贵的心灵一个美丽的住所:哪怕是遭遇到最大的阻力,也要想办法抵达(dǐdá)胜利。


自从传言有人在萨文河畔(pàn)散步时无意发现了金子后,这里便常有来自四面八方的淘金者(táojīnzhě)。他们都想成为富翁(fùwēng),于是寻遍(xúnbiàn)了整个河床,还在河床上挖出很多大坑(dàkēng),希望借助它们找到更多的金子。的确,有一些人找到了,但另外一些人因为(yīn.wèi)一无所得而只好扫兴归去。

也有不甘心落空的,便驻扎(zhùzhā)在这里,继续寻找。彼得·弗雷特(Bǐdé Fúléitè)就是其中一员。他在河床附近(fùjìn)买了一块没人要的土地,一个人默默地工作。他为了找金子,已把所有的钱都押(yā)在这块土地上。他埋头苦干了几个月,直到土地全变成了坑坑洼洼(kēngkēng-wāwā),他失望了——他翻遍了整块土地,但连一丁点儿(yìdīngdiǎnr)金子都没看见。

六个月后,他连买面包的钱都没有了。于是他准备离开这儿(zhèr)到别处去

225

谋生。

就在他即将(jíjiāng)离去的前一个晚上,天下起了倾盆(qīngpén)大雨,并且一下就是三天三夜。雨终于停了,彼得走出小木屋,发现眼前的土地看上去好像和以前不一样:坑坑洼洼已被大水冲刷(chōngshuā)平整,松软的土地上长出一层绿茸茸的小草。

"这里没找到金子,"彼得忽有所悟地说,"但这土地很肥沃,我可以用来种花,并且拿到镇上去卖给那些富人,他们一定会买些花装扮他们华丽的客//厅。如果真是这样的话,那么我一定会赚许多钱。有朝一日(yǒuzhāoyírì)我也会成为富人……"

于是他留了下来。彼得花了不少精力培育花苗,不久田地里长满了美丽鲜艳的各色鲜花。

五年以后,彼得终于实现了他的梦想——成了一个富翁。"我是唯一一个找到真金的人!"他时常不无骄傲地告诉(gàosu)别人(biérén),"别人在这儿找不到金子后便远远地离开,而我的'金子'是在这块土地里,只有诚实的人用勤劳才能采集到。"

我在加拿大学习期间遇到过两次募捐(mùjuān),那情景至今使我难以忘怀。

一天,我在渥(wò)太华的街上被两个男孩子(háizi)拦住去路,他们十来岁,穿得整整齐齐(zhěngzhěng-qíqí),每人头上戴着个做工精巧、色彩鲜艳的纸帽,上面写着"为(wèi)帮助患小儿麻痹(bì)的伙伴募捐"。其中的一个,不由分说就坐在小凳上给我擦起皮鞋来,另一个则彬彬有礼(bīnbīn-yóulǐ)地发问:"小姐,您是哪国人?喜欢渥太华吗?""小姐,在你们国家有没有小孩儿患小儿麻痹?谁给他们医疗费?"一连串的问题,使我这个有生以来头一次在众目睽睽(zhòngmù-kuíkuí)之下让别人擦鞋的异乡人,从近乎(jìnhū)狼狈的窘态(jiǒngtài)中解脱出来。我们像朋友一样聊起天儿(tiānr)来……

几个月之后,也是在街上。一些十字路口处或车站坐着几位老人。他们满头银发,身穿各种老式军装,上面布满了大大小小形形色色的徽章(huīzhāng)、奖章,每人手捧一大束(shù)鲜花。有水仙、石竹、玫瑰(méi.guī)及叫不出名字(míngzi)的,一色雪白。匆匆过往的行人纷纷止步(fēnfēn-zhǐbù),把钱投进这些老人身旁的白色木箱内,然后向他们微微鞠躬,从他们手中接过一朵花。我看了一会儿(yíhuìr),有人投一两元,有人投几百元,还有人掏出支票填好后投进木箱。那些老军人毫不注意人们捐多少钱,一直不//停地向人们低声道谢。同行(xíng)的朋友(péngyou)告诉我,这是为纪念二次大战中参战的勇士,募捐救济残废军人和烈士遗孀(yíshuāng),每年一次;认捐的人可谓踊跃(yǒngyuè),而且秩序井然(zhìxù-jǐngrán),气氛(qì.fēn)庄严。有些地方,人们还耐心地排着队。我想,这是因为(yīn.wèi)他们都知道:正是这些老人们的流血(xuè)牺牲换来了包括他们信仰自由在内的许许多多。

我两次把那微不足道的一点儿钱捧给他们,只想对他们说声"谢谢"。

## 学习单元十二　普通话水平测试训练

　　没有一片绿叶,没有一缕(lǚ)炊烟(chuīyān),没有一粒泥土,没有一丝花香,只有水的世界,云的海洋。

　　一阵台风袭(xí)过,一只孤单的小鸟无家可归,落到被卷到洋里的木板上,乘流而下,姗姗(shānshān)而来,近了,近了! ……

　　忽然(hūrán),小鸟张开翅膀,在人们头顶盘旋了几圈儿,"噗啦(pūlā)"一声落到了船上。许是累了? 还是发现了"新大陆"? 水手撵(niǎn)它它不走,抓它,它乖乖地落在掌心。可爱的小鸟和善良的水手结(jié)成了朋友(péngyou)。

　　瞧,它多美丽,娇巧的小嘴,啄(zhuó)理着绿色的羽毛,鸭子样的扁脚,呈现出春草的鹅黄。水手们把它带到舱里,给它"搭铺(pù)",让它在船上安家落户,每天,把分到的一塑(sù)料桶淡水匀给它喝,把从祖国带来的鲜美的鱼肉分给它吃,天长日久,小鸟和水手的感情日趋笃厚(rìqū-dǔhòu)。清晨,当第一束阳光射进舷(xián)窗时,它便敞开美丽的歌喉,唱啊(nga)唱,嘤嘤(yīngyīng)有韵,婉如春水淙淙(cóngcóng)。人类给它以生命,它毫不悭吝(qiānlìn)地把自己的艺术青春奉献给了哺(bǔ)育它的人。可能都是这样? 艺术家们的青春只会献给尊敬他们的人。

　　小鸟给远航生活蒙上了一层浪漫色调(diào),返航时,人们爱不释手,恋恋不舍地想把它带到异乡。可小鸟憔悴(qiáocuì)了,给水,不喝! 喂肉,不吃! 油亮的羽毛失去了光泽。是啊(ra),我//们有自己的祖国,小鸟也有它的归宿,人和动物都是一样啊(nga),哪儿也不如故乡好!

　　慈爱的水手们决定放开它,让它回到大海的摇篮去,回到蓝色的故乡去。离别前,这个大自然的朋友与水手们留影纪念。它站在许多人的头上,肩上,掌上,胳膊(gēbo)上,与喂养过它的人们,一起融进那蓝色的画面……


　　纽约的冬天常有大风雪,扑面的雪花不但令人难以睁开眼睛(yǎnjing),甚至呼吸都会吸入冰冷(bīnglěng)的雪花。有时前一天晚上还是一片晴朗,第二天拉开窗帘,却已经积雪盈尺(jīxuě-yíngchǐ),连门都推不开了。

　　遇到这样的情况,公司、商店常会停止上班,学校也通过广播,宣布停课。但令人不解的是,惟有(wéiyǒu)公立小学,仍然(réngrán)开放。只见黄色的校车,艰难地在路边接孩子,老师则一大早就口中喷着热气,铲去车子前后的积雪,小心翼翼(yìyì)地开车去学校。

　　据统计,十年来纽约的公立小学只因为(yīn.wèi)超级暴风雪停过七次课。这是多么令人惊讶(yà)的事。犯得着(fàndezháo)在大人都无须上班的时候让孩子去学校吗? 小学的老师也太倒霉了吧?

　　于是,每逢大雪而小学不停课时,都有家长打电话去骂。妙的是,每个打电话的

人,反应全一样——先是怒气冲冲地骂,然后满口道歉,最后笑容满面地挂上电话。原因是,学校告诉家长:

在纽约有许多百万富翁(wēng),但也有不少贫困的家庭。后者白天开不起暖气,供不起(gōng.bùqǐ)午餐,孩子的营养全靠学校里免费的中饭,甚至可以多拿些回家当(dàng)晚餐。学校停课一天,穷孩子就受一天冻,挨(ái)一天饿,所以老师们宁愿(nìngyuàn)自己苦一点儿,也不能停课。//

或许有家长会说:何不让富裕的孩子在家里,让贫穷的孩子去学校享受暖气和营养午餐呢?

学校的答复是:我们不愿让那些穷苦的孩子感到他们是在接受救济,因为施舍的最高原则是保持受施者的尊严。

十年,在历史上不过是一瞬间(yíshùnjiān)。只要稍加注意,人们就会发现:在这一瞬间里,各种事物都悄悄经历了自己的千变万化。

这次重新访日,我处处感到亲切和熟悉(shú.xī),也在许多方面发觉了日本的变化。就拿奈良的一个角落来说吧,我重游了为(wèi)之感受很深的唐招提寺,在寺内各处匆匆走了一遍,庭院依旧,但意想不到还看到了一些新的东西(dōngxi)。其中之一,就是近几年从中国移植来的"友谊(yǒuyì)之莲"。

在存放鉴真遗像的那个院子里,几株中国莲昂然挺立,翠绿的宽大荷叶正迎风而舞,显得十分愉快。开花的季节已过,荷花朵朵已变为莲蓬(liánpeng)累累。莲子(liánzǐ)的颜色正在由青转紫,看来已经成熟了。

我禁(jīn)不住想:"因"已转化为"果"。

中国的莲花开在日本,日本的樱花开在中国,这不是偶然。我希望这样一种盛况延续不衰。可能有人不欣赏花,但决不会有人欣赏落在自己面前的炮弹。

在这些日子里,我看到了不少多年不见的老朋友(péngyou),又结(jié)识了一些新朋友。大家喜欢(xǐhuan)涉及的话题之一,就是古长安和古奈良(gǔnàiliáng)。那还用得着问吗,朋友们缅怀(miǎnhuái)过去,正是瞩望(zhǔwàng)未来。瞩目于未来的人们必将获得未来。

我不例外,也希望一个美好的未来。

为(wèi)//了中日人民之间的友谊,我将不浪费今后生命的每一瞬间(shùnjiān)。

梅雨潭闪闪的绿色招引着我们;我们开始追捉(zhuīzhuō)她那离合的神光了。揪着(jiūzhe)草,攀着乱石,小心探身下去,又鞠躬(jūgōng)过了一个石穹(qióng)门,便到了汪汪一碧的潭边了。

瀑布在襟(jīn)袖之间;但是我的心中已没有瀑布了。我的心随潭水的绿而摇荡。那醉人的绿呀！仿佛一张极大极大的荷叶铺着(pūzhe);满是奇异(qíyì)的绿呀！我想张开两臂抱住她;但这是怎样一个妄想啊(nga)。

站在水边,望到那面,居然觉着(juézhe)有些远呢！这平铺着,厚积着的绿,着实(zhuóshí)可爱。她松松的皱缬(zhòuxié)着,像少妇拖着的裙幅(qúnfú);她滑滑的明亮着,像涂了明油一般,有鸡蛋清那样软,那样嫩;她又不杂些尘滓(zǐ),宛然(wǎnrán)一块温润的碧玉,只清清的一色——但你却看不透她！

我曾见过北京什刹海(Shíchàhǎi)拂地的绿杨,脱不了鹅黄的底子,似乎(sìhū)太淡了。我又曾见过杭州虎跑寺(Hǔpáosì)近旁高峻而深密的绿壁,丛叠着无穷的碧草与绿叶的,那又似乎太浓了。其余呢,西湖的波太明了,秦淮河的也太暗了。可爱的,我将什么来比拟(bǐnǐ)你呢？我怎么比拟得出呢？大约潭是很深的,故能蕴蓄(yùnxù)着这样奇异的绿;仿佛蔚蓝的天融了一块在里面似的,这才这般的鲜润啊(na)。

那醉人的绿呀！我若能裁(cái)你以为带,我将赠给那轻盈的//舞女;她必能临风飘举了。我若能挹(yì)你以为眼,我将赠给你那善歌的盲妹;她必能明眸善睐(míngmóu-shànlài)了。我舍不得你;我怎舍得你呢？我用手拍着你,抚摩(fǔmó)着你,如同一个十二三岁的小姑娘。我又掬(jū)你入口,便是吻着她了。我送你一个名字,我从此叫你女儿绿,好么？

第二次到仙岩的时候,我不禁(jīn)惊诧(jīngchà)于梅雨潭的绿了。


我们家的后园有半亩空(kòng)地,母亲(mǔ.qīn)说:"让它荒着怪可惜的,你们那么爱吃花生,就开辟(pì)出来种花生吧。"我们姐弟几个都很高兴,买种(zhǒng),翻地,播种(zhǒng),浇水,没过几个月,居然收获了。

母亲说:"今晚我们过一个收获节,请你们父亲(fù.qīn)也来尝尝我们的新花生,好不好？"我们都说好。母亲把花生做成了好几样食品,还吩咐(fēn.fù)就在后园的茅亭里过这个节。

晚上天色不太好,可是父亲也来了,实在很难得。

父亲说:"你们爱吃花生吗？"

我们争着答应(dāying):"爱！"

"谁能把花生的好处说出来？"

姐姐说:"花生的味儿(wèir)美。"

哥哥说:"花生可以榨油。"

我说:"花生的价钱(jià.qián)便宜(piányi),谁都可以买来吃,都喜欢吃。这就是它的好处。"

父亲说:"花生的好处很多,有一样最可贵,它的果实埋在地里,不像桃子、石榴(shíliu)、苹果那样,把鲜红嫩绿(nènlǜ)的果实高高地挂在枝头上,使人一见就生爱慕之心。你们看它矮矮地长在地上，等到成熟了，也不能立刻分辨出来它有没有果实，必须挖出来才知道（zhī.dao）。"

我们都说是，母亲也点点头。

父亲接下去说："所以你们要像花生，它虽然不好看，可是很有用，不是外表好看而没有实用的东西（dōngxi）。"

我说："那么，人要做有用的人，不要做只讲体面（tǐ.miàn），而对别人没有好处的人了。"//

父亲说："对。这是我对你们的希望。"

我们谈到夜深才散。花生做的食品都吃完了，父亲的话却深深地印在我的心上。

我打猎回来，沿着花园的林阴路走着，狗跑在我的前边（qián.biān）。

突然（tūrán），狗放慢脚步，蹑足潜行（nièzú-qiánxíng），好像嗅（xiù）到了前边有什么（shénme）野物。

我顺着林阴路望去，看见了一只嘴边还带黄色，头上生着柔毛的小麻雀（máquè）。风猛烈地吹打着林阴路上的白桦（huà）树，麻雀从巢（cháo）里跌落下来，呆呆地伏在地上，孤立无援地张开两只羽毛还未丰满的小翅膀。

我的狗慢慢向它靠近，忽然，从附近一棵树上飞下一只黑胸脯（pú）的老麻雀，像一颗石子（shízǐ）似的（shìde）落到狗的跟前。老麻雀全身倒竖着羽毛，惊慌万状，发出绝望、凄惨的叫声，接着向露出（lòuchū）牙齿、大张着的狗嘴扑去。

老麻雀是猛扑下来救护幼雀的。它用身体掩护着自己的幼儿（yòu'ér）……但它整个小小的身体因恐怖而战栗（lì）着！它小小的声音也变得粗暴嘶哑。它在牺牲自己！

在它看来，狗该是多么庞大的怪物啊（wɑ）！然而它还是不能站在自己高高的安全的树枝上……一种比它的理智更强烈的力量，使它从那儿（nàr）扑下身来。

我的狗站住了，向后退了退……看来，它也感到了这种力量。

我赶紧唤住惊惶（jīnghuáng）失措的狗，然后我怀着崇敬的心情，走开了。

是啊（rɑ），请不要见笑。我崇敬那只小小的、英勇的鸟儿（niǎor），我崇敬它那种爱的冲动和力量。

爱，我想，比死//和死的恐惧更强大，只有依靠它，依靠这种爱，生命才能维持下去，发展下去。

那年我6岁。离我家仅一箭之遥的小山坡旁，有一个早已被废弃的采石场，双亲从来不准我去那儿，其实那儿（nàr）风景十分迷人。

一个夏季的下午，我随着一群小伙伴（xiǎohuǒbànr）偷偷上那儿去了。就在我们

学习单元十二　普通话水平测试训练

穿越了一条孤寂(gūjì)的小路后,他们却把我一个人留在原地,然后奔(bēn)向"更危险(wēixiǎn)的地带"了。

等他们走后,我惊慌(jīnghuāng)失措地发现,再也找不到要回家的那条孤寂的小道了。像只无头的苍蝇(cāngying),我到处乱钻,衣裤上挂满了芒刺。太阳(tài.yáng)已经落山,而此时此刻,家里一定开始吃晚餐了,双亲正盼着我回家……想着想着,我不由得背靠着一棵树,伤心地呜呜大哭起来……

突然(tūrán),不远处传来了声声柳笛。我像找到了救星,急忙循声走去。一条小道边的树桩上坐着一位吹笛人,手里还正削(xiāo)着什么。走近细看,他不就是被大家称为"乡巴佬(xiāngbalǎo)"的卡廷(kǎtíng)吗?

"你好,小家伙,"卡廷说,"看天气多美,你是出来散步的吧?"

我怯生生地点点头,答道:"我要回家了。"

"请耐心等上几分钟,"卡廷说,"瞧,我正在削一支柳笛,差(chà)不多就要做好了,完工后就送给你吧!"

卡廷边削边不时把尚未成形的柳笛放在嘴里试吹一下。没过多久,一支柳笛便递到我手中。我俩(liǎ)在一阵阵清脆悦耳的笛音//中,踏(tà)上了归途……

当时,我心中只充满感激,而今天,当我自己也成了祖父时,却突然领悟到他用心之良苦！那天当他听到我的哭声时,便判定我一定迷了路,但他并不想在孩子面前扮演"救星"的角色(juésè),于是吹响柳笛以便让我能发现他,并跟着他走出困境！就这样,卡廷先生(xiānsheng)以乡下人的纯朴,保护了一个小男孩强烈的自尊。


在浩瀚无垠(yín)的沙漠里,有一片美丽的绿洲,绿洲里藏着一颗闪光的珍珠。这颗珍珠就是敦煌(Dūnhuáng)莫高窟(Mògāokū)。它坐落在我国甘肃省敦煌市三危山和鸣沙山的怀抱中。

鸣沙山东麓(lù)是平均高度为十七米的崖壁(yábì)。在一千六百多米长的崖壁上,凿(záo)有大小洞窟七百余个,形成了规模宏伟的石窟群。其中四百九十二个洞窟中,共有彩色塑像(sùxiàng)两千一百余尊,各种壁画共四万五千多平方米。莫高窟是我国古代无数艺术匠师留给人类的珍贵文化遗产。

莫高窟的彩塑,每一尊都是一件精美的艺术品。最大的有九层楼那么高,最小的还不如一个手掌大。这些彩塑个性鲜明,神态各异。有慈眉善目的菩萨(pú.sà),有威风凛凛(lǐnlǐn)的天王,还有强壮勇猛的力士……

莫高窟壁画的内容丰富多彩,有的是描绘古代劳动人民打猎、捕鱼、耕田、收割的情景,有的是描绘人们奏乐、舞蹈、演杂技的场面,还有的是描绘大自然的美丽风光。其中最引人注目的是飞天。壁画上的飞天,有的臂挎花篮,采摘(cǎizhāi)鲜花;有的反弹琵琶(pí.pá),轻拨银弦(xián);有的倒悬(dàoxuán)身子,自天而降;有的彩带飘拂(piāofú),漫天遨游(áoyóu);有的舒展着双臂,翩翩(piānpiān)起舞。看着这些精

231

美动人的壁画,就像走进了//灿烂辉煌的艺术殿堂。

莫高窟里还有一个面积不大的洞窟——藏经洞(cángjīngdòng)。洞里曾藏有我国古代的各种经卷(juàn)、文书、帛(bó)画、刺绣、铜像等共六万多件。由于清朝政府腐败无能,大量珍贵的文物被外国强盗掠(lüè)走。仅存的部分经卷,现在陈列于北京故宫等处。

莫高窟是举世闻名的艺术宝库。这里的每一尊彩塑、每一幅(yìfú)壁画、每一件文物,都是中国古代人民智慧的结晶(jiéjīng)。


其实你在很久以前并不喜欢(xǐhuan)牡丹(mǔ.dān),因为(yīn.wèi)它总被人作为富贵膜(mó)拜。后来你目睹了一次牡丹的落花,你相信所有的人都会为(wèi)之感动:一阵清风徐来,娇艳鲜嫩(nèn)的盛期牡丹忽然整朵整朵地坠落,铺撒一地绚丽(xuànlì)的花瓣。那花瓣落地时依然鲜艳夺目,如同一只奉上祭坛的大鸟脱落的羽毛,低吟着壮烈的悲歌离去。

牡丹没有花谢花败之时,要么(yàome)烁于枝头,要么归于泥土,它跨越萎顿(wěidùn)和衰老,由青春而死亡,由美丽而消遁(xiāodùn)。它虽美却不吝惜(lìnxī)生命,即使(jíshǐ)告别也要展示给人最后一次的惊心动魄(pò)。

所以在这阴冷的四月里,奇迹(qíjì)不会发生。任凭游人扫兴和诅咒(zǔzhòu),牡丹依然安之若素。它不苟且(gǒuqiě)、不俯就(fǔjiù)、不妥协、不媚俗(mèisú),甘愿自己冷落自己。它遵循(zūnxún)自己的花期自己的规律,它有权利为自己选择每年一度的盛大节日。它为什么不拒绝寒冷?

天南海北的看花人,依然络绎不绝(luòyì-bùjué)地涌入洛阳城。人们不会因牡丹的拒绝而拒绝它的美。如果它再被贬谪(biǎnzhé)十次,也许它就会繁衍(fányǎn)出十个洛阳牡丹城。

于是你在无言的遗憾中感悟到,富贵与高贵只是一字之差。同人一样,花儿(huā'ér)也是有灵性的,更有品位之高低。品位这东西(dōngxi)为(wéi)气为魂为//筋骨(jīngǔ)为神韵,只可意会。你叹服牡丹卓尔不群(zhuó'ěr-bùqún)之姿,方知品位是多么容易被世人忽略(hūlüè)或是漠视(mòshì)的美。


森林涵养水源,保持水土,防止水旱灾害的作用非常大。据专家测算,一片十万亩面积(miànjī)的森林,相当于一个两百万立方米的水库,这正如农谚(nóngyàn)所说的:"山上多栽树,等于修水库。雨多它能吞,雨少它能吐(tǔ)。"

说起森林的功劳,那还多得很。它除了为人类提供(tígōng)木材及许多种生产、生活的原料之外,在维护生态环境(huánjìng)方面也是功劳卓著(zhuózhù),它用另一种"能吞能吐"的特殊功能孕育(yùnyù)了人类。因为地球在形成之初,大气中的二氧化碳含量很高,氧气很少,气温也高,生物是难以生存的。大约在四亿年之前,陆地才产生了森林。森林慢慢将大气中的二氧化碳吸收,同时吐出(tǔchū)新鲜氧气,调节气温:这才具备了人类生存的条件,地球上才最终有了人类。

森林,是地球生态系统的主体,是大自然的总调度室(diàodùshì),是地球的绿色之肺。森林维护地球生态环境的这种"能吞能吐"的特殊功能是其他任何物体都不能取代的。然而,由于地球上的燃烧物增多,二氧化碳的排放量急剧增加,使得地球生态环境急剧恶化,主要表现为全球气候变暖,水分(shuǐfèn)蒸发加快,改变了气流的循环,使气候变化加剧,从而引发热浪、飓风(jùfēng)、暴雨、洪涝(hónglào)及干旱。

为了//使地球的这个"能吞能吐"的绿色之肺恢复健壮,以改善生态环境,抑制全球变暖,减少水旱等自然灾害,我们应该(yīnggāi)大力造林、护林,使每一座荒山都绿起来。


朋友(péngyou)即将(jíjiāng)远行。

暮春时节,又邀了几位朋友在家小聚,虽然都是极熟的朋友,却是终年难得一见,偶尔电话里相遇,也无非是几句寻常话。一锅小米稀饭,一碟大头菜,一盘自家酿制(niàngzhì)的泡菜,一只巷口(xiàngkǒu)买回的烤鸭,简简单单,不像请客,倒(dào)像家人团聚。

其实,友情也好,爱情也好,久而久之都会转化为亲情。

说也奇怪,和新朋友会谈文学、谈哲学、谈人生道理等等,和老朋友却只话家常,柴(chái)米油盐,细细碎碎,种种琐事(suǒshì)。很多时候(shíhou),心灵的契合(qìhé)已经不需要太多的言语来表达。

朋友新烫了个头,不敢回家见母亲(mǔ.qīn),恐怕惊骇(jīnghài)了老人家,却欢天喜地来见我们,老朋友颇(pō)能以一种趣味性的眼光欣赏这个改变。

年少的时候,我们差不多(chà.bùduō)都在为别人而活,为苦口婆心的父母活,为循循善诱的师长活,为许多观念、许多传统的约束力而活。年岁逐增(zhúzēng),渐渐挣脱(zhèngtuō)外在的限制与束缚(shùfù),开始懂得为自己活,照自己的方式做一些自己喜欢的事,不在乎(búzàihu)别人的批评意见,不在乎别人的诋毁(dǐhuǐ)流言,只在乎那一分随心所欲的舒坦(shūtan)自然。偶尔,也能够纵容自己放浪一下,并且有一种恶作剧的窃喜(qièxǐ)。

就让生命顺其自然,水到渠成吧,犹如窗前的//乌桕(wūjiù),自生自落之间,自有一份圆融丰满的喜悦。春雨轻轻落着,没有诗,没有酒,有的只是一份相知相属(xiāngzhī-xiāngshǔ)的自在自得。

夜色在笑语中渐渐沉落,朋友起身告辞,没有挽留,没有送别,甚至也没有问归期。

普通话与口才训练教程

已经过了大喜大悲的岁月,已经过了伤感流泪的年华,知道了聚散原来是这样的自然和顺理成章,懂得这点,便懂得珍惜每一次相聚的温馨,离别便也欢喜。


我们在田野散步:我,我的母亲(mǔ.qīn),我的妻子(qīzi)和儿子(érzi)。

母亲本不愿出来的。她老了,身体不好,走远一点儿就觉得很累。我说,正因为如此,才应该(yīnggāi)多走走。母亲信服地点点头,便去拿外套。她现在很听我的话,就像我小时候(shíhou)很听她的话一样。

这南方初春的田野,大块小块的新绿随意地铺着(pūzhe),有的浓,有的淡,树上的嫩芽也密了,田里的冬水也咕咕(gūgū)地起着水泡。这一切都使人想着一样东西(dōngxi)——生命。

我和母亲走在前面,我的妻子和儿子走在后面。小家伙(xiǎojiāhuo)突然叫起来:"前面是妈妈和儿子,后面也是妈妈和儿子。"我们都笑了。

后来发生了分歧(fēnqí),母亲要走大路,大路平顺;我的儿子要走小路,小路有意思(yìsi)。不过,一切都取决于我。我的母亲老了,她早已习惯听从她强壮的儿子;我的儿子还小,他还习惯听从他高大的父亲;妻子呢,在外面,她总是听我的。一霎时(yíshàshí)我感到了责任的重大。我想找一个两全的办法,找不出;我想拆散(chāisàn)一家人,分成两路,各得其所,终不愿意。我决定委屈(wěiqu)儿子,因为我伴同他的时日还长。我说:"走大路。"

但是母亲摸摸孙儿(sūn'ér)的小脑瓜(nǎoguā),变了主意(zhǔyi):"还是走小路吧。"她的眼随小路望去:那里有金色的菜花,两行整齐的桑树,//尽头一口水波粼粼(línlín)的鱼塘。"我走不过去的地方(dìfang),你就背着(bēizhe)我。"母亲对我说。

这样,我们在阳光下,向着那菜花、桑树和鱼塘走去。到了一处,我蹲下来,背起了母亲;妻子也蹲下来,背起了儿子。我和妻子都是慢慢地,稳稳地,走得很仔细,好像我背上的同她背上的加起来,就是整个世界。


地球上是否真的存在"无底洞"?按说地球是圆的,由地壳(dìqiào)、地幔(dìmàn)和地核三层组成,真正的"无底洞"是不应(bùyīng)存在的,我们所看到的各种山洞、裂口、裂缝(lièfèng),甚至火山口也都只是地壳浅部的一种现象。然而中国一些古籍却多次提到海外有个深奥莫测的无底洞。事实上地球上确实有这样一个"无底洞"。

它位于希腊亚各斯古城的海滨。由于濒临(bīnlín)大海,大涨潮(zhǎngcháo)时,汹涌(xiōngyǒng)的海水便会排山倒海般地涌入洞中,形成一股湍湍(tuāntuān)的急流。据测,每天流入洞内的海水量达三万多吨。奇怪的是,如此大量的海水灌入洞中,却从来没有把洞灌满。曾有人怀疑,这个"无底洞"会不会就像石灰岩地区的漏斗

(lòudǒu)、竖井(shùjǐng)、落水洞一类的地形。然而从二十世纪三十年代以来，人们就做了多种努力企图寻找它的出口，却都是枉费心机(wǎngfèi-xīnjī)。

为了揭开这个秘密，一九五八年美国地理学会派出一支考察队，他们把一种经久不变的带色染料溶解在海水中，观察染料是如何随着海水一起沉下去。接着又察看了附近海面以及岛上的各条河、湖，满怀希望地寻找这种带颜色的水，结果(jiéguǒ)令人失望。难道是海水量太大把有色水稀释(xīshì)得太淡，以致无法发现？//

至今谁也不知道为什么这里的海水会没完没了地"漏"下去，这个"无底洞"的出口又在哪里，每天大量的海水究竟都流到哪里去了？


我在俄国所见到的景物再没有比托尔斯泰墓更宏伟、更感人的了。

完全按照托尔斯泰的愿望，他的坟墓成了世间最美的、给人印象最深刻的、最感人的坟墓。它只是树林中的一个小小长方形土丘，上面开满鲜花——没有十字架，没有墓碑，没有墓志铭，连托尔斯泰这个名字(míngzi)也没有。

这位比谁都感到受自己的声名所累(suǒlěi)的伟人，却像偶尔被发现的流浪汉，不为人知的士兵，不留名姓地被人埋葬了。谁都可以踏进他最后的安息地，围在四周稀疏(xīshū)的木栅栏(mùzhàlan)是不关闭的——保护列夫·托尔斯泰得以安息的没有任何别的东西(dōngxi)，惟有(wéiyǒu)人们的敬意；而通常，人们却总是怀着好奇，去破坏伟人墓地的宁静(níngjìng)。

这里，逼人的朴素禁锢(jìngù)住任何一种观赏的闲情，并且不容许你大声说话。风儿(fēngér)在俯临，在这座无名者之墓的树木之间飒飒(sàsà)响着，和暖的阳光在坟头嬉戏；冬天，白雪温柔地覆盖这片幽暗的土地。无论你在夏天还是冬天经过这儿(zhèr)，你都想象不到，这个小小的、隆起的长方体里安放着一位当代最伟大的人。

然而，恰恰是这座不留姓名的坟墓，比所有挖空心思用大理石和奢华(shēhuá)装饰(zhuāngshì)建造的坟墓更扣人心弦(xīnxián)。在今天这个特殊的日子//里，到他的安息地来的成百上千人中间，没有一个有勇气，哪怕仅仅从这幽暗的土丘上摘下一朵花留作纪念。人们重新感到，世界上再没有比托尔斯泰最后留下的、这座纪念碑式的朴素坟墓，更打动人心的了。


我国的建筑，从古代的宫殿到近代的一般住房，绝大部分是对称(duìchèn)的，左边怎么样(zěnmeyàng)，右边怎么样。苏州园林可绝不讲究对称，好像故意避免似的(shìde)。东边有了一个亭子(tíngzi)或者一道回廊(huíláng)，西边决不会来一个同样的亭子或者一道同样的回廊。这是为什么？我想，用图画来比方(bǐfang)，对称的建筑是图案画，不是美术画，而园林是美术画，美术画要求自然之趣，是不讲究对称的。

苏州园林里都有假山和池沼(chízhǎo)。

假山的堆叠(duīdié),可以说是一项艺术而不仅是技术。或者是重峦叠嶂(chóngluán-diézhàng),或者是几座小山配合着竹子花木,全在乎(zàihu)设计者和匠师们生平多阅历,胸中有丘壑(qiūhè),才能使浏览者攀登的时候忘却苏州城市,只觉得身在山间。

至于池沼,大多引用活水。有些园林池沼宽敞,就把池沼作为全园的中心,其他景物配合着布置。水面假如成河道模样(múyàng),往往安排桥梁。假如安排两座以上的桥梁,那就一座一个样,决不雷同。

池沼或河道的边沿很少砌(qì)齐整的石岸,总是高低屈曲(qūqū)任其自然。还在那儿(nàr)布置几块玲珑的石头(shítou),或者种些花草。这也是为了取得从各个角度看都成一幅(yìfú)画的效果。池沼里养着金鱼或各色鲤鱼,夏秋季节荷花或睡莲开//放,浏览者看"鱼戏莲叶"间,又是入画的一景。

一位访美中国女作家,在纽约遇到一位卖花的老太太(lǎotàitai)。老太太穿着(chuānzhuó)破旧,身体虚弱,但脸上的神情却是那样祥和兴奋(xīngfèn)。女作家挑了(tiāole)一朵花说:"看起来,你很高兴。"老太太面带微笑地说:"是的,一切都这么(zhème)美好,我为什么不高兴呢?""对烦恼,你倒(dào)真能看得开。"女作家又说了一句。没料到,老太太的回答更令女作家大吃一惊:"耶稣(Yēsū)在星期五被钉(dìng)上十字架时,是全世界最糟糕的一天,可三天后就是复活节。所以,当我遇到不幸时,就会等待三天,这样一切就恢复正常了。"

"等待三天",多么富于哲理的话语,多么(duōme)乐观的生活方式。它把烦恼和痛苦抛下,全力去收获快乐。

沈从文在"文革"期间(qījiān),陷入了非人的境地。可他毫不在意,他在咸宁(xiánníng)时给他的表侄、画家黄永玉写信说:"这里的荷花真好,你若来……"身陷苦难却仍为(wèi)荷花的盛开欣喜赞叹不已,这是一种趋于(qūyú)澄明(chéngmíng)的境界,一种旷达洒脱的胸襟(xiōngjīn),一种面临磨难坦荡从容的气度,一种对生活童子(tóngzǐ)般的热爱和对美好事物无限向往的生命情感。

由此可见,影响一个人快乐的,有时并不是困境及磨难,而是一个人的心态。如果把自己浸泡(jìnpào)在积极、乐观、向上的心态中,快乐必然会//占据你的每一天。

泰山极顶看日出,历来被描绘成十分壮观的奇景。有人说:登泰山而看不到日出,就像一出大戏没有戏眼,味儿(wèir)终究有点寡淡。

我去爬山那天,正赶上个难得(nándé)的好天,万里长空,云彩丝儿(yúncaisīr)都不见。素常,烟雾腾腾的山头,显得眉目分明。同伴们都喜地说:"明儿早晨准可以看见日出了。"我也是抱着这种想头,爬上山去。

一路上从山脚往上爬,细看山景,我觉得挂在眼前的不是五岳独尊的泰山,却像一幅(yìfú)规模惊人的青绿山水画,从下面倒展(dàozhǎn)开来。最先露出(lùchū)在画卷的是山根底那座明朝建筑岱宗坊(Dàizōngfāng),慢慢地便现出王母池、斗母宫(Dǒumǔgōng)、经石峪(Jīngshíyù)。……山是一层比一层深,一叠比一叠奇,层层叠叠,不知还会有多深多奇。万山丛中,时而点缀着极其工细的人物。王母池旁边吕祖殿里有不少尊明塑(míngsù),塑着吕洞宾等一些人,姿态神情是那样有生气,你看了,不禁(bùjīn)会脱口赞叹说:"活啦。"

画卷继续展开,绿荫森森的柏洞(bǎidòng)露面(lòumiàn)不太久,便来到对松山。两面奇峰对峙着(duìzhìzhe),满山峰都是奇形怪状的老松,年纪怕都上千岁了,颜色竟那么浓,浓得好像要流下来似的(shìde)。来到这儿(zhèr)你不妨(bùfáng)权当一次画里的写意人物,坐在路旁的对松亭里,看看山色,听听流//水和松涛。

一时间,我又觉得自己不仅是在看画卷,却又像是在零零乱乱翻动着一卷历史稿本。


育才小学校长陶行知(Táo xíngzhī)在校园看到学生(xuésheng)王友用泥块砸自己班上的同学,陶行知当即(dāngjí)喝止(hēzhǐ)了他,并令他放学后到校长室去。无疑,陶行知是要好好教育这个"顽皮"的学生。那么他是如何教育的呢?

放学后,陶行知来到校长室,王友已经等在门口准备挨训(áixùn)了。可一见面,陶行知却掏出一块糖果送给王友,并说:"这是奖给你的,因为(yīn. wèi)你按时来到这里,而我却迟到了。"王友惊疑地接过糖果。

随后,陶行知又掏出一块糖果放到他手里,说:"这第二块糖果也是奖给你的,因为当我不让你再打人时,你立即就住手了,这说明你很尊敬我,我应该奖你。"王友更惊疑了,他眼睛(yǎnjing)睁得大大的。

陶行知又掏出第三块糖果塞(sāi)到王友手里,说:"我调查过了,你用泥块砸那些男生,是因为他们不守游戏规则,欺负(qīfu)女生;你砸他们,说明你很正直善良,且有批评不良行为的勇气,应该奖励你呀(ya)!"王友感动极了,他流着眼泪后悔地喊道:"陶……陶校长你打我两下吧!我砸的不是坏人,而是自己的同学啊(ya)……"

陶行知满意地笑了,他随即掏出第四块糖果递给王友,说:"为你正确地认识(rènshi)错误,我再奖给你一块糖果,只可惜我只有这一块糖果了。我的糖果//没有了,我看我们的谈话也该结束(jiéshù)了吧!"说完,就走出了校长室。


享受幸福(xìngfú)是需要学习的,当它即将(jíjiāng)来临的时刻需要提醒。人可以自然而然地学会感官的享乐,人却无法天生地掌握幸福的韵律。灵魂的快意同器官的舒适像一对孪生(luánshēng)兄弟,时而相傍相依(xiāngbàng – xiāngyī),时而南辕北辙(nányuán – běizhé)。

幸福是一种心灵的振颤(zhènchàn)。它像会倾听(qīngtīng)音乐的耳朵(ěrduo)一样,需要不断地训练。

简而言之,幸福就是没有痛苦的时刻。它出现的频率并不像我们想象得那样少。人们常常只是在幸福的金马车已经驶过去很远时,才捡起地上的金鬃毛(jīnzōngmáo)说,原来我见过它。

人们喜爱回味幸福的标本,却忽略幸福披着露水(lù.shuǐ)散发清香的时刻。那时候我们往往步履匆匆(bùlǔ – cōngcōng),瞻前顾后(zhānqián – gùhòu)不知在忙着什么。

世上有预报台风的,有预报蝗灾的,有预报瘟疫(wēnyì)的,有预报地震的。没有人预报幸福。

其实幸福和世界万物一样,有它的征兆(zhēngzhào)。

幸福常常是朦胧(ménglóng)的,很有节制地向我们喷洒甘霖(gānlín)。你不要总希望轰轰烈烈的幸福,它多半只是悄悄地扑面而来。你也不要企图把水龙头拧得(nǐngde)更大,那样它会很快地流失。你需要静静地以平和之心,体验它的真谛(zhēndì)。

幸福绝大多数是朴素的。它不会像信号弹似的(shìde),在很高的天际闪烁(shǎnshuò)红色的光芒。它披着本色外衣,亲//切温暖地包裹起我们。

幸福不喜欢喧嚣(xuānxiāo)浮华,它常常在暗淡中降临。贫困中相濡以沫(xiāngrú – yǐmò)的一块糕饼,患难中心心相印的一个眼神,父亲一次粗糙(cūcāo)的抚摸,女友一张温馨的字条……这都是千金难买的幸福啊(wa)。像一粒粒缀在(zhuìzài)旧绸子上的红宝石,在凄凉中愈发熠熠(yìyì)夺目。

在里约热内卢(Lǐyuērènèilú)的一个贫民窟(kū)里,有一个男孩子(háizi),他非常喜欢(xǐhuan)足球,可是又买不起,于是就踢塑料盒(sùliàohé),踢汽水瓶,踢从垃圾箱里拣来的椰子壳(yēzikér)。他在胡同(hútòngr)里踢,在能找到的任何一片空地(kòngdì)上踢。

有一天,当他在一处干涸(gānhé)的水塘里猛踢一个猪膀胱(pángguāng)时,被一位足球教练看见了。他发现这个男孩儿踢得很像是那么回事,就主动提出要送给他一个足球。小男孩儿得到足球后踢得更卖劲(màijìn)了。不久,他就能准确地把球踢进远处随意摆放的一个水桶里。

圣诞节到了,孩子的妈妈说:"我们没有钱买圣诞礼物送给我们的恩人,就让我们为他祈祷(qídǎo)吧。"

小男孩儿跟随妈妈祈祷完毕,向妈妈要了一把铲子(chǎnzi)便跑了出去。他来到一座别墅(biéshù)前的花园里,开始挖坑(kēng)。

就在他快要挖好坑的时候,从别墅里走出一个人来,问小孩儿在干什么,孩子抬起满是汗珠的脸蛋儿,说:"教练,圣诞节到了,我没有礼物送给您,我愿给您的圣诞树挖一个树坑。"

教练把小男孩儿从树坑里拉上来,说,我今天得到了世界上最好的礼物。明天你就到我的训练场去吧。

三年后,这位十七岁的男孩儿在第六届足球锦标赛(jǐnbiāosài)上独进二十一球,为巴西第一次捧回了金杯。一个原来不//为世人所知的名字——贝利,随之传遍世界。


记得我十三岁时,和母亲住在法国东南部的耐斯城(Nàisīchéng)。母亲(mǔ.qīn)没有丈夫(zhàngfu),也没有亲戚(qīnqi),够清苦的,但她经常能拿出令人吃惊的东西(dōngxi),摆在我面前。她从来不吃肉,一再说自己是素食者。然而有一天,我发现母亲正仔细地用一小块碎面包擦那给我煎牛排用的油锅。我明白(míngbai)了她称自己为素食者的真正原因。

我十六岁时,母亲成了耐斯市美蒙旅馆的女经理。这时,她更忙碌(mánglù)了。一天,她瘫在椅子上,脸色苍白,嘴唇发灰。马上找来医生,做出诊断:她摄取(shèqǔ)了过多的胰岛素(yídǎosù)。直到这时我才知道母亲多年一直对我隐瞒的疾痛(jítòng)——糖尿病。

她的头歪向枕头一边,痛苦地用手抓挠(zhuānɑo)胸口。床架上方,则挂着一枚(méi)我一九三二年赢得(yíngdé)耐斯市少年乒乓(pīngpāng)球冠军的银质(zhì)奖章。

啊,是对我的美好前途的憧憬(chōngjǐng)支撑着她活下去,为了给她那荒唐的梦至少加一点真实的色彩,我只能继续努力,与时间竞争(jìngzhēng),直到一九三八年我被征入空军。巴黎很快失陷,我辗转(zhǎnzhuǎn)调到英国皇家空军。刚到英国就接到了母亲的来信。这些信是由在瑞士的一个朋友(péngyou)秘密地转到伦敦,送到我手中的。

现在我要回家了,胸前佩带着醒目的绿黑两色的解放十字绶(shòu)//带,上面挂着五六枚我终身难忘的勋章,肩上还佩带着军官肩章。到达旅馆时,没有一个人跟我打招呼(zhāohu)。原来,我母亲在三年半以前就已经离开人间了。

在她死前的几天中,她写了近二百五十封信,把这些信交给她在瑞士的朋友,请这个朋友定时寄给我。就这样,在母亲死后的三年半的时间里,我一直从她身上吸取着力量和勇气——这使我能够继续战斗到胜利那一天。

生活对于任何人都非易事,我们必须有坚韧不拔(jiānrèn - bùbá)的精神(jīngshén)。最要紧的,还是我们自己要有信心。我们必须相信,我们对每一件事情(shìqing)都具有天赋的才能,并且,无论付出任何代价,都要把这件事完成,当事情结束(jiéshù)的时候,你要能问心无愧(wènxīn - wúkuì)地说:"我已经尽我所能了。"

有一年的春天,我因病被迫在家里休息(xiūxi)数周。我注视着我的女儿们所养的蚕(cán)正在结茧(jiéjiǎn),这使我很感兴趣。望着这些蚕执著(zhízhuó)地、勤奋地工作,我感到和它们非常相似(xiāngsì)。像它们一样,我总是耐心地把自己的努力集中在一个目标上。我之所以如此,或许是因为有某种力量在鞭策(biāncè)着我——正如蚕被鞭策着去结茧一般。

近五十年来,我致力于科学研究,而研究,就是对真理的探讨。我有许多美好快乐的记忆。少女时期我在巴黎大学,孤独地过着求学的岁月;在后来献身科学的整个时期,我丈夫(zhàngfu)和我专心致志,像在梦幻中一般,坐在简陋(jiǎnlòu)的书房里艰辛地研究,后来我们就在那里发现了镭(léi)。

我永远追求安静的工作和简单的家庭生活。为了实现这个理想,我竭力保持宁静的环境,以免受人事的干扰和盛名的拖累(tuōlěi)。

我深信,在科学方面我们有对事业而不是//对财富的兴趣。我的唯一(wéiyī)奢望(shēwàng)是在一个自由国家中,以一个自由学者的身份从事研究工作。

我一直沉醉于世界的优美之中,我所热爱的科学也不断增加它崭新(zhǎnxīn)的远景。我认定科学本身就具有伟大的美。


我为什么非要教书(jiāoshū)不可?是因为(yīn.wèi)我喜欢当教师的时间安排表和生活节奏。七、八、九三个月给我提供(tígōng)了进行回顾、研究、写作的良机,并将三者有机融合,而善于回顾、研究和总结正是优秀教师素质(sùzhì)中不可缺少的成分。

干这行给了我多种多样的"甘泉"去品尝,找优秀的书籍(shūjí)去研读,到"象牙塔(tǎ)"和实际世界里去发现。教学工作给我提供了继续学习的时间保证,以及多种途径、机遇和挑战。

然而,我爱这一行(yìháng)的真正原因,是爱我的学生(xuésheng)。学生们在我的眼前成长变化。当教师意味着亲历"创造"过程的发生——恰似(qiàsì)亲手赋予一团泥土以生命,没有什么比目睹它开始呼吸(hūxī)更激动人心的了。

权利我也有了:我有权利去启发诱导,去激发智慧的火花,去问费心思考的问题,去赞扬回答的尝试(chángshì),去推荐(tuījiàn)书籍,去指点迷津(míjīn)。还有什么别的权利能与之相比呢?

而且,教书还给我金钱和权利之外的东西,那就是爱心。不仅对学生的爱,对书籍的爱,对知识(zhīshi)的爱,还有老师才能感受到的对"特别"学生的爱。这些学生,有如冥(míng)顽不灵的泥块,由于接受了老师的炽(chì)爱才勃发了生机。

所以,我爱教书,还因为,在那些勃发生机的"特//别"学生身上,我有时发现自己和他们呼吸相通,忧乐与共。

---

中国西部我们通常是指黄河与秦岭(Qínlǐng)相连一线以西,包括西北和西南的十二个省、市、自治区。这块广袤(mào)的土地面积为五百四十六万平方公里,占国土总面积(miànjī)的百分之五十七;人口二点八亿,占全国总人口的百分之二十三。

西部是华夏文明的源头。华夏祖先的脚步是顺着水边走的:长江上游出土过元谋人(yuánmóurén)牙齿(chǐ)化石,距今约一百七十万年;黄河中游出土过蓝田人头盖骨(gǔ),距今约七十万年。这两处古人类都比距今约五十万年的北京猿人资格更老。

西部地区是华夏文明的重要发源地。秦皇汉武以后,东西方文化在这里交汇融合,从而有了丝绸之路的驼铃声声,佛院(fóyuàn)深寺(sì)的暮鼓晨钟。敦煌(Dūnhuáng)莫高窟(Mògāokū)是世界文化史上的一个奇迹(qíjì),它在继承汉晋艺术传统的基础上,形成了自己兼收并蓄(xù)的恢宏气度,展现出精美绝伦的艺术形式和博大精深的文化内涵。秦始皇兵马俑(yǒng)、西夏王陵、楼兰古国、布达拉宫、三星堆、大足石刻等历史文化遗产,同样为世界所瞩(zhǔ)目,成为中华文化重要的象征。

西部地区又是少数民族及其文化的集萃(cuì)地,几乎(jīhū)包括了我国所有的少数民族。在一些偏远的少数民族地区,仍保留//了一些久远时代的艺术品种,成为珍贵的"活化石",如纳(nà)西古乐、戏曲、剪纸、刺绣、岩画等民间艺术和宗教艺术。特色鲜明、丰富多彩,犹如一个巨大的民族民间文化艺术(yìshù)宝库。

我们要充分重视和利用这些得天独厚的资源优势,建立良好的民族民间文化生态环境(huánjìng),为西部大开发做出贡献。

---

高兴,这是一种具体的被看得到摸得着(mōdezháo)的事物所唤起的情绪。它是心理的,更是生理的。它容易来也容易去,谁也不应该对它视而不见失之(zhī)交臂,谁也不应该(yīnggāi)总是做那些使自己不高兴也使旁人不高兴的事。让我们说一件最容易做也最令人高兴的事吧,尊重你自己,也尊重别人,这是每一个人的权利,我还要说这是每一个人的义务。

快乐,它是一种富有概括(gàikuò)性的生存状态、工作状态。它几乎是先验的,它来自生命本身的活力,来自宇宙、地球和人间的吸引,它是世界的丰富、绚丽

(xuànlì)、阔大、悠久的体现。快乐还是一种力量,是埋在地下的根脉(gēnmài)。消灭一个人的快乐比挖掘(wājué)掉一棵大树的根要难得多。

欢欣,这是一种青春的、诗意的情感。它来自面向着未来伸开双臂奔跑的冲力,它来自一种轻松而又神秘、朦胧(ménglóng)而又隐秘的激动,它是激情即将到来的预兆(yùzhào),它又是大雨过后的比下雨还要美妙得多也久远得多的回味……

喜悦,它是一种带有形而上色彩的修养和境界。与其说它是一种情绪,不如说它是一种智慧、一种超拔;一种悲天悯(mǐn)人的宽容和理解,一种饱经沧桑的充裕和自信;一种光明的理性,一种坚定//的成熟,一种战胜了烦恼和庸俗的清明澄澈(chéngchè)。它是一潭浅水,它是一抹朝霞,它是无边的平原,它是沉默的地平线。多一点儿、再多一点儿喜悦吧,它是翅膀,也是归巢(cháo)。它是一杯美酒,也是一朵永远开不败的莲花。

在湾仔(zǎi),香港最热闹(rènao)的地方(dìfang),有一棵榕树,它是最贵的一棵树,不光在香港,在全世界,都是最贵的。

树,活的树,又不卖,何言其贵?只因它老,它粗,是香港百年沧桑的活见证,香港人不忍看着它被砍伐,或者被移走,便跟要占用这片山坡的建筑(zhù)者谈条件:可以在这儿(zhèr)建大楼盖商厦(shà),但一不准砍树,二不准挪树,必须把它原地精心养起来,成为香港闹市中的一景。太古大厦的建设者最后签了合同(hétong),占用这个大山坡建豪华商厦的先决条件是同意保留这棵老树。

树长在半山坡上,计划将树下面的成千上万方山石全部掏空取走,腾出地方来盖楼。把树架在大楼上面,仿佛它原本是长在楼顶上似的(shìde)。建设者就地造了一个直径十八米、深十米的大花盆,先固定好这棵老树,再在大花盆底下盖楼,光这一项就花了两千三百八十九万港币,这也堪称是最昂贵的保护措施了。

太古大厦落成之后,人们可以乘(chéng)滚动扶梯一次到位,来到太古大厦的顶层。出后门,那儿(nàr)是一片自然景色。一棵大树出现在人们面前,树干(shùgàn)有一米半粗,树冠(guān)直径足有二十多米,独木成林,非常壮观,形成一座以它为中心的小公园,取名叫"榕圃(róngpǔ)"。树前面//插着铜牌,说明原由。此情此景,如不看铜牌的说明,绝对想不到巨树根底下还有一座宏伟的现代大楼。

我们的船渐渐地逼(bī)近榕树了。我有机会看清它的真面目:是一棵大树,有数(shǔ)不清的丫枝,枝上又生根,有许多根一直垂到地上,伸进泥土里。一部分(bùfen)树枝垂到水面,从远处看,就像一棵大树斜躺在水面上一样。

现在正是枝繁叶茂的时节。这棵榕树好像在把它的全部生命力展示给我们看。那么多的绿叶,一簇(yícù)堆在另一簇的上面,不留一点儿缝隙(fèngxì)。翠绿的颜

## 学习单元十二　普通话水平测试训练

色明亮地在我们的眼前闪耀,似乎(sìhū)每一片树叶上都有一个新的生命在颤动(chàndòng),这美丽的南国的树!

　　船在树下泊(bó)了片刻,岸上很湿,我们没有上去。朋友(péngyou)说这里是"鸟的天堂",有许多鸟在这棵树上做窝,农民不许人去捉它们。我仿佛听见几只鸟扑翅的声音,但是等到我的眼睛(yǎnjing)注意地看那里时,我却看不见一只鸟的影子(yǐngzi)。只有无数的树根立在地上,像许多根木桩。地是湿的,大概涨(zhǎng)潮时河水常常冲上岸去。"鸟的天堂"里没有一只鸟,我这样想到。船开了,一个朋友拨着(bōzhe)船,缓缓地流到河中间去。

　　第二天,我们划着(huázhe)船到一个朋友的家乡去,就是那个有山有塔的地方(dìfang)。从学校出发,我们又经过那"鸟的天堂"。

　　这一次是在早晨,阳光照在水面上,也照在树梢(shāo)上。一切都//显得非常光明。我们的船也在树下泊了片刻。

　　起初,四周围非常清静。后来忽然起了一声鸟叫。我们把手一拍,便看见一只大鸟飞了起来,接着又看见第二只,第三只。我们继续拍掌,很快地这个树林就变得很热闹(rènao)了。到处都是鸟声,到处都是鸟影。大的,小的,花的,黑的,有的站在枝上叫,有的飞起来,在扑翅膀。


　　有这样一个故事(gùshi)。

　　有人问:世界上什么(shénme)东西(dōngxi)的气力最大?回答纷纭(fēnyún)的很,有的说"象",有的说"狮",有人开玩笑似地(shìde)说是"金刚",金刚有多少气力,当然大家全不知道(zhī.dao)。

　　结果,这一切答案完全不对,世界上气力最大的,是植物的种子。一粒种子所可以显现出来的力,简直是超越一切。

　　人的头盖骨,结合得非常致密(zhìmì)与坚固,生理学家和解剖(jiěpōu)学者用尽了一切的方法,要把它完整地分出来,都没有这种力气(lìqi)。后来忽然有人发明了一个方法,就是把一些植物的种子放在要剖析的头盖骨里,给它以温度与湿度,使它发芽,一发芽,这些种子便以可怕的力量,将一切机械(xiè)力所不能分开的骨骼,完整地分开了。植物种子的力量之大,如此如此。

　　这,也许特殊了一点儿(yìdiǎnr),常人不容易理解,那么,你看见过笋的成长吗?你看见过被压在瓦砾(lì)和石块下面的一颗小草的生长吗?他为着向往阳光,为着达成它的生之意志,不管上面的石块如何重,石块与石块之间如何狭,它必定要曲曲折折(qūqū-zhézhé)地,但是顽强不屈地透到地面上来,它的根往土壤钻(zuān),它的芽往地面挺(tǐng),这是一种不可抗的力,阻止它的石块,结果也被它掀翻(xiānfān),一粒种子的力量的大,//如此如此。

　　没有一个人将小草叫做"大力士",但是它的力量之大,的确是世界无比。这种

243

力,是一般人看不见的生命力。只要生命存在,这种力就要显现。上面的石块,丝毫不足以阻挡。因为它是一种"长期抗战"的力;有弹性,能屈能伸的力;有韧性,不达目的不止的力。

著名教育家班杰明(Bānjiémíng)曾经接到一个青年人(qīngniánrén)的求教电话,并与这个向往成功、渴望(kěwàng)指点的青年人约好了见面的时间和地点。

待那位青年人如约而至时,班杰明的房门敞开着(chǎngkāizhe),眼前的景象令青年人颇感意外——班杰明的房间里乱七八糟、狼藉(lángjí)一片。

没等青年人开口,班杰明就招呼(zhāohu)道:你看我这房间,太不整洁了,请你在门外等候一分钟,我收拾(shōushi)一下,你再进来吧。一边说着,班杰明就轻轻地关上了房门。

不到一分钟的时间,班杰明就又打开了房门并热情地把青年人让进客厅。这时,青年人的眼前展现出另一番景象——房间里的一切已变得井然有序,而且有两杯刚刚倒好的红酒,在淡淡的香水气息里还漾着(yàngzhe)微波。

可是,没等青年人把满腹(fù)的有关人生和事业的疑难(yínán)问题向班杰明讲出来,班杰明就非常客气(kèqi)地说道:"干杯。你可以走了。"

青年人手持酒杯一下子愣住了,既尴尬(gāngà)又非常遗憾地说:可是,"我……我还没向您请教呢……"

"这些……难道还不够吗?"班杰明一边微笑着一边扫视着自己的房间,轻言细语地说,"你进来又有一分钟了。"

"一分钟……一分钟……"青年人若有所思地说,"我懂了,您让我明白(míngbai)了一分钟的时间可以做许//多事情(shìqing),可以改变许多事情的深刻道理。"

班杰明舒心地笑了。青年人把杯里的红酒一饮而尽,向班杰明连连道谢之后,开心地走了。

其实,把握好了生命中的每一分钟,也就把握了理想的人生。

有个塌鼻子(tābízi)的小男孩儿,因为(yīn.wèi)两岁时得过脑炎,智力受损,学习起来很吃力。打个比方(bǐfang),别人写作文能写二三百字,他却只能写三五行。但即便(jíbiàn)这样的作文,他同样能写得很动人。

那是一次作文课,题目是《愿望》。他极其认真地想了半天,然后极认真地写,那作文极短。只有三句话:我有两个愿望,第一个是,妈妈(māma)天天笑眯眯地看着我说:"你真聪明(cōngming)。"第二个是,老师天天笑眯眯地看着我说:"你一点儿也不笨。"

于是就是这篇作文,深深地打动了他的老师,那位妈妈式的老师不仅给了他最高

# 学习单元十二　普通话水平测试训练

分,在班上带感情地朗读了这篇作文,还一笔一画地批道:你很聪明,你的作文写得非常感人,请放心,妈妈肯定会格外喜欢(xǐhuan)你的,老师肯定会格外喜欢你的,大家肯定会格外喜欢你的。

捧着(pěngzhe)作文本,他笑了,蹦蹦跳跳地回家了,像只喜鹊(xǐ.què)。但他并没有把作文本拿给妈妈看,他是在等待,等待着一个美好的时刻。

那个时刻终于到了,是妈妈的生日——一个阳光灿烂的星期天。那天,他起得特别早,把作文本装在一个亲手做的美丽的大信封里,等着妈妈醒来。妈妈刚刚睁眼醒来,他就笑眯眯地走到妈妈跟前说:"妈妈,今天是您的生日,我要//送给您一件礼物。"

果然,看着这篇作文,妈妈甜甜地涌出了两行热泪,一把搂住小男孩儿,搂得很紧很紧。

是的,智力可以受损,但爱永远不会。


小学的时候(shíhou),有一次我们去海边远足,妈妈(māma)没有做便饭,给了我十块钱买午餐。好像走了很久,很久,终于到海边了,大家坐下来便吃饭,荒凉的海边没有商店,我一个人跑到防风林外面去,级任老师要大家把吃剩的饭菜分给我一点儿(yìdiǎnr)。有两三个男生留下一点儿给我,还有一个女生,她的米饭拌了酱油,很香。我吃完的时候,她笑眯眯地看着我,短头发(tóufà),脸圆圆的。

她的名字(míngzi)叫翁香玉(Wēng Xiāngyù)。

每天放学的时候,她走的是经过我们家的一条小路,带着一位比她小的男孩儿(nánháir),可能是弟弟。小路边是一条清澈(qīngchè)见底的小溪,两旁竹阴覆盖(zhúyīn-fùgài),我总是远远地跟在她后面。夏日的午后特别炎热,走到半路她会停下来,拿手帕(shǒupà)在溪水里浸湿(jìnshī),为小男孩儿擦脸。我也在后面停下来,把肮脏(āngzāng)的手帕弄湿(nòngshī)了擦脸,再一路远远地跟着她回家。

后来我们家搬到镇上去了,过几年我也上了中学。有一天放学回家,在火车上,看见斜对面一位短头发、圆圆脸的女孩儿(nǚháir),一身素净(sùjing)的白衣黑裙。我想她一定不认识(rènshi)我了。火车很快到站了,我随着人群挤(jǐ)向门口,她也走近了,叫我的名字。这是她第一次和我说话。

她笑眯眯的,和我一起走过月台。以后就没有再见过//她了。

这篇文章收在我出版的《少年心事》这本书里。

书出版后半年,有一天我忽然收到出版社转来的一封信,信封上是陌生(mòshēng)的字迹(zìjì),但清楚地写着(xiězhe)我的本名。

信里面说她看到了这篇文章心里非常激动,没想到在离开家乡,漂泊(piāobó)异地这么久之后,会看见自己仍然(réngrán)在一个人的记忆里,她自己也深深记得这其中的每一幕,只是没想到越过遥远的时空,竟然(jìngrán)另一个人也深深记得

245

（jìdé）。

在繁华的巴黎大街的路旁，站着一个衣衫褴褛（lánlǚ）、头发（tóufɑ）斑白、双目失明的老人。他不像其他乞丐（qǐgài）那样伸手向过路行人乞讨（qǐtǎo），而是在身旁立一块木牌，上面写着："我什么（shénme）也看不见！"街上过往的行人很多，看了木牌上的字都无动于衷（wúdòng-yúzhōng），有的还淡淡一笑，便姗姗而去（shānshān'érqù）了。

这天中午，法国著名诗人让·彼浩勒（Ràng. Bǐhàolè）也经过这里。他看看木牌上的字，问盲老人："老人家（lǎorénjiɑ），今天上午有人给你钱吗？"

盲老人叹息着回答："我，我什么也没有得到。"说着，脸上的神情非常悲伤。

让·彼浩勒听了，拿起笔悄悄地（qiāoqiāode）在那行字的前面添上了"春天到了，可是"几个字，就匆匆地离开了。

晚上，让·彼浩勒又经过这里，问那个盲老人下午的情况。盲老人笑着回答说："先生（xiānsheng），不知为什么，下午给我钱的人多极了！"让·彼浩勒听了，摸着（mōzhe）胡子满意地（mǎnyìde）笑了。

"春天到了，可是我什么也看不见！"这富有诗意的语言，产生这么大的作用，就在于它有非常浓厚的感情色彩。是的，春天是美好的，那蓝天白云，那绿树红花，那莺歌燕舞（yīnggē-yànwǔ），那流水人家，怎么不叫人陶醉呢（táozuìne）？但这良辰美景（liángchén-měijǐng），对于一个双目失明的人来说，只是一片漆黑（qīhēi）。当人们想到这个盲老人，一生中竟连万紫千红的春天//都不曾看到，怎能不对他产生同情之心呢？

有一次，苏东坡的朋友张鹗（Zhāng È）拿着一张宣纸来求他写一幅（yìfú）字，而且希望他写一点儿（yìdiǎnr）关于养生方面的内容。苏东坡思索（sīsuǒ）了一会儿（yíhuìr），点点头说："我得到了一个养生长寿古方，药只有四味，今天就赠给（zènggěi）你吧。"于是，东坡的狼毫在纸上挥洒起来，上面写着："一曰（yuē）无事以当（dàng）贵，二曰早寝以当富，三曰安步以当车，四曰晚食以当肉。"

这哪里有药？张鹗一脸茫然地问。苏东坡笑着解释说，养生长寿的要诀（yàojué），全在这四句里面。所谓"无事以当贵"，是指人不要把功名利禄（gōngmíng-lìlù）、荣辱得失考虑得太多，如能在情志上潇洒大度，随遇而安，无事以求，这比富贵更能使人终其天年。

"早寝以当富"，指吃好穿好、财货充足，并非就能使你长寿。对老年人来说，养成良好的起居习惯，尤其是早睡早起，比获得任何财富更加宝贵。

"安步以当车"，指人不要过于讲求安逸、肢体不劳，而应（yīng）多以步行来替代

学习单元十二 普通话水平测试训练

骑马乘车(chéngchē),多运动才可以强健体魄(tǐpò),通畅气血(qìxuè)。

"晚食以当肉",意思(yìsi)是人应该(yīnggāi)用已饥方食(yǐjīfāngshí)、未饱先止代替对美味佳肴(jiāyáo)的贪吃无厌。他起步解释,饿了以后才进食,虽然是粗茶淡饭,但其香甜可口会胜过山珍;如果饱了还要勉强(miǎnqiǎng)吃,即使美味佳肴摆在眼前也难以//下咽(xiàyàn)。

苏东坡的四味"长寿药",实际上是强调了情志、睡眠、运动、饮食四个方面对养生长寿的重要性,这种养生观点即使在今天仍然值得(zhídé)借鉴。


人活着,最要紧的是寻觅(xúnmì)到那片代表着生命绿色和人类希望的丛林,然后选一高高的枝头(zhītóu)站在那里观览(guānlǎn)人生,消化痛苦,孕育(yùnyù)歌声,愉悦(yúyuè)世界!

这可真是一种潇洒的人生态度,这可真是一种心境(xīnjìng)爽朗(shuǎnglǎng)的情感风貌。

站在历史的枝头微笑(wēixiào),可以减免许多烦恼。在那里,你可以从众生相所包含的甜酸苦辣、百味人生中寻找你自己,你境遇中的那点苦痛,也许相比之下,再也难以占据一席之地,你会较(jiào)容易地获得从不悦中解脱灵魂(línghún)的力量,使之不致变得灰色。

人站得高些,不但能有幸早些领略(lǐnglüè)到希望的曙光(shǔguāng),还能有幸发现生命的立体的诗篇。每一个人的人生,都是这诗篇中的一个词、一个句子或者一个标点。你可能没有成为一个美丽的词、一个引人注目的句子、一个惊叹号,但你依然是这生命的立体诗篇中的一个音节、一个停顿、一个必不可少的组成部分(bùfen)。这足以使你放弃前嫌(qiánxián),萌生(méngshēng)为(wèi)人类孕育新的歌声的兴致(xìngzhì),为世界带来更多的诗意。

最可怕的人生见解,是把多维的生存图景看成平面。因为(yīn.wèi)那平面上刻下的大多是凝固(nínggù)了的历史——过去的遗迹(yíjì);但活着的人们,活得却是充满着新生智慧的,由不断逝去的"现在"组成的未来。人生不能像某些鱼类躺着游,人生也不能像某些兽类爬着走,而应该(yīnggāi)站着向前行,这才是人类应有(yīngyǒu)的生存姿态。


中国的第一大岛、台湾省的主岛台湾,位于中国大陆架的东南方,地处(dìchǔ)东海和南海之间,隔着(gézhe)台湾海峡和大陆相望。天气晴朗的时候,站在福建沿海较高(jiàogāo)的地方(dìfang),就可以隐隐约约(yǐnyǐn-yuēyuē)地望见岛上的高山和云朵。

台湾岛形状狭长(xiácháng),从东到西,最宽处只有一百四十多公里;由南至北,

247

最长的地方约有三百九十多公里。地形像一个纺织用的梭子(suōzi)。

台湾岛上的山脉(shānmài)纵贯南北,中间的中央山脉犹如(yóurú)全岛的脊梁(jǐliang)。西部为海拔近四千米的玉山山脉,是中国东部的最高峰。全岛约有三分之一的地方是平地,其余为山地。岛内有缎带般的瀑布(pùbù),蓝宝石似的(shìde)湖泊(húpō),四季常青的森林和果园,自然景色十分优美。西南部的阿里山和日月潭(Rìyuètán),台北市郊的大屯山(Dàtúnshān)风景区,都是闻名世界的浏览(liúlǎn)胜地。

台湾岛地处热带和温带之间,四面环海,雨水充足,气温受到海洋的调剂(tiáojì),冬暖夏凉,四季如春,这给水稻和果木生长提供(tígōng)了优越的条件。水稻、甘蔗(gānzhe)、樟脑是台湾的"三宝"。岛上还盛产鲜果和鱼虾。

台湾岛还是一个闻名世界的"蝴蝶(húdié)王国"。岛上的蝴蝶共有四百多个品种,其中有不少是世界稀有的珍贵品种。岛上还有不少鸟语花香的蝴//蝶谷,岛上居民利用蝴蝶制作的标本和艺术品,远销许多国家。


对于中国的牛,我有着一种特别尊敬的感情。

留给我印象最深的,要算一回在田垄上的"相遇"。

一群朋友(péngyou)郊游,我领头在狭窄(xiázhǎi)的阡陌(qiānmò)上走,怎料迎面来了几头耕牛,狭道容不下人和牛,终有一方要让路。它们还没有走近,我们已经预计斗不过畜生(chùsheng),恐怕难免踩到田地泥水里,弄得鞋袜又泥又湿了。正在踟躇(chíchú)的时候,带头的一只牛,在离我们不远的地方(dìfang)停下来,抬起头看看,稍迟疑一下,就自动走下田去,一队耕牛,全跟住它离开阡陌,从我们身边经过。

我们都呆了,回过头来,看着深褐色的牛队,在路的尽头消失,忽然(hūrán)觉得(jué.dé)自己受了很大的恩惠。

中国的牛,永远沉默地为人做着沉重的工作。在大地上,在晨光或烈日下,它拖着沉重的犁,低头一步又一步,拖出了身后一列又一列松土,好让人们下种(xiàzhǒng)。等到满地金黄或农闲时候,它可能还得(háiděi)担当搬运负重的工作,或终日绕着(ràozhe)石磨,朝同一方向,走不计程的路。

在它沉默的劳动中,人便得到应得(yīngdé)的收成(shōucheng)。

那时候(shíhou),也许,它可以松一肩重担(zhòngdàn),站在树下,吃几口嫩草(nèncǎo)。偶尔摇摇尾巴(wěiba),摆摆耳朵(ěrduo),赶走飞附(fù)身上的苍蝇(cāngying),已经算是它最闲适的生活了。

中国的牛,没有成群奔跑的习//惯,永远沉沉实实地、默默地工作,平心静气,这就是中国的牛。


不管我的梦想能否成为事实,说出来总是好玩儿(hǎowánr)的:

## 学习单元十二　普通话水平测试训练

春天,我将要住在杭州。二十年前,旧历的二月初,在西湖我看见了嫩柳(nènliǔ)与菜花,碧浪与翠竹。由我看到的那点儿(nàdiǎnr)春光,已经可以断定,杭州的春天必定会教(jiào)人整天生活在诗与图画之中。所以,春天我的家应当(yīngdāng)是在杭州。

夏天,我想青城山应当算作最理想的地方(dìfang)。在那里,我虽然只住过十天,可是它的幽静已拴住了我的心灵。在我所看见过的山水中,只有这里没有使我失望。到处都是绿,目之所及,那片淡而光润的绿色都在轻轻地颤动(chàndòng),仿佛要流入空中与心中似的(shìde)。这个绿色会像音乐似的,涤清(díqīng)了心中的万虑。

秋天一定要住北平。天堂是什么样子,我不知道,但是从我的生活经验去判断,北平之秋便是天堂。论天气,不冷不热。论吃的,苹果(píngguǒ)、梨、柿子、枣儿(zǎor)、葡萄(pú.tao),每样有若干种。论花草,菊花种类之多,花式之奇,可以甲天下。西山有红叶可见,北海可以划船——虽然荷花已残,荷叶可还有一片清香。衣食住行,在北平的秋天,是没有一项不使人满意的。

冬天,我还没有打好主意(zhǔyi),成都或者相当的合适,虽然并不怎样和暖(hénuǎn),可是为了水仙,素心腊梅,各色的茶花,仿佛就受一点儿(yìdiǎnr)寒//冷,也颇值得去了。昆明的花也多,而且天气比成都好,可是旧书铺(shūpù)与精美而便宜(piányi)的小吃远不及成都那么多。好吧,就暂这么规定:冬天不住成都便住昆明吧。

在抗战中,我没能发国难财。我想,抗战结束以后,我必能阔起来。那时候,假若飞机减价,一二百元就能买一架的话,我就自备一架,择黄道吉日慢慢地飞行。


我不由地停住了脚步。

从未见过开得这样盛的藤萝(téngluó),只见一片辉煌的淡紫色,像一条瀑布(pùbù),从空中垂下,不见其发端(fāduān),也不见其终极,只是深深浅浅的紫,仿佛在流动,在欢笑,在不停地生长。紫色的大条幅(tiáofú)上,泛着(fànzhe)点点银光,就像迸溅(bèngjiàn)的水花。仔细看时,才知那是每一朵紫花中的最浅谈的部分(bùfen),在和阳光互相挑逗(tiǎodòu)。

这里除了光彩,还有淡淡的芳香。香气似乎(sìhū)也是浅紫色的,梦幻一般轻轻地笼罩着(lǒngzhàozhe)我。忽然(hūrán)记起十多年前,家门外也曾有过一大株紫藤萝,它依傍(yībàng)一株枯槐(kūhuái)爬得很高,但花朵从来都稀落,东一穗(yísuì)西一串(yíchuàn)伶仃(língdīng)地挂在树梢(shùshāo),好像在察颜观色,试探什么。后来索性(suǒxìng)连那稀零的花串也没有了。园中别的紫藤花架也都拆掉(chāidiào),改种(zhòng)了果树。那时的说法是,花和生活腐化(fǔhuà)有着必然关系。我曾遗憾地想:这里再看不见藤萝花了。

过了这么多年,藤萝又开花了,而且开得这样盛,这样密,紫色的瀑布遮住

(zhēzhù)了粗壮的盘虬卧龙般(pánqiú-wòlóng)的枝干(zhīgàn),不断地流着,流着,流向人的心底。

花和人都会遇到各种各样的不幸,但是生命的长河是无止境的。我抚摸(fǔmō)了一下那小小的紫色的花舱(huācāng),那里满装生命的酒酿(jiǔniàng),它张满了帆(fān),在这//闪光的花的河流上航行。它是万花中的一朵,也正是由每一个一朵,组成了万花灿烂的流动的瀑布。

在这浅紫色的光辉和浅紫色的芳香中,我不觉加快了脚步。


在一次名人访问中,被问及上个世纪最重要的发明是什么(shénme)时,有人说是电脑,有人说是汽车,等等。但新加坡的一位知名人士却说是冷气机。他解释,如果没有冷气,热带地区如东南亚国家,就不可能有很高的生产力,就不可能达到今天的生活水准。他的回答实事求是,有理有据。

看了上述报道,我突发奇想,为什么没有记者问:"20 世纪最糟糕的发明是什么?"其实二○○二年十月中旬,英国的一家报纸就评出了"人类最糟糕的发明"。获此"殊荣(shūróng)"的,就是人们每天大量使用的塑料袋(sùliàodài)。

诞生于上个世纪三十年代的塑料袋,其家族包括用塑料制成的快餐饭盒、包装纸、餐用杯盘、饮料瓶、酸奶杯、雪糕杯等等。这些废弃物形成的垃圾,数量多、体积大、重量轻、不降解,给治理工作带来很多技术难题和社会问题。

比如,散落(sànluò)在田间、路边及草丛中的塑料餐盒,一旦被牲畜(shēngchù)吞食(tūnshí),就会危及健康甚至导致死亡。填埋废弃塑料袋、塑料餐盒的土地,不能生长庄稼(zhuāngjia)和树木,造成土地板结(bǎnjié)。而焚烧(fénshāo)处理(chǔlǐ)这些塑胶垃圾(lājī),则会释放出多种化学有毒气体,其中一种称为二噁(è)英的化合物,毒性极大。

此外,在生产塑料袋、塑料餐盒的//过程中使用的氟利昂(Fúlì'áng),对人体免疫(miǎnyì)系统和生态环境(huánjìng)造成的破坏也极为严重。

## 第三节　普通话水平测试用命题说话训练

一、命题说话训练说明

国家普通话水平测试用命题说话,总共有 30 个话题。目的是测查应试人在无文字凭借的情况下说普通话的水平,重点测查语音标准程度、词汇语法规范程度和自然流畅程度。说话话题,由应试人从给定的测试试卷的两个话题中选定一个话题,连续说一段话。说话的时间以 3 分钟为限,说话不足 3 分钟,酌情扣分:缺时 1 分钟以内(含 1 分钟),扣 1 分、2 分、3 分;缺时 1 分钟以上,扣 4 分、5 分、6 分;说话不满 30 秒

（含 30 秒），本测试项成绩计为 0 分。

## 二、命题说话训练

1. 我的愿望（或理想）
2. 我的学习生活
3. 我最尊敬的人
4. 我最喜欢的动物（或植物）
5. 童年的记忆
6. 我喜欢的职业
7. 难忘的旅行
8. 我的朋友
9. 我喜欢的文学（或其他）艺术形式
10. 谈谈卫生与健康
11. 我的业余生活
12. 我喜欢的季节（或天气）
13. 学习普通话的体会
14. 谈谈服饰
15. 我的假日生活
16. 我的成长之路
17. 谈谈科技发展与社会生活
18. 我知道的风俗
19. 我和体育
20. 我的家乡（或熟悉的地方）
21. 谈谈美食
22. 我喜欢的节日
23. 我所在的集体（学校、机关、公司等）
24. 谈谈社会公德（或职业道德）
25. 谈谈个人修养
26. 我喜欢的明星（或其他知名人士）
27. 我喜爱的书刊
28. 谈谈对环境保护的认识
29. 我向往的地方
30. 购物（消费）的感受

# 参 考 文 献

[1] 贺魏. 诗词格律浅说[M]. 北京:人民出版社,1978.
[2] 李莺. 重叠形容词变调问题考察[J]. 韶关学院学报(社会科学版),2001(11).
[3] 郭熙. 对汉语中父亲称谓系列的多角度考察[J]. 中国语文,2006(2).
[4] 钱嘉轩,曾楚君,等. 方言词汇的差异性比较[J/OL]. 百度文库. [2013-06-19]. http://wenku.baidu.com/view/ef50e1140b4e767f5acfce25.html.
[5] 姚锡远,赵国乾,等. 教师口语教程[M]. 北京:科学普及出版社,1996.
[6] 吴郁. 播音学简明教程[M]. 北京:北京广播学院出版社,2004.
[7] 赵林森. 教师口语[M] 开封:河南大学出版社,2004.
[8] 张严明. 口语表达技能训练教程(修订版)[M]. 北京:中国物价出版社,2005.
[9] 孙媛媛,石拓,等. 普通话语音基础知识与测试[M]. 北京:中国商业出版社,2012.
[10] 陈晖. 普通话测试与训练[M]. 长沙:湖南大学出版社,2011.
[11] 教育部语言文字应用研究所. 普通话水平测试管理规定[EB/OL]. [2013-10-25]. http://www.china-language.gov.cn/81/peixun04.htm.
[12] 教育部语言文字应用研究所. 普通话水平测试规程[EB/OL]. [2013-10-25]. http://www.china-language.gov.cn/81/peixun04.htm.
[13] 中国语言文字网. 普通话水平测试大纲[EB/OL]. [2013-10-25]. http//www.china-language.gov.cn/87/2007_6_20/1_87_2635_0_1182325529609.html.